自動車技術シリーズ 5　　（社）自動車技術会—編集

自動車の
材料技術
普及版

■編集幹事
林　直義

朝倉書店

序

　本書は(社)自動車技術会が企画編集した「自動車技術シリーズ」全12巻の1冊として刊行されたものである．このシリーズは，自動車に関わる焦点技術とその展望を紹介する意図のもとに，第一線で活躍されている研究者・技術者に特別に執筆を依頼して刊行の運びとなったものである．

　最新の技術課題について的確な情報を提供することは自動車技術会の重要な活動のひとつで，当会の編集会議の答申にもとづいてこのシリーズの刊行が企画された．このシリーズの各巻では，関連事項をくまなく網羅するよりも，内容を適宜取捨選択して主張や見解も含め自由に記述していただくよう執筆者にお願いした．その意味で，本書から自動車工学・技術の最前線におけるホットな雰囲気がじかに伝わってくるものと信じている．

　このような意味で，本書のシリーズは，基礎的で普遍的事項を漏れなく含める方針で編集されている当会の「自動車工学ハンドブック」と対極に位置している．また，ハンドブックはおよそ10年ごとに改訂され，最新技術を含めて時代に見合うよう更新する方針となっており，本自動車技術シリーズはその10年間の技術進展の記述を補完する意味ももっている．さらに，発刊の時期が自動車技術会発足50年目の節目にもあたっており，時代を画すマイルストーンとしての意義も込められている．本シリーズはこのような多くの背景のもとで企画されたものであり，本書が今後の自動車工学・技術，さらには工業の発展に役立つことを強く願っている．

　本シリーズの発刊にあたり，関係各位の適切なご助言，本シリーズ編集担当幹事ならびに執筆者諸氏の献身的なご努力，会員各位のご支援，事務局ならびに朝倉書店のご尽力に対して，深く謝意を表したい．

　1996年7月

社団法人　自動車技術会
自動車技術シリーズ出版委員会
委員長　池上　詢

(社)自動車技術会　編集
＜自動車技術シリーズ＞
編集委員会

編集委員長	池　上　　　詢	京都大学工学部
副委員長	近　森　　　順	成蹊大学工学部
編集委員	安　部　正　人	神奈川工科大学工学部
	井　上　悳　太	トヨタ自動車(株)
	大　沢　　　洋	日野自動車工業(株)
	岡　　　克　己	(株)本田技術研究所
	小　林　敏　雄	東京大学生産技術研究所
	城　井　幸　保	三菱自動車工業(株)
	芹　野　洋　一	トヨタ自動車(株)
	高　波　克　治	いすゞエンジニアリング(株)
	辻　村　欽　司	(株)新エィシーイー
	農　沢　隆　秀	マツダ(株)
	林　　　直　義	(株)本田技術研究所
	原　田　　　宏	防衛大学校
	東　出　隼　機	日産ディーゼル工業(株)
	間　瀬　俊　明	日産自動車(株)
	柳　瀬　徹　夫	日産自動車(株)
	山　川　新　二	工学院大学工学部

(五十音順)

まえがき

　日本の自動車は，戦後の短い期間に急速に発展してきた．これは，自動車産業のみならず日本の産業全体に良い効果をもたらし，今日の日本の繁栄の大きな原動力の一つであったと言える．この自動車産業の大きな発展を支えてきた基本技術として材料技術の進化があげられる．これは，自動車の設計・生産技術とあいまって，日本車の高性能・高品質・高信頼性を広く世界的にも認められる高いレベルで達成する基盤となっている．

　これらの結果は，自動車業界のみならず，素材産業ほか関係業界の多くの先輩技術者のたゆまぬ努力の成果であることは，言うまでもない．しかし，近年自動車が急激に増加したことにより，種々の環境との摩擦問題が拡大してきており，その解決が避けて通れない状況となってきた．すなわち，21世紀を間近にひかえて，自動車の今後が問われている状況にあるわけで，言いかえると，自動車を支える材料技術はどのように進化してゆくのかということの節目にあたる．

　本書は，過去いろいろなニーズにもとづき発展・進化してきた自動車材料技術の変遷を踏まえて，いま話題になっている最新技術，および将来動向に影響を及ぼしそうな注目技術を中心にとらえ，将来に対する展望を述べようとするものである．そのような観点から，それぞれの自動車用材料分野ごとに，各分野の第一線の技術者に専門家としての見方で書いていただくこととしたので，ややもすると個人の著作のような内容の一貫性に欠けるところもあるかも知れないが，最新の技術情報を正確に伝えられるということを重視して調整をあまりしていない．そのような点で稍々読み難いことがあるかも知れないが，今後の自動車用材料としてどんな新しい技術が目ざされているのか，また将来の方向性を示唆するソースブックとして，自動車技術に携わっておられる方々に，身近において活用していただければ幸いである．

　終わりになったが，貴重な内容をご寄稿いただいた執筆者の方々に，深く御礼を申し上げる．

　　1996年7月

林　　直義

編 集 幹 事

| 林　　　直　義 | (株)本田技術研究所　栃木研究所 |

執　筆　者 (執筆順)

林　　　直　義	(株)本田技術研究所　栃木研究所
小　山　一　夫	新日本製鐵(株)　君津技術研究部
宮　坂　明　博	新日本製鐵(株)　名古屋技術研究部
上　原　紀　興	大同特殊鋼(株)　東京鋼材技術サービス部
杉　本　繁　利	トヨタ自動車(株)　第1材料技術部金属材料室
吉　田　英　雄	住友軽金属工業(株)　技術研究所
保　田　哲　男	日本ポリオレフィン(株)　大分工場
中　嶋　一　義	日本ゼオン(株)　総合開発センター
橋　本　欣　郎	日本ゼオン(株)　ゴム研究所
平　野　　　明	旭硝子(株)　商品開発センター
柳　田　　　茂	日本石油精製(株)　室蘭製油所
池　本　雄　次	日本石油(株)　中央技術研究所
加賀谷　峰　夫	日本石油(株)　中央技術研究所
牛　尾　英　明	(株)本田技術研究所　栃木研究所
船　曳　正　起	エヌ イー ケムキャット(株)　沼津工場
竹　中　　　修	日本電装(株)　生産技術開発2部
川　崎　輝　夫	日産自動車(株)　商品開発企画室

目　　　　次

1. 自動車の構成材料　　　　［林　直義］

1.1　自動車の発展と材料 …………………… 1
1.2　構成材料の変遷 ………………………… 3
　1.2.1　鋼板・鋼管 ………………………… 4
　1.2.2　特殊鋼・構造用鋼 ………………… 5
　1.2.3　アルミ合金 ………………………… 5
　1.2.4　樹　脂 ……………………………… 6
　1.2.5　ゴム材料 …………………………… 7
　1.2.6　ガラス ……………………………… 7
1.3　自動車材料の課題 ……………………… 7

2. 自動車用材料の現状と将来展望

2.1　鉄　　　鋼 ……………………………… 11
　2.1.1　鋼板，鋼管 ……［小山一夫・宮坂明博］…11
　　a．進化の経緯 ………………………… 11
　　b．現状と最近時の研究の成果 ……… 15
　　c．今後の問題・展望－環境問題および
　　　　グローバル化－ …………………… 20
　2.1.2　構造用鋼，特殊用途鋼 ……［上原紀興］…22
　　a．緒　言 ……………………………… 22
　　b．特殊鋼の製造技術 ………………… 23
　　c．構造用鋼 …………………………… 24
　　d．特殊用途鋼 ………………………… 30
　　e．アンチロックブレーキシステム … 31
2.2　鋳　　　鉄 ………………………[杉本繁利]…32
　2.2.1　鋳鉄材料の変遷 …………………… 32
　2.2.2　鋳鉄・鋳鋼材料の種類と特徴 …… 32
　　a．ねずみ鋳鉄 ………………………… 33
　　b．球状黒鉛鋳鉄 ……………………… 34
　　c．可鍛鋳鉄 …………………………… 34
　　d．合金鋳鉄 …………………………… 34
　　e．鋳　鋼 ……………………………… 34
　2.2.3　コンポーネントと材料の種類 …… 35
　　a．エンジン …………………………… 35
　　b．シャシ ……………………………… 37
　2.2.4　鋳鉄材料の課題と対応技術 ……… 38
　　a．強度向上 …………………………… 38
　　b．耐熱性向上 ………………………… 39
　　c．耐摩耗性向上 ……………………… 40
　2.2.5　鋳鉄・鋳鋼材料に対する今後の課題 …… 41
　　a．燃費向上と軽量化 ………………… 41
　　b．廃棄物問題 ………………………… 41
2.3　アルミニウム材料 ……………[吉田英雄]…42
　2.3.1　自動車のアルミ化の進展と現状 … 42
　　a．自動車アルミ化の経緯 …………… 42
　　b．自動車のアルミ化の現状 ………… 42
　2.3.2　ボデーパネル ……………………… 43
　　a．合金の特徴とその成形性 ………… 43
　　b．接　合 ……………………………… 45
　　c．表面処理 …………………………… 47
　2.3.3　アルミ押出形材の構造部品への適用 …… 48
　2.3.4　熱交換器 …………………………… 51
　　a．熱交換器のアルミ化 ……………… 51
　　b．アルミ製熱交換器用材料 ………… 53
　　c．今後の課題 ………………………… 55
　2.3.5　その他の部品 ……………………… 55
　2.3.6　アルミニウム系新材料 …………… 57
　　a．急冷凝固粉末合金 ………………… 57
　　b．超塑性材料 ………………………… 60
　2.3.7　今後の動向 ………………………… 60
2.4　樹脂材料 …………………………[保田哲男]…63
　2.4.1　はじめに …………………………… 63
　　a．地球環境保護への対応 …………… 63
　　b．自動車市場動向への対応 ………… 64

c．これからの自動車材料開発……………65	e．密　度……………………………………93
2.4.2　内装材料……………………………66	2.6.3　部位別分類と工法，商品展開………93
a．はじめに…………………………………66	a．フロントガラス…………………………93
b．材料一般動向……………………………66	b．ドア/サイドガラス……………………94
c．部品別の材料動向………………………68	c．リヤガラス………………………………95
d．今後の課題………………………………71	d．ルーフガラスほか………………………95
2.4.3　外板，外装材料………………………72	2.6.4　最近の技術開発展開…………………95
a．はじめに…………………………………72	a．新しいガラス材料および乾式表面処理技術による断熱機能の向上……………………95
b．外板，外装用部品材料動向……………72	b．湿式表面処理技術の展開………………97
c．外板，外装材料の将来動向……………74	c．他機能とのインテグレーション………97
d．今後の課題………………………………75	2.6.5　今後の自動車用ガラスの方向性……98
2.4.4　機能(構造)部品材料…………………76	a．モジュール化(部品統合化)……………98
a．はじめに…………………………………76	b．複合技術化………………………………98
b．繊維強化複合材料………………………76	c．バルクとしての高機能化………………98
c．エンジン回り部品別材料の動向………77	d．材料のリサイクル化……………………98
d．燃料系部品別材料の動向………………79	2.7　油脂，燃料………………………………99
e．電装部品別材料の動向…………………80	2.7.1　自動車用燃料……………［柳田　茂］…99
f．今後の課題………………………………81	a．自動車ガソリン…………………………99
2.5　ゴ ム 材 料…………［中嶋一義・橋本欣郎］…83	b．ディーゼル軽油…………………………100
2.5.1　はじめに………………………………83	c．自動車用燃料の将来展望………………100
2.5.2　自動車用ゴム材料の分類……………83	2.7.2　内燃機関用潤滑油………［加賀谷峰夫］…100
2.5.3　熱可塑性エラストマー………………83	a．4サイクルエンジン油…………………100
2.5.4　自動車部品とゴム素材に対する課題…85	b．ディーゼルエンジン油…………………103
2.5.5　おもな自動車用ゴム部品の材料動向…85	2.7.3　ギヤ油と自動変速機油…［池本雄次］…104
a．タイヤ用材料……………………………85	a．ギヤ油……………………………………104
b．外装・内装・窓枠用材料………………87	b．自動変速機油……………………………105
c．空気・水・ブレーキ系材料……………87	2.7.4　等速ジョイント用グリース…［池本雄次］…106
d．潤滑油系…………………………………87	2.8　新　素　材………………［牛尾英明］…107
e．燃料系……………………………………88	2.8.1　はじめに………………………………107
f．防振用材料………………………………89	2.8.2　セラミックス…………………………107
g．ブーツ用材料……………………………89	a．構造用セラミックス……………………107
h．エアコンディショニング系材料………89	b．機能性セラミックス……………………108
i．カバー用材料……………………………90	2.8.3　金属間化合物…………………………108
j．ベルト用材料……………………………90	2.8.4　複合材料………………………………110
2.5.6　まとめ…………………………………91	a．一般的性質………………………………110
2.6　無機材料(ガラス)…………［平野　明］…92	b．製造プロセス……………………………111
2.6.1　自動車用ガラスの変遷………………92	2.8.5　チタン合金……………………………112
2.6.2　自動車用材料としての要求特性とガラスの基本的特性………………………………92	a．純チタン…………………………………112
a．透明性……………………………………93	b．$\alpha+\beta$型チタン合金………………………112
b．耐摩耗性(硬度)…………………………93	c．β型チタン合金…………………………112
c．熱膨張率…………………………………93	2.8.6　アモルファス金属……………………112
d．剛　性……………………………………93	2.8.7　高機能表面処理………………………113

3. 材料と環境問題

- 3.1 排気ガス対策 ……………… [船曳正起]…115
  - 3.1.1 はじめに ……………………………… 115
  - 3.1.2 排ガス規制と触媒 ……………………… 115
    - a．アメリカでの排ガス規制と自動車触媒の開発 …………………………………… 115
    - b．日本での排ガス規制の実施 …………… 115
    - c．排ガス規制の動向 ……………………… 115
  - 3.1.3 触媒の基本特性 ………………………… 116
    - a．触媒担体 ………………………………… 116
    - b．貴金属 …………………………………… 116
    - c．助触媒 …………………………………… 116
    - d．触媒の劣化 ……………………………… 117
  - 3.1.4 触媒を取り巻く諸問題 ………………… 120
    - a．ULEV 規制への対応 …………………… 120
    - b．触媒への新しい要求 …………………… 121
    - c．資源のリサイクル ……………………… 122
  - 3.1.5 おわりに ………………………………… 122
- 3.2 オゾン層破壊物質対策 ………… [竹中 修]…123
  - 3.2.1 概論 ……………………………………… 123
    - a．規制の背景 ……………………………… 123
    - b．規制の内容 ……………………………… 123
    - c．対象物質と自動車産業のかかわり …… 123
  - 3.2.2 カーエアコン用冷媒の対策 …………… 124
    - a．代替冷媒の選定 ………………………… 124
    - b．HFC-134a エアコン用の材料 ………… 124
    - c．今後の課題 ……………………………… 126
  - 3.2.3 発泡分野の対策 ………………………… 126
    - a．発泡剤の目的・用途 …………………… 126
    - b．CFC-11 の特徴 ………………………… 127
    - c．用途別の代替技術 ……………………… 127
  - 3.2.4 洗浄分野の対策 ………………………… 128
    - a．洗浄の目的・用途 ……………………… 128
    - b．CFC-113と1,1,1-トリクロロエタンの特長… 128
    - c．代替剤の安全性，環境性評価 ………… 128
    - d．使用廃止の検討ステップ ……………… 128
    - e．用途別の代替技術 ……………………… 129
    - f．今後の課題 ……………………………… 130
  - 3.2.5 将来の対応への方向性 ………………… 130
- 3.3 資源・環境と車両の設計 ……… [川崎輝夫]…131
  - 3.3.1 自動車を取りまく資源・環境の動向(リサイクルの必要性) ……………………… 131
    - a．持続可能な開発 ………………………… 131
    - b．人口問題 ………………………………… 131
    - c．資源問題 ………………………………… 131
    - d．廃棄物問題 ……………………………… 131
  - 3.3.2 自動車のリサイクル，廃棄の現状 …… 132
    - a．工業製品リサイクルの考え方 ………… 132
    - b．自動車リサイクルの現状 ……………… 132
  - 3.3.3 法規動向 ………………………………… 133
    - a．国際的な規制への流れ ………………… 133
    - b．日本の法規動向 ………………………… 133
    - c．ISO 環境管理・監査規格作成 ………… 134
  - 3.3.4 リサイクルしやすい車 ………………… 135
    - a．リサイクル，廃棄処理からみた車の特質 ……………………………………… 135
    - b．車両構造，設計上のポイント ………… 136
  - 3.3.5 クリーンな車 …………………………… 138
    - a．自動車の有害物に関する考え方 ……… 138
    - b．製品設計上の留意事項 ………………… 138
  - 3.3.6 販売会社・サービスで発生する廃棄物とリサイクル ……………………………… 140
    - a．サービス工場で発生する廃棄物 ……… 140
    - b．樹脂バンパリサイクル ………………… 140
    - c．その他の廃棄物のリサイクル ………… 143
    - d．今後の課題 ……………………………… 143

索 引 ………………………………………………………… 145

1

自動車の構成材料

　自動車の構成材料は，その時点の社会背景とか自動車に対する種々のニーズを反映して，進化し変わってきている．

　本章では，自動車の発展の経緯と材料の変遷についてみてみる．次にこれに伴う構成材料の変化について整理し，最後に，大きな転換期を迎えた現在，自動車用材料に対する要望および将来への展望についてふれてみたい．

1.1　自動車の発展と材料

　自動車が具体的な形をもって登場したのは，たいへん昔にさかのぼる．17世紀の後半にフランドル人のフェルビースト神父が中国の宮廷で働いているときにつくった全長60 cmの四つの車輪をもつ蒸気駆動車が人を乗せることはできなかったが，自力推進することから，具体化された最初の自動車と考えられている．

　現在の自動車の原型である路上走行車は，1769年キュニョー大尉の製作した3輪の大砲牽引車がパリを走ったのが最初である．この蒸気機関は，巨大な銅製蒸気釜と2本の精密加工されたシリンダとピストン，コネクティングロッドおよびクランクで構成されていた．

　19世紀の初頭には，数多くの蒸気駆動車がつくられた．またこのころ，内燃機関について多くの研究がされている．これらの内燃機関を用いたいわゆる現在の自動車の原型は，1885年ドイツのG. ダイムラーによるガソリン機関二輪車，およびC. ベンツによるガソリン機関三輪車といわれている．この19世紀末から20世紀初頭の間は，非常に広い範囲で車が開発しつくられた時代で，また自動車レースの人気も高く，そのような環境の中で技術的にみても，今日の自動車を形成する多くの技術が開発され，また挑戦されており，アルミニウムがクランクケース材料として紹介され，空気入りタイヤが使われ始めている．現在の自動車の黎明期また技術開発の時代であった．

　1908年アメリカのH. フォードは，T型フォードを発表した．この車は，流れ作業方式を取り入れ低価格車の量産化に成功したもので，この後18年間にわたり約1 500万台もの台数が製造販売された．これは，アメリカの銃器産業，自転車産業で発展してきていた部品の規格化，標準化することで生産効率を高め大量生産を可能とした生産方式を自動車へ取り入れ，組立工程へ移動組立法を適用し，大量生産方式を確立したもので生産効率の向上と価格の大幅な削減を達成している．このとき材料面では，バナジウム鋼の開発がこの発展において大きな役割りを果たしている．この成果により自動車の工業化と大衆化が始まった．フォードの丈夫で，故障しにくく，運転が容易で，無駄な飾りを省いた機能本位の低価格車は，多くの大衆の支持を得て大衆化を促進した．

　続いて，戦争の中で自動車は，武器や兵員の輸送に，いつでも，どこへでも，素早く，きわめて自由度の高い輸送手段として有効性をいかんなく発揮して自動車の実用的価値が認識され自動車の工業化と大衆化が加速され自動車の実用時代となった．材料では，1919年に合成樹脂が電気絶縁材料として初めて使用された．しかし，急速に拡大してきた自動車も1920年代後半には，飽和傾向となり買い替え市場となってきたが，買い替え市場傾向の要因の一つとして，ストリップミルによる薄板鋼板の量産とプレスによるボデー加工技術が進化し，全鋼鉄製屋根つきセダン車などのクローズドカーの登場と自動車性能の急速な向上があげられる．これらの変化に対し，マーケティング戦略に基づく多くのモデルをラインナップしたGMがフォードを追い越しトップの座を獲得することとなった．これは，現在にもあてはまるが，大衆化時代の自動車は，単に低価格であるだけでなく，大衆のニーズをいち早

く察知し，そのニーズを工業生産に適した規模にグループ化し，つねに大衆をリードしながら新しいモデルを提供していくことが重要であるということである．

第2次大戦の終了後は，アメリカにおいては急速に需要が拡大し，また上級化すなわち大型化と馬力アップおよび派手なデザインやデラックス化が進んできた．しかし，これらの過当競争に対して，大衆消費者は離れていき，より車本来の特性である実用性と経済性の高いコンパクトカーがブームとなり，セカンドカー，サードカーブームにのって新しい拡大成長期となった．これらの自動車の生産台数と大略の時代区分を図1.1に示す．また，日本における生産台数と大略の時代区分を図1.2に示す．

さて，日本では，先駆的な動きは，戦前からあったが，実質的には，戦後種々の施策により急速に育ってきたものである．

大戦後，自動車は実用的な，公共的かつ個人的輸送手段として認識されるとともに，自動車産業は，数多くの基礎資材や関連部品の生産を伴うリーディング産業と位置づけられ，自動車産業自立育成政策がとられ，産業の育成とともに，道路建設を含むモータリゼーションの推進が行われる自動車の産業化の時代となった．これらの推進の中で，鉄鋼，機械，化学，石油などの重化学工業部門の整備が進行していった．鉄鋼でみると圧延工程の近代化，製鉄・製鋼工程の大容量化に続いて鉄鋼一貫化が進み量産化と製品の高品質化が国際競争力をもつに至り自動車の発展に大きく寄与することとなった．これら産業基盤の充実とモータリゼーションの推進により，日本の自動車は急速に普及し始めることとなった．

しかし，この急速な自動車の増加普及は，既存の社会システムの中で，種々の軋轢を生じることとなった．たとえば，交通渋滞の増加，交通事故の増加といった交通安全問題，また振動・騒音とか，大気汚染といった環境問題，および2回にわたる石油危機に代表されるエネルギー問題が発生した．まさに自動車と社会の摩擦の時代といえる．

これらに対し，社会との融和を求めて，「低公害車」，「低燃費車」といった自動車の開発が積極的に大規模に展開され，材料分野においても，新材料の開発および改良が行われている．たとえば，炭化水素，一酸化炭素，窒素酸化物といった排出ガスを低減するためのサーマルリアクタ用耐熱鋼の開発，現在も主流となっている触媒の開発とか，軽量化のための高張力鋼板の開発，アルミ合金および樹脂材料の応用拡大技術開発，またNi，Cr，Moなどの省資源化をねらった低合金鋼の開発などと非常に広い範囲にわたって研究開発が進められ多くの成果をあげている．また，素材から自動車の生産に至る各工程の合理化，省エネルギー技術が着実に進められていった．たとえば，鉛快削鋼から三元快削鋼へ進化し，鉛の問題を解決して快削加工を可能とした．連鋳技術および極低炭素鋼板による低廉な

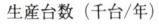

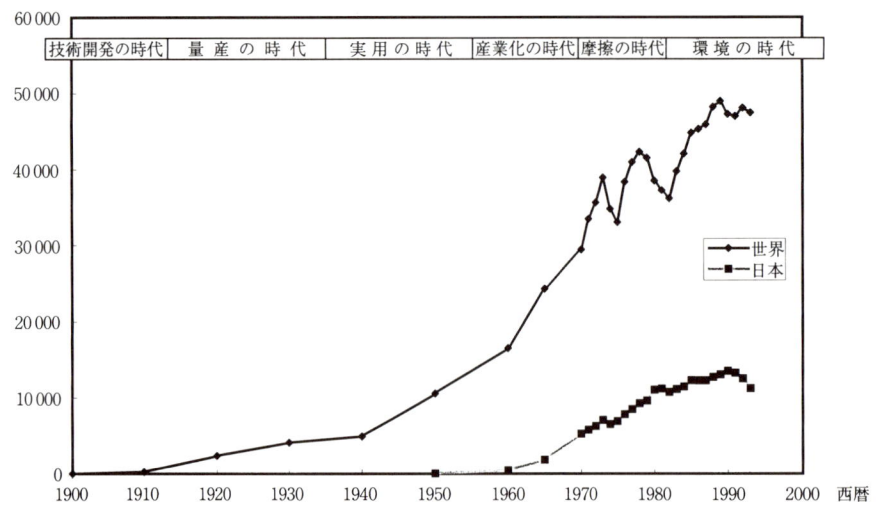

図1.1 自動車の生産台数の推移

1.2 構成材料の変遷

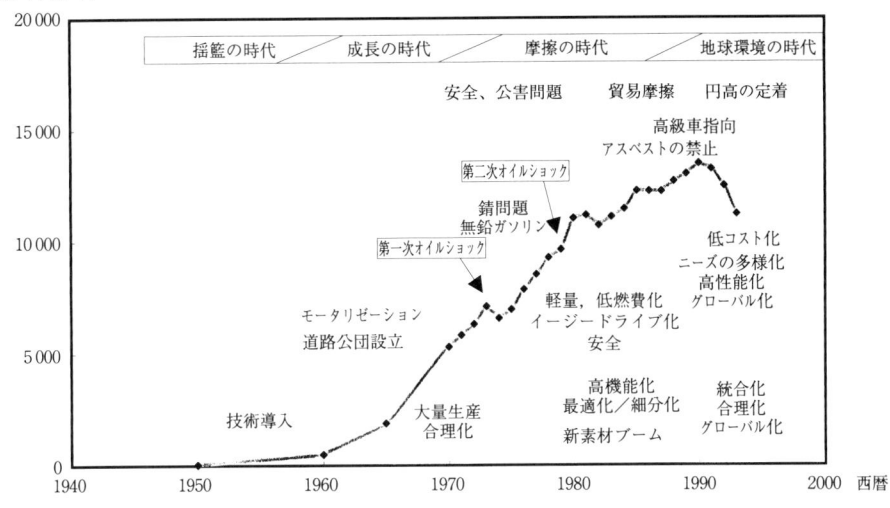

生産台数（千台/年）

図1.2 日本の自動車生産台数の推移

加工性向上鋼板，非調質鋼の開発とか，アルミ鋳造分野およびポリマー分野におけるプロセスの開発が進んだ．

これらの自動車を支える幅広い産業分野の向上と自動車の設計技術の向上は，日本の自動車の性能，品質，信頼性を高めていくこととなった．すなわち，このような総合的な自動車を取りまく産業のレベルアップは，日本の自動車の高性能，高品質，高信頼性と三拍子揃った向上の原動力となった．

このような国際競争力の向上は，自動車の輸出を促進することとなった．これは，その後の貿易摩擦問題の一因となり，現地化，現調化といったグローバルな検討の必要性が高まってきた．

また，日本国内では，高性能化，快適性や価値観の多様化といった顧客の欲求，すなわち，感性に応えられる車づくりがメインテーマとなってきていた．この間，新しい可能性を求めて新素材ブームといわれる時期がでてきた．セラミックス，CFRP，MMCといった複合材料，急冷アルミ粉末合金など多くの新しい高機能材料が多く研究機関で研究されたが，大量生産される自動車に適用していくことは，一部の事例がみられるのみでほとんど実現されていない．

これは，新しい材料技術を経済的に導入することが未知因子もありむずかしい，また，品質保証といった技術領域も量産に適した方法の確立が必要と，単に材料開発のみでなく幅広く見極めてゆく必要があるとい

ったことが要因となっていると考えられる．今後の研究が待たれる分野である．

しかし，DOHC，ターボ過給といった高性能化技術は次々と商品化され，自動車の高出力化，高級化は大きく進展していったが，バブル経済の崩壊に伴いその行き過ぎに対する反省とブラジルでの「地球サミット（'92.6）」において，酸性雨，オゾン層破壊，地球温暖化が地球規模での大気汚染問題として認識され，21世紀に向かって実施すべき具体的な行動計画を定めたアジェンダ21が策定されたように，地球環境問題が大きくクローズアップされてきており，これからの車づくりは，環境問題を避けて通れない環境の時代となってきている．これらの諸問題は，非常に根源的なものであり，また考慮すべき範囲も非常に広く，地球環境問題といわれるゆえんである．すなわち非常にむずかしい問題であり，広範囲な材料分野での開発，挑戦が期待されるものである．これまでの発展の歴史にみられたように，素材から自動車産業，さらには，これを利用する顧客の協力を得てこれらの課題を克服していく必要がある．

1.2 構成材料の変遷

日本の自動車の構成材料が系統的に整理されている日本自動車工業会の資料をもとに，自動車の構成材料の変遷についてみてみる．図1.3は，原材料構成比を

表したグラフで，資料の揃っている1973年から1992年の間の変化を示す．

全体的にみると，鉄系材料が81%から72%へと9%低下し，代わりにアルミ合金が2.8%から6%へ3.2%増加，および樹脂が2.9%から7.3%と4.4%増加している．これらの増加は，第2次オイルショックに対し，燃費向上のための軽量化技術として樹脂化，アルミ化が進められたものである．次に個々の材料の変化についてみてみる．

1.2.1 鋼板・鋼管

鋼板は，主にプレス成形されてボデーほかの構造部材として用いられることから，成形加工性改善を軸として開発が進められてきた．初期の自動車の生産段階では，鋼板の製造技術が未成熟であったため，深絞り性の良い鋼板は，アメリカからの輸入に頼っていた．その後，鉄鋼業界の多大な研究開発が行われ，IF鋼の発明により極低炭素鋼が中核技術となり，連鋳，連続焼鈍と製造工程の大幅な技術進化が進み，現在では，逆に世界をリードするまでになり，日本の自動車工業の発展に大きな貢献を果たした．図1.4に鋼板の仕様別比率の推移を示す．この図からもわかるように，鋼板においても，時代背景における自動車のニーズの変化に伴い使用される鋼板の種類が変わってきていることがわかる．

まず，1970年代の初期のころ，カナダなどの北アメリカ地区および北欧地区の寒冷地区において，道路に散布される融雪剤に起因する塩害による車体腐食が社会問題化してきたため，車体の防錆性能の向上が図られた．塗装工程の改良とともに，鋼板では電気亜鉛めっき鋼板，溶融亜鉛めっき鋼板が開発され，自動車の防錆目標の向上に伴い，その使用量が増大してきている．

高張力鋼板は，二度にわたるオイルショックによる車体の軽量化ニーズに応えるべく，高強度かつ成形性の優れた材料というむずかしいテーマに挑戦し，材料製造プロセスを含めた研究が進められ種々の高張力鋼板が開発された．BH（Bake-Hardening）鋼板とか，DP（Dual Phase）鋼板といった特色のあるものが開発され，その使用量が増加している．

しかし，バブル経済の崩壊により，自動車の大型化，高級化に対する見直しが行われ，自動車の軽量化についても，適正サイズ化など別の手法が用いられ高張力鋼板の使用比率が低下傾向にあるが，今後のさらなる燃費向上といったニーズは不変にあるので，将来的には使用量は増加していくものと思われる．

ステンレス鋼板は，1975年からの排気ガス規制の強化に伴い排気ガス後処理のためのサーマルリアクタ，触媒コンバータの適用が始まり使用量が増えてきた．

1980年代中ごろからは，この排気ガス処理方法は，三元触媒が主流となってきたが，排気ガス経路の腐食環境が苛酷化してくるため耐食性のよいステンレス鋼板・管が使われはじめている．ほかのステンレス鋼板の応用では，極薄板を用いたシリンダヘッドガスケッ

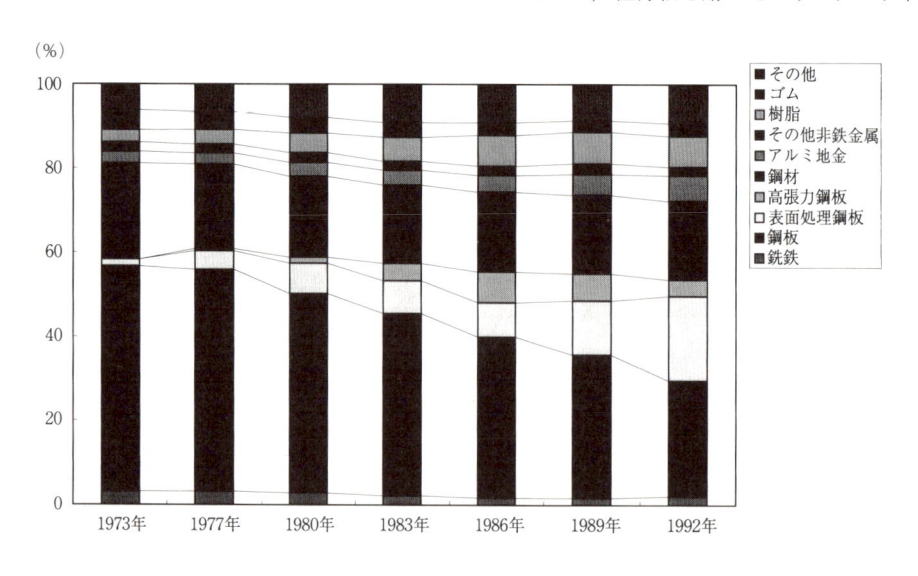

図1.3 自動車原材料構成比の推移[1]

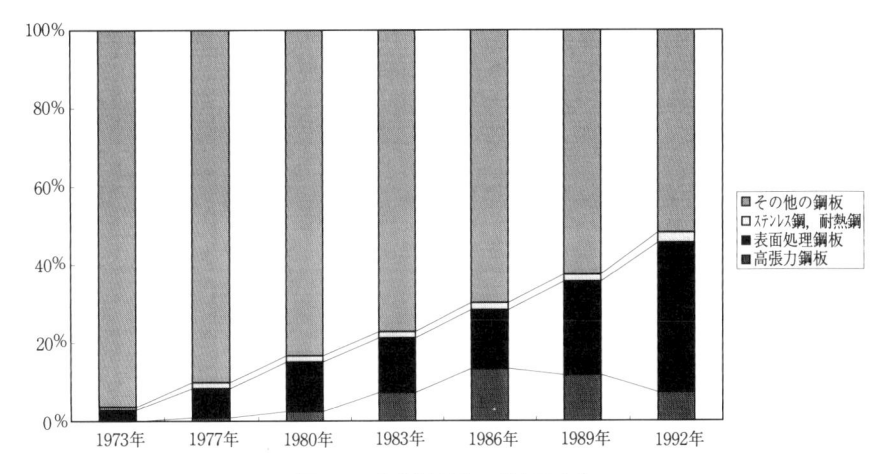

図1.4 自動車用鋼板の使用比率[1]

トをはじめとするメタルガスケットおよび触媒を保持するメタル担体といった新しい機能を発揮する領域へ使われてきている．

1.2.2 特殊鋼・構造用鋼

特殊鋼，構造用鋼は，一般的に，棒あるいは線材の形で供給され，鍛造や切削加工で部品に加工されて使用されることから，素材製造技術の進化と個々の適用する対象に対して，単に素材のみでなくその部品の製造完成までの工程に対して，どのように適合させることがよいのかといった観点からの素材の開発が進んできている．

炭素鋼では，切削工程の効率向上のための鉛快削鋼は，作業環境改善を図るため低鉛化，また三元快削鋼およびその改善手法としてアノルサイト化と改良が進められ，着実に使用量が増えてきている．

特殊鋼では，まず素材製造工程の改善が進み，炉外精錬技術を応用した超清浄鋼として高品質かつ均質化の基本技術として活用されている．

また，1970年代末に，部品製造工程での調質熱処理工程が不要となる非調質鋼が開発されて適用された．その後も，本鋼種の欠点である靭性が低い点を改善する高強度高靭性非調質鋼が継続的に開発され用途を拡大してきている．

合金鋼の分野は，1970年代中ごろから，Ni，Moといった合金元素の資源的な課題に対して，低合金化が継続的に進められてきている．

そのほか，ニアネットシェイプかつ高効率生産のための冷間鍛造用鋼とか迅速窒素化鋼などの広い範囲にわたる材料の改善が展開されてきている．

1.2.3 アルミ合金

自動車の原材料構成比でアルミ合金は，着実に増加してきている．これは，二度のオイルショックから，燃費向上のための軽量化技術としてアルミ合金の採用が進められたものである．ここでもう少し詳しくこの増加してきている内容についてみてみる．

図1.5に自動車に使用されているアルミ合金の量とその内容を示す．

自動車でのアルミ合金の使用量は鋳造材がおもなもので1980年では約90％，1990年では約80％である．比率的には低下しているが，量的には，1980年から1990年で1.8倍となっている．自動車の生産台数の増加とか，大型化を考慮しても，使用量は約35％増加しており，アルミ合金の適用範囲が拡大しているといえる．中でも量産性が高く，薄肉形状が可能なダイカスト製品の増加が著しい．これは，製造プロセスの大型化による大物部品への応用およびプロセス自体の量産効率向上技術や品質向上技術の開発により用途を拡大していったものである．

量的にはまだ少ないが，板・押出材からなる展伸材の自動車への応用は，1980年代中ごろから急激に増加してきている．これは，自動車の軽量化指向の中でエアコンのエバポレータ，コンデンサのアルミ化およびエアコンの装着率が増加していったことと，ラジエータのアルミ化が徐々に進んできたことによる．ラジエータのアルミ化は，大気雰囲気で製造でき，また防錆性能の高いノコロック溶着技術が開発されたこと

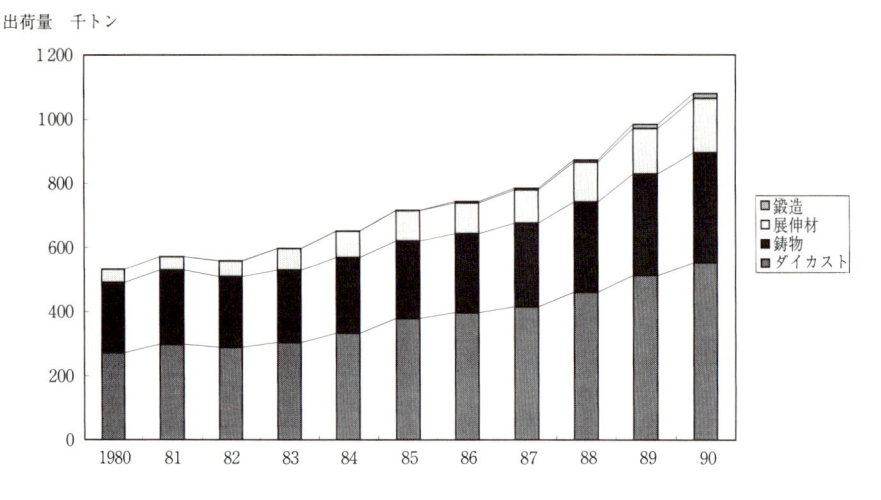

図1.5 自動車用アルミ合金の使用量の推移[2]

でその適用がさらに増加してきている．また，押出材の任意な断面形状をとりやすい特徴を生かしたバンパビーム材とかフュエルパイプといった新しい用途への適用拡大といったことで急激な使用量の増加がみられる．今後，さらに伸びていくと思われる．

鍛造材は，1980年代の後半の自動車の高性能化，高級化といった時期に足回り部品にその材料特性を生かして適用が始まり増加してきたが，最近の厳しい経済環境下では，その適用の見直しがされている．将来の軽量化技術として今回確立された技術ノウハウに基づき新たな研究開発が望まれる．

他のアルミ合金の分野では，繊維複合強化材料，過共晶急冷凝固粉末アルミ合金などアルミ合金の弱点である耐熱性とか剛性の向上を図り，構造材としてさらなる革新を目指して研究開発が進められたが，残念ながらまだその応用されているのは，耐摩耗性向上を主体とした一部に限られており，今後の研究開発が待たれる．

1.2.4 樹　　脂

樹脂材料は，その多様な特性を生かして，人と接する内装材に多く用いられている．

自動車の樹脂の使用比率の変遷を図1.6に示す．第1次オイルショックを契機に，軽量化が推進され，樹脂の使用量も増加していった．とくにポリプロピレンは，耐衝撃性の向上とともに高剛性化技術が開発されたことで，その廉価であることおよびリサイクル性が良いといったことを追風に使用比率が大きく伸びてき

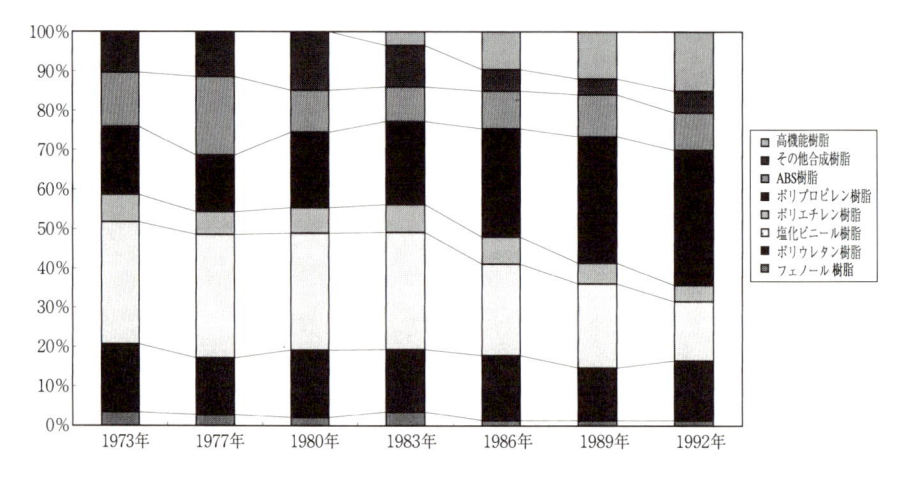

図1.6 自動車の樹脂材料使用比率の推移[1]

ている．また，樹脂の成形加工性の良さを生かした部品統合化設計により軽量かつコスト的にも価値が出せるといった開発が進み，汎用エンジニアリングプラスチックの用途も拡大してきており，1992年では，樹脂中の15%を占める．

樹脂は，金属にはないカインドリーな触感，風合いとか，成形加工性が良く，軽い素材であることおよびその用途に合わせてのカスタムメード化開発が進み，非常に数多くの種類の樹脂材料が自動車に多用化されるようになってきた．しかし，リサイクルといった環境問題やグローバル化した経済環境の中では，総合的に見直すべき時期にきている．最近の部品製造プロセスの開発も急速に進んでいることを含め，合理的な設計および素材仕様の統合といった，材料，成形加工，自動車メーカーの三者が共同して課題に挑戦していくことが重要となってきている．

1.2.5 ゴ ム 材 料

ゴム材料は，固体材料の中で最も軟らかい特徴を生かし，シール・パッキン類，伝達ベルト，防振マウント類といった部品間を緩衝機能をもってつなぐというむずかしい条件で使われている．また，その使用環境も温度，オイル，燃料と多岐にわたることから，その信頼性の向上が開発の基本となってきている．ゴム材料の改善の経過を図1.7に示す．種々のタイプのゴム材料が用途に合わせて開発されたことがわかる．これらを適切に応用することで自動車の信頼性向上に寄与している．

1.2.6 ガ ラ ス

初期平板の風防ガラスでスタートした自動車用ガラスは，加工法の改善および機能付加する高機能化が進められた．

1920年代の合せガラス，強化ガラスによる安全対応，40年代の曲面ガラス，60年代の防曇とかアンテナ内蔵型，70年代の3次曲面ガラス開発によるデザイン自由度の向上，また，最近では，エアコン装着率の大幅な増加に対して，このエアコン効率を向上する手法として，熱線遮断ガラス，熱線反射ガラスが開発され，自動車の実用燃費向上に寄与している．今後さらに種々の高機能化開発が進んでくると思われる．

1.3 自動車材料の課題

自動車は，すでに述べたようにいろいろな課題を克服して順調に成長してきた．また，その利便性から将来的にも有用な製品であると考えられる．しかし，今後着実に伸びていくためには，急速に拡大したことによる社会との摩擦や地球的な規模となってきた環境問題，また長期化した経済不況による市場構造の変化といった課題に対応していくことが必要である．ここで，自動車材料に対する課題を整理してみる．

自動車の開発に対し，顧客のニーズ，種々の社会環境およびこれらの課題に対応する科学技術の進化が影

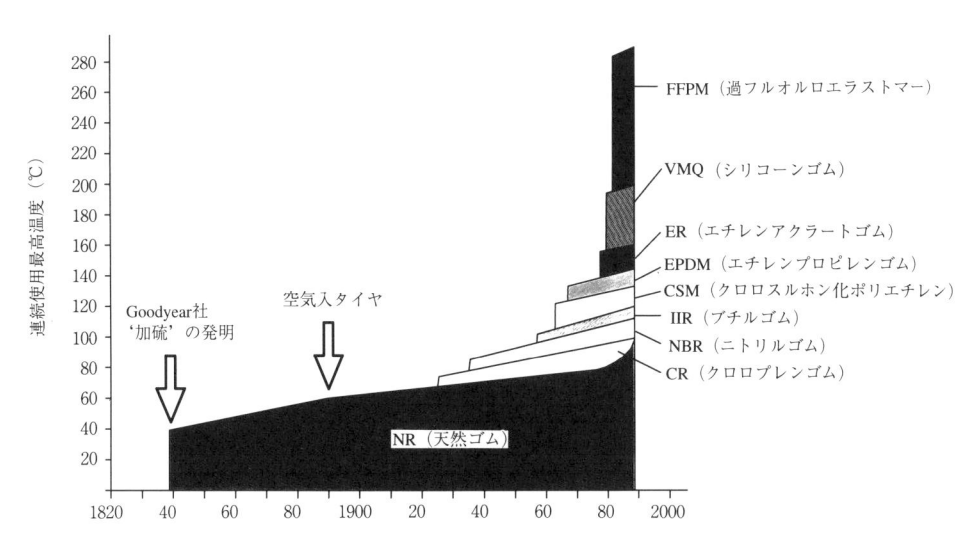

図1.7 ゴム材料の開発と最高使用温度域の拡大[3]

響する.

まず,顧客のニーズであるが,これは時代とともに変化していく性質のもので,まず価値観の多様化がある.自動車に望む改良点のアンケートでは,安全性指向70％,低価格化50％,豪華に20％,イージードライブ20％,スタイル15％…といったことで,安全および価格に意識の高いことがうかがえる.また,家事の外部化など時間を大切にし,余暇を活用する豊かな生活を享受する方向にあり,車に生活を演出する手段としての感性的価値が求められてきている.次に,ドライバーも女性および高齢者の増加が顕著であり,オートマチック車の増加にみられるように運転の容易化が要望される.また,人間本来のより快適にといった欲求に基づくニーズも根強く,以下に述べる種々の障壁を乗り越えて対応していく技術開発が課題となる.

次に,社会環境であるが,これは交通環境,地球環境,経済環境がある.

交通環境としては,渋滞の増加に対して輸送効率の向上策としての都市内交通システム,自動車誘導,情報通信システムなどの検討,交通事故の増加問題に対する安全対策の推進,といったことが進められている.

地球環境問題は,その問題の根深さから社会問題として大きく取り上げられ,将来の自動車として避けて通れない大きな課題となってきている.まず酸性雨問題であるが,これは工場および自動車からの排出ガス中に含まれるSO_x,NO_xが雨滴に溶け込み硫酸,硝酸となって酸性雨となるもので,森林の枯死といった生態系の破壊といった事象につながるため,燃料中の硫黄の低減,排出ガス中のNO_xのさらなる低減対策が課題である.

次にオゾン層の破壊問題は,特定フロン化合物および1,1,1-トリクロロエタンが原因物質として,モントリオール議定書で1995年に全廃が義務づけられ,工場における発泡工程,洗浄工程で用いる特定フロン,トリクロロエタン,およびカーエアコン用フロンがその対象となり,非常に広い範囲にわたり対応が進められている.

地球温暖化問題は,石炭,石油といった化石燃料の消費に伴い発生する炭酸ガスの温室効果により気温が上昇することで,生態系の変化,海水面の上昇による水没といったことが懸念されている.

二度にわたるオイルショックを契機に各産業分野および自動車の燃費向上が図られ成果をあげてきているが,アジェンダ21に示された持続しうる開発(sustainable development)の目標である2000年に1990年レベルのCO_2レベルとすることに対しさらなる努力が必要とされている.

廃棄物処理の問題は,限りある資源の有効活用,および廃棄処理に伴う土壌汚染などの環境汚染対応の二つの面がある.自動車については,カドミウム,アスベストといった有害物質を使用しない,またリサイクルを考慮した設計および材料としていく技術開発が課題であり,とくに樹脂材料がおもな対象となっている.経済環境は,円高の定着化による生産の海外シフト,素材,部品の輸入拡大といったグローバル化が進行するとともに,バブル経済の崩壊後の不況の長期化,価格破壊に象徴される低価格指向とたいへん厳しい状況におかれている.

21世紀を間近にして,自動車は,かつてない種々の課題を抱えている.これら課題に対し,いかに技術的に対応していくかということになる.科学技術の進化は,ファイン化,ソフト化,システム化に顕著で,ファイン化は,超高速大容量LSIの製造とかコンピュータの小型化が急速に進んでいる.材料技術面では,結晶制御,分子原子制御といった微細構造制御技術で高機能化,高質化が進んでいる.また,これらの材料設計へのCAEの活用が進んでいく.ソフト化では,ニューラルネットを用いたパターン認識とか感性工学が研究されており,これらが車に反映されることでさらに人間にフィットしていくと考えられる.システム化では,車の設計から製造に至る広い範囲でのコンピュータ支援システムによる開発および生産効率の向上であるとか,いわゆるインテリジェントカー化の動きがある.これら新しい技術で対応していくことも大事であるが,大きな課題である低価格指向に対しては,従来以上に効率の良い,また新しい価値を生み出す製造プロセス,設計仕様開発,材料の高性能化,グレード統合による低コスト材料の開発といったことをグローバルな視点で地道に開発していくことが必要であり,そのためにも,これまで以上に素材メーカー,製造メーカー,カーメーカーの三位一体となった効率の良い研究開発が日本の自動車産業をさらに発展させていくための原動力となると考える.

［林　直義］

参 考 文 献

1) 日本自動車工業会材料部品委員会（1992.6）
2) 細見彌重：住友軽金属技法, Vol. 32, No. 1（1991）
3) H. Braess et al.："Das Automobil und Seine Werkstoffe im Spannungsfeld Zwishen Wunsh, Wissenshaft und Wirklichkeit", ATZ, Juni（1988）

2

自動車用材料の現状と将来展望

2.1 鉄　　鋼

2.1.1 鋼板，鋼管
a．進化の経緯
（i）鋼板　自動車用鋼板の種類としては，熱延鋼板，冷延鋼板，表面処理鋼板があり，JIS G 3113 自動車構造用熱間圧延鋼板および鋼帯（SAPH）以下，同 3134, 3135, 3144, 3302, 3313, 3314 などに記載されたものを基本とし，さらにその細分あるいは特殊用途用と非常に多岐にわたる．これら鋼板類の主用途は，自動車の基本的なスタイルを受け持つとともに強度や剛性などの機械構造体としての機構を担うボデーである．すなわち，フードやドアなどの外板パネル，フロアやダッシュパネルなどの内板パネル，ピラーやメンバなどの補強材などに分類される．

鋼板は所定の形状にプレス成形されて部材となるのが通常である．したがって，このプレス成形性が自動車用鋼板においてはきわめて重要な特性となっており，その開発の歴史は，このプレス成形性を軸に展開してきたといって過言ではない．もちろん，基本的な特性である強度，剛性に加え，溶接性，表面外観など，備えるべき特性も多岐にわたる．

図 2.1 に日本の自動車鋼板の進化を概括した．これら進化の過程は，次の (1) 深絞り性を基軸とした冷延鋼板，(2) 高強度熱延鋼板/冷延鋼板，(3) 亜鉛めっき鋼板を中心とした新防錆鋼板，(4) その他普通鋼鋼板，(5) ステンレス鋼板・鋼管，と大別することができる．それぞれにつき，さらに詳しくみてみる．

（1）深絞り用冷延鋼板：　深絞り性は，材料の塑性異方比，r 値（$r=$板幅対数ひずみ÷板厚対数ひずみ）で示される．そして r 値は結晶方位，すなわち結

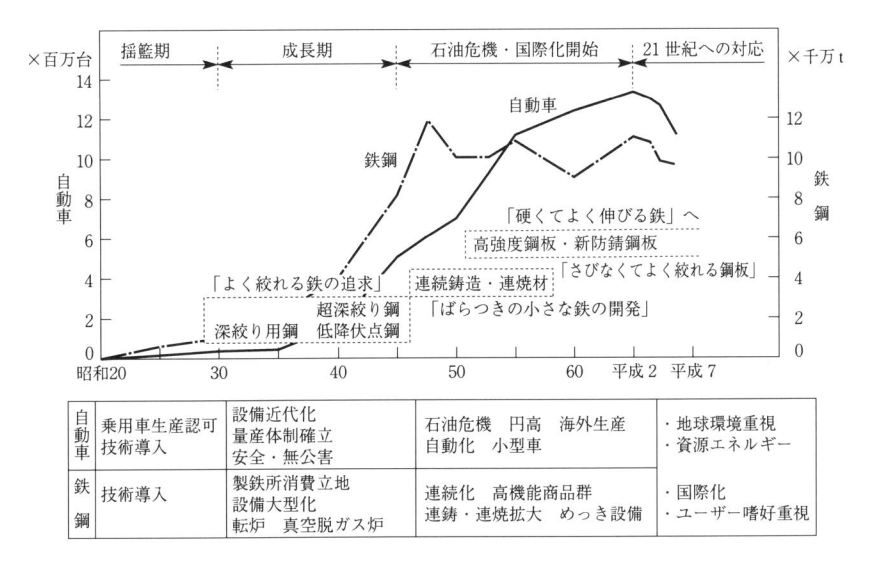

図 2.1　自動車とのかかわりにおける主要鉄鋼技術の推移

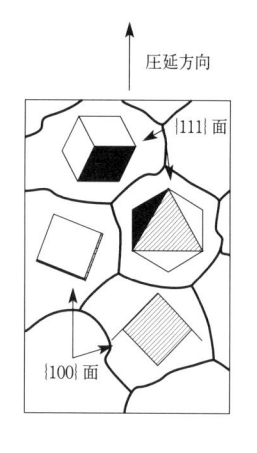

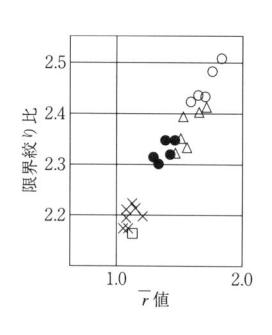

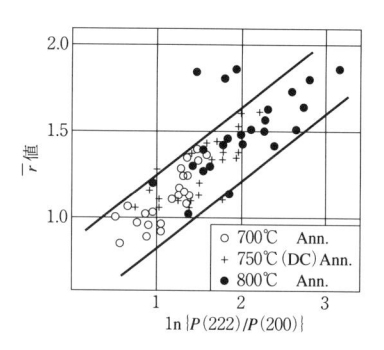

(a) 圧延面からみた結晶方位の模型　(b) r値と限界絞り比の関係　(c) {111}強度と{100}強度の比とr値との関係

図 2.2　結晶方位，r値，深絞り性の関係

晶の集合組織に依存し，{111}方位が多く，{100}方位が少ないほどr値は向上する（図2.2）．揺籃期には，低炭素アルミキルド鋼においてこの制御が工業的に日本ではできず，成形のむずかしい部品はアメリカより輸入していた．やがて深絞り性を付与させる技術として，析出物を利用すること，成分と熱延～冷延・焼鈍に至る長い工程管理が必要なことなどがわかり，国産化できるようになった．

この研究開発の成功に端を発して，やがて，IF（Interstitial Free：侵入型固溶元素のない，以下，IF）鋼が日本において発明されることになる．IF鋼とは，結晶方位形成に悪影響を及ぼす侵入型固溶元素であるC，Nを全く含まない鋼で，製法としては製鋼段階で真空脱ガス処理を施して極低Cとし，さらに残留したC，Nを強力な炭窒化物形成元素であるTiやNbなどを添加して固定する．したがって極低炭素溶製技術が中核技術となるが，現在では20～30 ppmまで炭素含有量を下げることができる[1]．

IF鋼製品の特徴としては，きわめて高いr値が得られる，焼鈍温度は高いほうがよい，焼鈍の加熱速度の依存性がない等々である．最後の特徴は，ちょうど自動車用鋼板の量産技術として，次々と実現しつつあった焼鈍の箱焼鈍から連続焼鈍化の変化にミートした．そして，連続焼鈍化は次の項で述べる高強度冷延鋼板開発に大きく寄与するといったように技術開発の連鎖をもたらした．従来型の焼鈍方法である箱焼鈍法では，五つの関連工程からなり，10日程度の日数を要した．連続焼鈍ではこれを一つのラインで数分程度の工程に短縮するという画期的なものである[1]．

(2) 高強度熱延鋼板/冷延鋼板：　実験安全車用鋼板に端を発した高強度鋼板開発は，第1次石油危機が勃発した1973年以降には，軽量化を目的とした高強度鋼板開発へと推移した．対象が成形のむずかしいパネルや足回り部品であるため成形性の優れた高強度鋼板が必要になった．こうした難題を解決する材料製造プロセスとして，熱延鋼板では近代的連続熱延ミルを活用した新加工熱処理技術が，冷延鋼板ではちょうど開発されたばかりの連続焼鈍が，それぞれ脚光を浴び，急熱・急冷サイクルを駆使した各種の特徴ある高強度鋼板が誕生した[2]．

冷延鋼板が主体となるパネル用高強度鋼板のおもなものは図2.3に示すように，①r値と降伏比（降伏強度÷引張強度，形状凍結性の指標で値が小さいほどよい）のバランスがとれたP添加鋼，②成形時に軟らかくて延性に優れ，塗装焼付熱処理で硬質化するBH（Bake-Hardening）鋼板，③r値と降伏比が非常に優れたIF高強度鋼板である．

メンバ類や足回り部品などの強度部材には，引張強度が490 MPaから590 MPa級のDP（Dual Phase）高強度鋼板が開発された．この鋼は，軟らかいフェライト相に硬いマルテンサイト相を10～20%分散させた金属組織を有することから命名され，熱延鋼板では熱延オンライン新加工熱処理により，また，冷延鋼板では上述の連続焼鈍を利用して開発された．

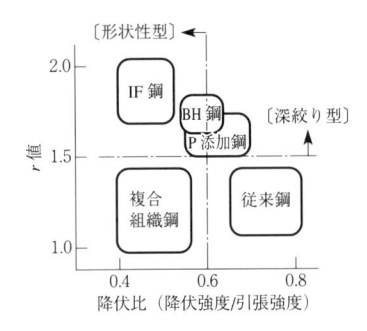

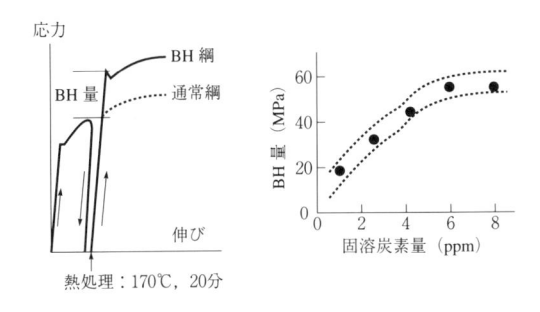

図 2.3 パネル用高強度鋼板の特徴と BH 特性

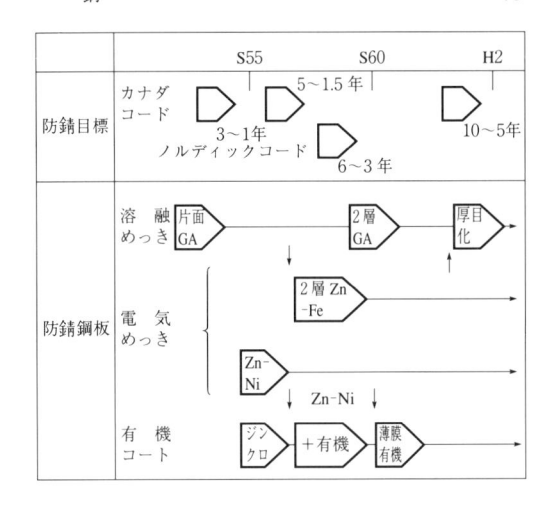

図 2.4 防錆目標と防錆鋼板の開発推移

(3) 新防錆鋼板: 1970 年代に寒冷地域における融雪塩の大量使用による車体腐食が社会問題化して，カナディアンコードやノルディックコードなどの防錆目標が示された．さらに，二度にわたる石油危機は車体軽量化に拍車をかけ防錆鋼板の要求を強めた．その要求に応じ種々の防錆鋼板が開発され，その結果1980 年代の前半から，品種の多様化を伴いつつ防錆鋼板の生産量は，順調な伸びを示してきた．しかし，1991 年からは深刻な構造不況の影響で防錆鋼板の需要が大幅に減少し，生産量も減少せざるをえない状況となっている．

自動車に使用される表面処理鋼板には車体防錆用亜鉛めっき鋼板のほかに，排気系統などに使用されるアルミめっき鋼板や燃料タンクに使用されるターンシートなどがある．

亜鉛めっき鋼板は，冷延鋼板にさらに亜鉛めっきを施す電気亜鉛めっき鋼板と，焼鈍工程と表面酸化物の還元処理を兼ねた連続溶融亜鉛めっき鋼板とがある．後者では溶融亜鉛めっき後にさらに加熱し，母材のFe をめっき層中に拡散させた合金化溶融亜鉛めっきが自動車用としてよく使用される．防錆要求の変遷に対応して開発されてきた種々の防錆鋼板の変遷を図2.4 [3]) に示す．

現在，自動車用として使用されている表面処理鋼板（亜鉛めっき以外も合わせて）は多岐にわたるが，その被膜構造，特徴，用途などの詳細については文献[4])を参照されたい．これら多様な防錆鋼板はいずれも自動車メーカーと鉄鋼業が協力しつつ開発されたものである．選択される車体防錆鋼板の種類は自動車メーカーの防錆思想によって大きく変わる．現在の主流も2 層合金化溶融亜鉛めっき鋼板と薄膜有機複合鋼板に大別されるのはこのためである．いずれの鋼板も，現在の防錆目標である耐穴あき 10 年，耐表面さび 5 年を十分満たしているといわれている[3])．

(4) ステンレス鋼板・鋼管: 装飾モール類へのステンレス鋼の適用は歴史が古く，Cr めっき代替として当初はSUS 430 系が使用されたが，今日では耐さび性を向上させたSUS430J1L が主として使われている．排気ガス浄化対策の一つであるEGR（Exhaust Gas Recirculation）用の鋼管は，高温強度と冷却時の凝縮水に対する耐食性の両面から，SUS 410 L 系，SUS 304 系が一般的である．近年の特筆すべき変化は，排気系統を中心として，さまざまな分野に適用が大きく拡大していることである[5])．

① 耐熱用途: エキゾーストマニホールド（以下エキマニ），フロントパイプ，触媒コンバータ用メタル担体，シリンダヘッドガスケット

② 耐食用途: マフラ，触媒以降のエキゾーストパイプ

これらはステンレス鋼板をプレス成形して使用する場合とステンレス鋼管を曲げ加工等して使用する場合に分けられる．また，ステンレス鋳鋼をエキマニに適用した例もある．いずれも各種の用途・使用条件に応じて，必要十分な特性をミニマムコストで得られるステンレス鋼の開発が続けられてきた．その結果，現在実用されている材料は JIS G 4305 の冷間圧延ステンレス鋼板及び鋼帯だけではなく，ユーザーおよびメーカー各社の規格に応じた多種多様な材料が使用されている．

(ii) 鋼管 鋼管の種類には，継目無鋼管，溶接鋼管，鍛接鋼管などがある．自動車用鋼管としては，寸法精度・製造可能範囲，表面肌とコストの点から，溶接鋼管，中でも電縫鋼管が最もポピュラーである．厚肉鋼管が必要な場合には熱間仕上継目無鋼管が用いられる．とくに高い寸法精度を要する場合には，電縫鋼管あるいは継目無鋼管を冷間引抜きした鋼管が使われる．

電縫鋼管は，連続的に配置した成形ロールを用いてホットコイルを円筒状に成形しつつ，ワークコイルあるいはコンタクトチップを通じて鋼板に高周波電流を流し，鋼板両端のみを抵抗加熱して溶融し，スクイズロールで加圧・接合して製造される．電縫溶接現象の詳細な解析をもとに電縫溶接技術が格段に進歩し，溶接部の信頼性が飛躍的に向上した結果，自動車用鋼管への適用が拡大している．ステンレス鋼の造管に際しては，アルゴン雰囲気溶接によって電縫溶接部の品質を確保する．造管後の加工性を確保するためには，圧延による成形から曲げ主体のロール成形とし，成形配分を最適化することで素材への加工ひずみを極小化する低歪造管技術が適用されている．

鋼管の JIS 規格には G 3445 機械構造用炭素鋼鋼管 (STKM)，G 3472 自動車構造用電気抵抗溶接炭素鋼鋼管 (STAM) を中心とし，G 3441 をはじめとする合金鋼鋼管がある．ステンレス鋼管では G 4305 の冷間圧延ステンレス鋼板及び鋼帯を電縫鋼管として造管したものが一般的である．

これら鋼管の主たる用途は，機械構造用鋼管では，駆動軸（プロペラシャフト，ドライブシャフト），各種シャフト（ステアリングシャフトなど），各種リンク，クロスメンバ，サイドメンバ，トーションバー，などの多岐にわたり，ステンレス鋼管は主としてエキマニ以降の排気系統に使用される．

近年における鋼管の進化の特徴は，(1) 高強度化，(2) 高耐食化，(3) その他，に大別することができる．それぞれについて以下に概要を述べる．

(1) 高強度化： 1972年以降の二度の石油危機を契機として，自動車の燃費改善とそのための軽量化に対するニーズが非常に高まり，他製品，とくに棒鋼を中空化していく中で，鋼管の使用量が増加してきた．ただし，この段階では JIS 規格品を適用することが一般的だった．さらに重量低減を進めるには鋼管の強度を高めることが有効であり，各種の鋼材が開発された．以前は STKM 13 B の引張強さ 440 MPa クラスの鋼管までが使用されていたのに対し，今日では引張強さ 580〜780 さらには 1 470 MPa までの高強度鋼管が実用されている．この背景には鋼板と同様に，鋼精錬技術の進歩，強度-延性および強度-靱性バランスを向上させるための TMCP (Thermo-Mechanical Control Process) 技術，高強度鋼を安定して造管するための高信頼性電縫溶接技術の進歩，などがある．

(2) 高耐食化：排気系統では 1970 年代前半までは亜鉛めっき鋼管が一般的であった．1975 年以降排出ガス規制が強化され，酸化触媒，さらには三元触媒が搭載されたことで排気ガスの腐食性が厳しくなったため，溶融アルミニウムめっき鋼管（鋼板）に変わった．さらに 1989 年から，排気系統についても保証期間が「1 年または 2 万 km」から「3 年間 6 万 km 保証」に延長された段階で，フェライト系ステンレス鋼が大量に使用され始めた．現在では乗用車のマフラおよび触媒以降の鋼管は，ほぼ全量がステンレス鋼化されている．

(3) その他： エキマニでは，アメリカカリフォルニア州の排出ガス規制に代表される厳しい環境規制に対応するため，低熱容量化（触媒の暖機性向上），軽量化を目的として，フェライト系ステンレス鋼エキマニが増加している．また，リーンバーンでは燃焼ガス温度，したがって，エキマニ温度が上昇するため，高温強度の優れたステンレス鋼がエキマニに使用される．現状ではガソリン乗用車のおよそ 25％がステンレス鋼製エキマニを搭載しており，その 1/2 はステンレス鋼管を 2 次加工して製造されている．

一方，材質面だけではなく部品製造工程の簡略化を目的として，棒鋼を鋼管で代替するケースも増加している．孔加工が不要，切削加工から冷間成形への変更，中間熱処理が不要などで工程が省略される．さらに部

品加工での矯正を簡略化するためには，従来に比べて肉厚精度と真円度を格段に高めた高寸法精度鋼管が必要とされる．通常は冷間引抜鋼管が使われるが，素材材質の均一化，ロール成形パターンの最適化，造管時残留応力の制御・低減を適用することで，造管のまま（アズロール）で高寸法精度化が可能になってきた．

b．現状と最近時の研究の成果

（i）鋼板

(1) 超深絞り用，超々深絞り用： 上述のように極低炭素鋼溶製技術と連続焼鈍の登場により発明されたIF鋼はその後，量および特性上で飛躍的に伸びて，深絞りグレード鋼として一般化したのみならず，超深絞りや超々深絞り用鋼としても発展した．現在では，r値が2.5を越えるところまで商用化されている．その製造方法（成分・工程）の一例を表2.1および表2.2に示す[6]．超極低炭素と熱延での工夫および連続焼鈍を駆使していることが特徴である．

(2) 高強度薄鋼板：

① 高延性高強度熱延鋼板　熱延鋼板の加工性は張出し性と伸びフランジ性に大別される．高張出し性として開発されたのがDP鋼であったが，最近，この延長にある新高強度鋼板として残留オーステナイト鋼板（TRIP鋼：Transformation Induced Plasticity，変態誘起超塑性，以下TRIP鋼と呼ぶ）が注目を浴びている[1]．この鋼はベイナイトあるいはフェライト＋ベイナイトマトリックス中に，変形によりマルテンサイトに変態しうる準安定オーステナイトを，数％から30％程度（強度による）残留させた鋼である．この鋼の高延性の機構の概念図を図2.5に示す．その延性はたとえば，590 MPa級の引張強度を有しながら，400 MPa級の固溶強化鋼並みの高伸びを示す．

一方，伸びフランジ性は，局部変形能に依存し，延性破壊の起点となるボイドの生成およびその成長・伝播が特性を左右する．この特性は引張試験における伸び値に直接律せられない．伸びフランジ性は金属組織の影響を受け，この観点からいくつかの組織制御した鋼板が提案されている．すなわち，ベイナイト単相鋼，ベイナイト＋フェライト鋼，あるいはこれに少量のマルテンサイトを混在させたトライフェイズ鋼などがある．さらに鉄炭化物を全く含まない極低炭素鋼ベースに固溶体強化や析出強化を組み合わせた鋼も開発されている．図2.6にこれらの熱延鋼板の伸びフランジ性を表す穴広げ率を，引張強度との関係で示す．590 MPa級で100％以上の穴広げ加工が可能である．

② 高延性高強度冷延鋼板　高強度冷延鋼板は，高

表2.1 開発鋼の化学成分と製造工程

(mass %)

C	N	Mn	P	Al	Ti
≦0.0020	≦0.0020	0.10	≦0.010	0.03	0.05

転炉 → RH → CC → 熱延 → 冷延 → C.A.P.L.

表2.2 開発鋼の特性値

板厚 (mm)	降伏点強度 (MPa)	引張強度 (MPa)	伸び(％)	$\bar{r}$	r_{45}	n
0.8	123	284	50	2.43	2.28	0.270
1.2	129	278	53	2.54	2.35	0.272
1.6	126	280	56	2.58	2.26	0.273

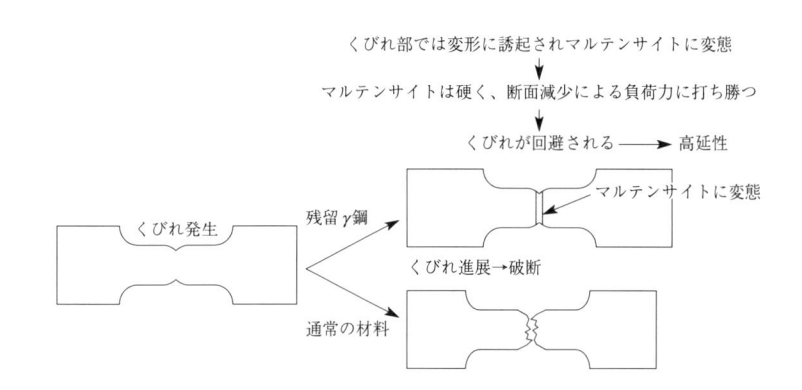

図2.5 高残留オーステナイト鋼板のTRIPの概念図

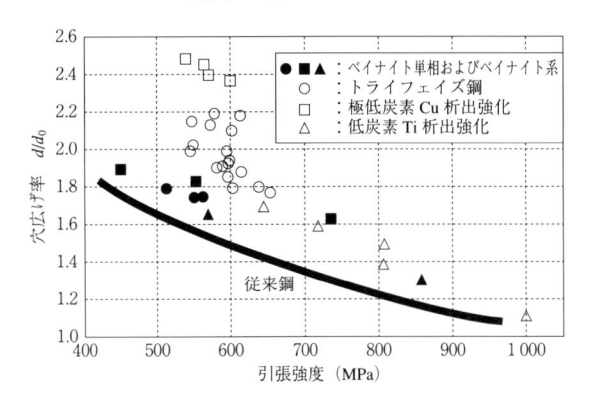

図 2.6 各種高伸びフランジ性熱延高強度鋼板

加工性が必要とされるパネル用 340～440 MPa 級，メンバ用 440～780 MPa 級および補強材用 780～1 350 MPa 級に大別される．

パネル用で注目されるのは強度（耐デント性）を補う目的で塗装焼付硬化性を付与させた BH 鋼板がある．BH 性は C, N などの侵入型固溶元素のひずみ時効を利用しており，従来は，低炭素鋼を用いて製造されていた．しかし，IF 鋼に BH 性を付与させる技術も工業化された[1]．IF の字義からははずれるが，Nb や Ti を C よりも化学量論的等量未満添加して固溶炭素を残す過剰炭素型と，連続焼鈍を高温で行い，炭化物として固定されていた C を再固溶させる溶解型とに分類される．また，この分野では最近，連続焼鈍炉中で浸炭を行い BH 性その他を向上させる技術が登場してきている．

中～高クラスの高強度鋼板は，冷延鋼板においても TRIP 鋼が有望である．冷延鋼板では連続焼鈍を利用して製造される．C-Si-Mn の比較的単純な成分の鋼を連続焼鈍でオーステンパ処理する．この鋼は当然張出し性に優れることは期待される．事実，熱延鋼板同様，きわめて優れた張出し性がカップ成形試験やバルジ成形試験で確認されている（図 2.7）．これに加え，この鋼は最近深絞り性にも優れていることが判明した．980 MPa 級の冷延 TRIP 鋼でも絞り比が 2.0 の深絞り成形が可能である[1]．深絞り性は従来冷延鋼板では r 値で支配されるというのが一般的理解であった．ところがこの冷延 TRIP 鋼は，r 値は低い．これは集合組織がランダムなためである．TRIP 鋼が深絞り性に優れる機構は，オーステナイトが変形に誘起されてマルテンサイトに変態する仕方が，変形様式によって変わるということによっている．すなわち，縮みフランジ変形部ではマルテンサイトに変態しにくく変形抵抗が低く保たれる．一方，引張変形部ではマルテンサイトに変態して硬化するので破断耐力は高くなる．これより縮みフランジ抵抗は低く破断耐力は高いという深絞り変形に適した応力状態になる．

バンパやドアガードバーなどの補強材には引張強度 980 MPa 級以上の超高強度冷延鋼板が開発され，さらに高強度化の研究開発が進められている．平行して，加工性・溶接性の改善，あるいはこのクラスの高強度鋼板では問題となる耐遅れ破壊特性の改善にも研究が進められている．この耐遅れ破壊特性は引張強度では整理がつかず，焼入れ性の指標である炭素当量の限定や組織制御の必要性が指摘されている．

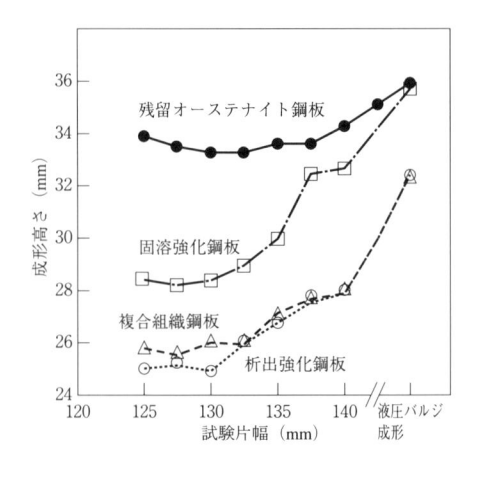

図 2.7 残留オーステナイト冷延鋼板の張出し性

(3) 表面処理鋼板: 防錆鋼板の開発にとっては防錆性能のほか,溶接性,塗装性などの使用特性,表面きずや塗装仕上りなどの品質特性,母材鋼板との調和などに十分な配慮をしながら開発を進めることが重要である.表面処理を電気めっきで行うか,溶融めっきで行うかによって,使用される母材や種々の品質に差異が生じる.これまで日本の自動車業界独自の要求を満たしながら多種多様な表面処理鋼板が開発されてきた.しかしこのように発展してきた防錆鋼板も,1980年代後半の日系トランスプラントによる車の海外生産化で,その国際的な汎用性が問われ始めた.また,日本の自動車産業や鉄鋼業において事業再構築が進められている昨今,防錆鋼板の多様性に対して疑問がもたれるようになってきた.今後はこれらのことを考慮に入れながら,表面処理鋼板の開発に取り組むことが必要である.

表面処理鋼板を高強度化するという要求は当然存在し,種々の高強度表面処理鋼板が開発された.電気亜鉛めっきは鋼成分にほとんど影響されずめっきを施すことができるため,冷延鋼板はすべて電気亜鉛めっき鋼板になりうる.しかし,溶融亜鉛めっき鋼板では,熱サイクルが連続焼鈍と大きく異なること,および鋼中成分がめっき密着性および合金化挙動に影響を与えることの2点で制約を受ける.溶融亜鉛めっき後のめっき密着性と鋼中成分の関係では,Si,Mn,Pなどが影響を受けることがわかる[7].また,合金化に対してPの過剰添加は好ましくないなどの知見もある.現状ではこれらの制約下,低炭素あるいは極低炭素ベースに固溶体強化(BH強化を含む)あるいは析出強化を利用することで,各種の合金化溶融亜鉛めっき高強度鋼板が開発され,製造されている.

(4) その他普通鋼鋼板: 自動車用鋼板の耐穴あき性の改善には合金化溶融亜鉛めっき鋼板が採用されるが,自動車部位によっては鋼板自体の耐食性を向上させた薄鋼板が開発されている[8].Cu,P複合添加が基本で,図2.8に示すように耐穴あき性が大幅に改善される.腐食の進行に伴う安定さびが形成され,以後腐食因子の侵入が抑制されることによるとされている.

ボデーの振動・騒音を低減させるためには制振鋼板が開発されている.制振鋼板は,0.04〜0.1 mm厚の制振樹脂を挟んだサンドイッチ構造の複合鋼板で,質量増加なしに振動・騒音を低減できる大きな利点を有する.熱硬化性あるいは熱可塑性樹脂が選ばれ成形加工性や溶接性の観点から鋼板との接着強度の調整や導電粒子の添加が行われる.

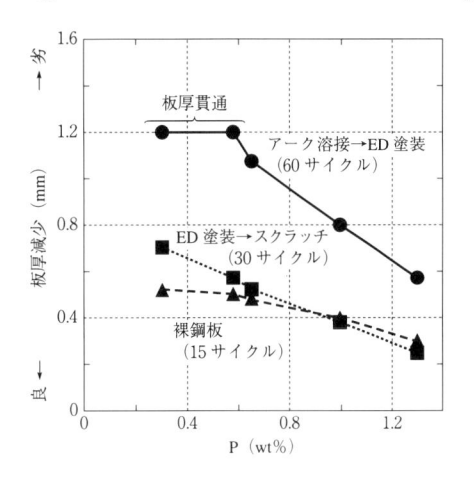

図2.8 CCT試験での板厚減少に及ぼす0.3%Cu系におけるPの効果

最後に鋼のヤング率について触れる.鋼が使用される第一の理由はその高い強度であろう.この場合主として降伏,あるいは引張強度を意味する.しかし,鋼は高ヤング率材料でもあり,210 GPa程度の値を有する.そして通常等方性として扱われる.しかし,鉄の単結晶は立方晶系の直交異方性を有し,最大方向でヤング率284 GPaを示す.もしこの最大ヤング率が使えれば,剛性が$E \cdot t^3$に比例するとすると板厚が10〜15%削減可能である.実際,現実の高ヤング率鋼板(圧延直角方向ヤング率230 GPa)の値を用い面剛性が改善されたという有限要素法の計算結果が報告されている[9].

(5) ステンレス鋼板・鋼管: 排気系統に使用されている主要なステンレス鋼と適用部位をまとめて表2.3に示す[10].

① エキマニ エキマニは従来は鋳鉄鋳物が一般的であったが,前述のとおりステンレス鋼製が増加している.鋳物では肉厚が5 mm程度であったのに対して,ステンレス鋼製では約2.0 mmまで薄肉化され約50%軽量化された.熱応力による熱疲労を回避するために日本およびアメリカでは線膨張係数の小さいフェライト系ステンレス鋼が主流である.耐熱性に優れた鋼種として,Type 409系(11%Cr-0.2%Ti),SUS 430 LX(17%Cr-0.4%Nb),SUS 444系(19%Cr-2%Mo-Nb)などが排気ガス温度に応じて選択されてい

表2.3 部位別環境温度と使用鋼種　　　　　(温度：℃，重量：kg/台)

No.	部位	環境温度	鋼種	重量
①	シリンダヘッドガスケット	100	SUS 301 L	0.3
②	エキゾーストマニホールド	950〜800	YUS 409 D, YUS 180	4
③	フロントパイプ	800〜600	YUS 409 D, YUS 436 S, YUS 180	2
④	フレキシブルパイプ		SUS 304, SUSXM15J1, SUS 302 B	0.5
⑤	触媒コンバータ		YUS 205 M	2
⑥	センタパイプ	600〜300	YUS 409 D, YUS 436 S, YUS 432	3
⑦	マフラ	300〜100	YUS 409 D, YUS 436 S, YUS 432, NSA1YUS 409 D, NSA1YUS 432	6
⑧	テールパイプ		YUS 436 S, YUS 432, NSA1YUS 409 D	

YUS 409 D：11Cr-0.2Ti，YUS 436 S：17Cr-1.2Mo-0.2Ti，YUS 432：17Cr-0.5Mo-0.2Ti，SUS 301 L：Cr-7Ni
YUS 205 M1：20Cr-5Al-Ln，YUS 180：19Cr-0.4Nb-0.4Cu-0.4Ni，SUS XM 15 J1：18Cr-13Ni-4Si
NSA1YUS 409 D，NSA1YUS 432は溶融アルミニウムめっきステンレス鋼を示す．

る．耐酸化性はCr量が多いほど良好であり，高温強度，高温疲労強度を高めるためにMoあるいはNbが添加される（図2.9[11]）．ベース成分，強化元素によっては高温時効による高温強度の低下に注意する必要がある．ステンレス鋳鋼製のエキマニも適用が開始されている[12]．さらなる燃費改善のために排気ガス温度が1 000℃以上まで上昇することが予測され，一段と耐熱性（高温強度，耐酸化性）の優れたステンレス鋼の開発が待たれる一方で，材料と加工技術の両面からエキマニを低コスト化していくことも必要である．

エキマニ以降触媒コンバータまでのパイプは主として耐熱用途であって，エキマニ用と同じく排気ガス温度に応じたステンレス鋼が適用されている．部位によっては外面からの塩害を考慮してSUS 436 L系（17％Cr-1.2％Mo-0.2％Ti）が使用されることもある．

② マフラ，エキパイ　マフラやエキゾーストパイプ（センタパイプ以降）の内面は排出ガス成分（アンモニウムイオン，硫酸イオンなど）の凝縮と加熱・冷却サイクルによる濃化によって非常に厳しい腐食環境になる．ステンレス鋼の適用に伴って腐食挙動が精力的に解析され，部位ごとの腐食量，腐食に影響する環境因子・合金元素の影響，などがほぼ解明されている[13]．こうした検討に基づいて，SUS 436 L鋼とその廉価版（17％Cr-0.5％Mo-0.2％Ti）などが開発された．図2.10には排気系統の腐食環境を模擬した条件における各種ステンレス鋼の腐食試験結果を示す．さらに外面からの塩

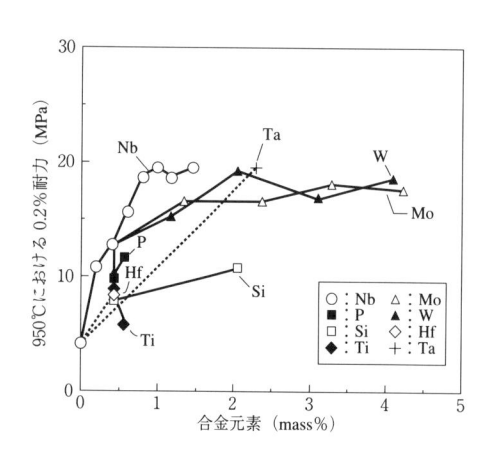

図2.9　950℃の0.2％耐力に及ぼす合金元素の影響（19％Crベース）

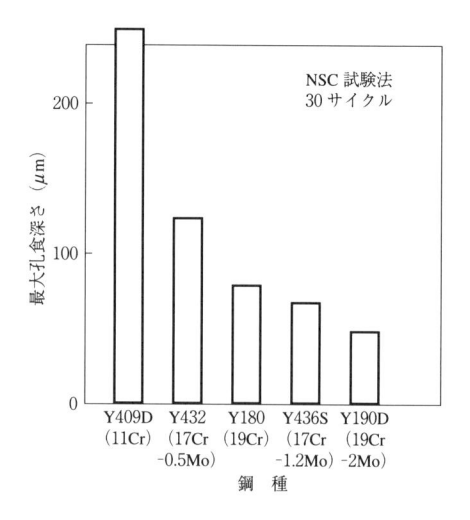

図2.10　排気ガス凝縮模擬環境における各種実用ステンレス鋼の耐食性

害と美観保持のために，Type 409，SUS 436 L などのステンレス鋼に溶融Alめっきを施した鋼板および鋼管[14]も開発され，マフラのアウタシェルやテールパイプに使用されている．

排気系統の腐食環境は部位と内・外面によってかなり異なる．今後は実走行車での実績とラボでの寿命予測とを用いて，部位ごとの最適材料を選択することが重要になると思われる．

③ **メタルガスケット** シリンダヘッドガスケット（以下，ガスケット）には，長年にわたってアスベストが使用されてきた．しかし，アスベストの使用規制，エンジンの高出力化に対応したガスシール性向上のために代替材料への転換が進んだ．ガソリン車ではグラファイトが主流であるが，ディーゼル車ではステンレス鋼板製のメタルガスケットが主体である．当初はSUS 301 鋼の薄板数枚を積層した構造であったが，近年SUS 301 L 鋼（17％Cr-7％Ni）を用いた1層型メタルガスケットが開発された．メタルガスケットはアスベスト製に比べて耐熱性，耐圧縮性などに優れているが，1層型ではさらにシール性が向上し，エンジン性能の向上に寄与している[5]．

④ **メタル担体** 排気ガス浄化用触媒はセラミックス担体が主流だったが，耐熱衝撃性，低熱容量，低圧力損失を特徴としたメタル担体も増加している．メタル担体のハニカムコアには20％Cr-5％Al-REM 鋼[15]が箔（厚さ約50μm）の形状で使用されている．図2.11に排気ガス条件での耐酸化性に及ぼすCr，Al量の影響を示すとおり，20％Cr-5％Alで耐酸化性，REM添加で酸化被膜の密着性が向上することから，上記組成が選択されている．

高Cr-Al鋼は靭性が悪いために冷間圧延が困難だったが，低C＋N化と微量Ti添加で量産ラインでの製造が可能になった．ハニカムコアを収納する外筒にはSUS 430 LX鋼などが使用されている．

(ii) 鋼 管 鋼管の用途は多岐にわたるが，最近開発された代表的な部材について以下に述べる．

(1) ドアビーム用高強度鋼管： 本鋼管は，側面からの衝突に対する安全性（代表的にはアメリカFMVSS No.214）を確保するために，ドア内部にドアインパクトビームを配置して車体側方の強度を向上させる目的で使用される．当初は高強度鋼板をプレス成形したものが多かったが，軽量化とエネルギー吸収能とを両立させるために高強度鋼管の適用が大幅に増加

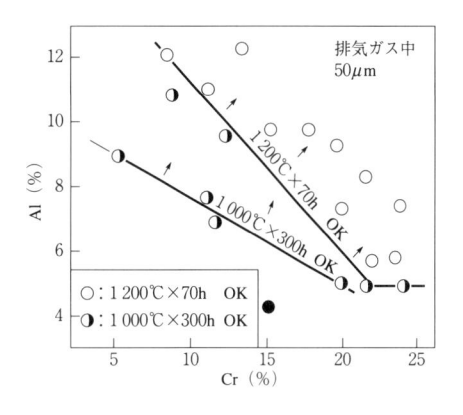

図2.11 排気ガス中の耐酸化性に及ぼす
　　　　　Cr，Al含有量の影響

している．ドア内部のスペース制約からも剛性の高い鋼管のほうが有利である．

車体側方の強度試験（JASO B 103-86，FMVSS No.214）に対応した3点曲げ試験における鋼管の曲げ変形挙動を詳細に解析した結果，曲げ最大荷重は4％ひずみにおける変形応力とよい相関があり[16]，高強度化が有効である．一方，曲げ変形による吸収エネルギーを最大とするためには，曲げ後期に至るまで鋼管が塑性屈服せず，かつ割れないことが必要である．そのためには破断伸びが8％以上必要である[16]．高強度と高延性を低コストで実現できる鋼管として0.2％Cを含有する焼入れままのマルテンサイト組織が有効であり，造管後に高周波焼入れするタイプの引張強さ1 470 MPa級のドアビーム用高強度鋼管が広く使用されている[16]．比較的低Cのマルテンサイト組織とすることで，高速変形および低温での変形（側面衝突に相当）においても常温，低速と同等の優れたエネルギー吸収能が得られる．図2.12に鋼管単位断面積当たりの吸収エネルギーに及ぼす肉厚／外径比と曲げスパン（ドア寸法に対応）の影響を示す．曲げスパンに応じて最適な肉厚／外径比が存在する．

一方，鋼板段階で焼入れした鋼板を素材とし，造管後に熱処理を加えないアズロール型のドアビーム用鋼管も提案されている．ただし，引張強さ1 180 MPa以上の高強度鋼を冷間加工して塑性ひずみを加えた場合には，腐食の結果として鋼中に侵入する水素による遅れ破壊に十分注意する必要がある[17]．

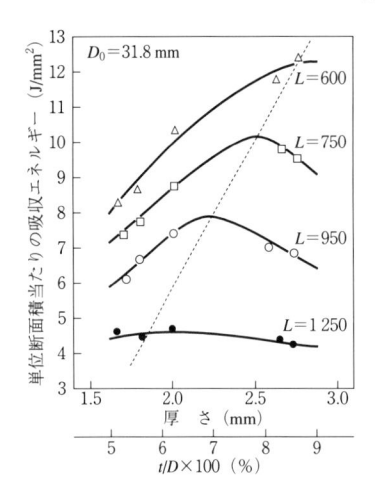

図2.12 鋼管単位断面積当たりの呼吸エネルギー

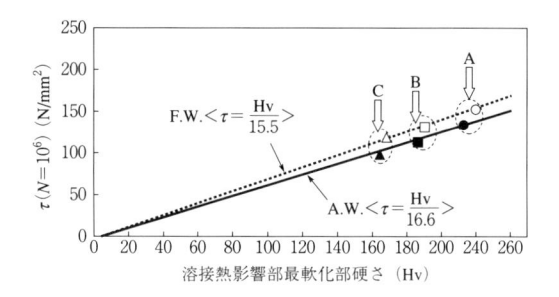

図2.13 最軟化部硬さと疲労限の関係

(2) プロペラシャフト用高強度鋼管： 一般に材料を高強度化すると母材の疲労強度も向上するが，溶接部の疲労強度は必ずしも向上しない場合が多い．プロペラシャフトのねじり疲労強度の支配因子を解析した結果，両端のジョイントヨークを溶接する際に熱影響部が軟化するためにねじり疲労強度が低下すること，ねじり疲労試験の疲労限は熱影響部最軟化部の硬さとよい相関があること，が明らかにされた[18]．熱影響部最軟化部硬さと疲労限の関係を図2.13に示す．

以上の検討結果に基づいて，微量添加元素による析出強化を利用し，再熱時における析出物の形態と量を制御することで熱影響部の軟化を抑制し，ねじり疲労強度を高めた耐HAZ軟化型のハイテンプロペラシャフト用鋼管が開発された．引張強さ780 MPa級までの高強度鋼管がすでに実用されている[18]．

(3) 排気系用ステンレス鋼管： エキマニ，エキパイについては，b.(i)(5)ステンレス鋼板・鋼管の項で述べた．その他の材料としてフレキシブルパイプがある．フレキシブルパイプは排気管以降へエンジン振動が伝わるのを防止する機能があり，蛇腹パイプとワイヤメッシュで構成される．蛇腹加工に必要な加工性からオーステナイト系ステンレス鋼が適用される．通常はSUS 304が使用されるが，融雪塩散布地域では蛇腹部に堆積した塩による高温塩害に耐える材料として高Siステンレス鋼（SUS XM 15 J 1など）が採用されている．北アメリカなどの塩害が厳しい地域では，さらに高温塩害耐食性を改善する必要がある．Si増量あるいはMo添加が有効で17 Cr -13 Ni -2.5 Si -2.5 Mo鋼などが開発されている[19]．

c. 今後の問題・展望—環境問題およびグローバル化—

(i) 鋼板

(1) 地球環境問題への対応： 地球環境問題の中で最近，地球温暖化現象が注視されている．その一つの原因とみなされているCO_2増加抑制のため西暦2000年に向けて自動車の燃費規制が大幅に強化されそうである．そのため西暦2000年には車体を20%軽量化すると設定して対応技術が模索されている．材料面でも種々検討されているが，鉄での軽量化が重要な地位を占めている．表2.4は車部品に必要な強度特性と材料要因，表2.5はそれに基づき軽量化に必要な鋼板特性を試算した結果である[1]．20%の軽量化は490〜590 MPa級の高強度鋼板により十分対応可能である．問題は自動車の高度の成形性その他要求特性に対応可能かどうかである．この意味から先に紹介した

表2.4 車体部品に必要な強度特性と材料要因

部　品	張り剛性	デント抵抗	圧壊強度
外　板	◎	○	
内　板	◎		○
補強材			◎
材料要因	$E \cdot t^3$	$\alpha \cdot t^2$	$E^{0.4} \cdot \alpha^{0.6} \cdot t^{1.8}$

E：ヤング率，t：板厚，α：変形応力（～引張強度）

表2.5 軽量化に必要な鋼板特性の試算

強度特性	軽　量　化　率			
	0%：現行	10%	20%	40%
張り剛性	E	$1.4E$	$1.9E$	$4.6E$
デント抵抗	$TS=290 N/mm^2$	$370 N/mm^2$	$490 N/mm^2$	$780 N/mm^2$
圧壊強度	$TS=290 N/mm^2$	$440 N/mm^2$	$590 N/mm^2$	$1 360 N/mm^2$

TRIP鋼をはじめ,有力な高強度鋼板が種々ある.また,ここで注目されるのは高ヤング率鋼板である.表2.4のαではなく,Eを高めることはきわめて有効であり,鋼板開発面での一つの方向を示すものと考えられる.

一方,アメリカでは1990年に成立した新大気浄化法に加えて,カリフォルニア州ではさらに厳しい排気ガス規制が制定されている.今後段階的に排出ガスを低減し,数年の間にさらに現状の1/10程度に減少させることが求められている.触媒コンバータの改善とともに,エキマニから触媒コンバータに至るまでの熱容量を減少させる必要がある.ステンレス鋼を中心として,耐熱性の向上,加工技術の向上が必要であろう.

国内ではディーゼル車の排出ガスについて短期および長期目標が設定された.さまざまな観点からの対策が検討されている段階ではあるが,対策によっては腐食環境の苛酷化などから鉄鋼材料開発での対処を求められることも考えられる.

(2) リサイクル: 材料のリサイクルは,現下の最も大きな課題といえよう.素材開発にも材料のLCAを考慮する必要性がある.鉄鋼業ではこの問題に取り組み,鉄系材料のリサイクル性向上を目指し先頭を切って検討している.その一貫としてスクラップから入る微量不純物の材質や製造面への影響が系統的に調べられている.図2.14はその一例で,いまや汎用鋼種となったIF鋼に対するCu,Crなどの不純物元素の影響を調査した結果である[20].明らかに悪影響をもたらす元素もあり,これを無害化あるいは補償する技術開発が進められている.鉄では最も問題になるのがCuで,熱間圧延中の表面割れの原因となる.これに関しても限界の見極め,あるいはその回避技術の開発が進められている.

(3) ニュー・サイマルテーニアス・エンジニアリングと規格簡素化: 自動車用鋼板は,自動車の製品差別化の中で鋼種数が増大し,これが鉄鋼メーカー,自動車メーカー相互のコストアップの大きな要因となっているといわれている.バブル崩壊後,両業界による過剰スペックの見直し,鋼種の削減・集約などにより経済性を追求する検討が進められている.その際,自動車用材料の選択に当たっては,部材特性のみならず利用加工面をも考慮し,それも部材設計段階で材料を意識し,取り込むということが重要である.これを設計－素材選択－適用・立ち上げの生産技術を同時

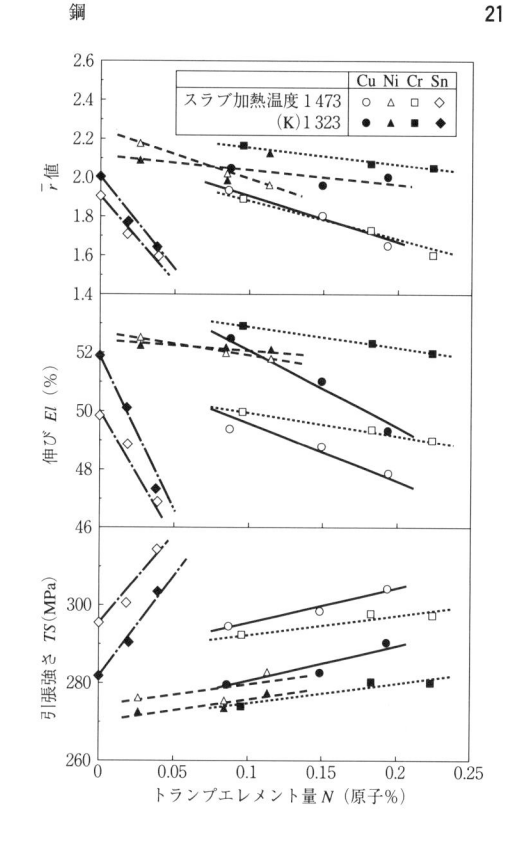

図2.14 IF鋼の材質に及ぼすトランプエレメントの影響

に有機的に行うという意味でニュー・サイマルテーニアス・エンジニアリングと呼ぶ.すなわち,素材～自動車製品製造までの一貫した効率的生産・経済性の追求である.一方,これに呼応し,むやみに多様化し,錯綜している材料の種類を,実態面および規格の上で簡素化し,厳密なスペック化することが,上記鋼種集約化とならび重要となる.エンジニアリングのあり方のこのような変化が今後の大きな動きと考えられる.

[小山一夫・宮坂明博]

参考文献

1) 秋末治ほか:自動車用鋼板の開発と将来,新日鉄技報,No. 354,p.1-5（1994）
2) 山﨑公三ほか:高強度鋼板製造技術の現状と将来展望,塑性と加工,Vol. 35,No. 404,p. 1036-1041（1994）
3) 金丸辰也:第138-139回西山記念技術講座,日本鉄鋼協会,東京,p. 165-210（1991）
4) 淺村峻:鋼板表面処理技術の最近の進歩,鉄と鋼,Vol. 77,No. 7,p. 861-870（1991）
5) 石川秀雄:自動車用ステンレス鋼の利用技術と今後の展開,第151回西山記念技術講座,p. 255-266（1994）
6) 小山一夫ほか:|111|集積度を極限まで高めた超高ランクフ

ォード値高成形性冷延鋼板の開発, 日本金属学会誌, Vol. 31, No. 6, p. 535-537 (1992)
7) 西本昭彦ほか:溶融亜鉛めっき高強度鋼板のめっき密着性と合金化速度に与える鋼成分の影響, 鉄と鋼, Vol. 68, No. 9, p. 1404-1410 (1982)
8) 森田順一ほか:鋼成分による孔あき腐食性の改善, 鉄と鋼, Vol. 73, S 1154 (1987)
9) Hiwatashi et al.: Numerical analysis of panel stiffness based on crystal anisotropy, CAMSE '92 Part 2 ed. Doyama, M. et al.
10) 佐藤栄次ほか:自動車排気系材料の現状と今後の動向, 新日鉄技報, No. 354, p. 11-16 (1994)
11) 大村圭一ほか:自動車排気マニフォールド用高耐熱フェライト系ステンレス鋼の開発, 材料とプロセス, Vol. 4, No. 6, p. 1796-1799 (1991)
12) 高橋紀雄:排気系部品用耐熱鋳鋼の開発, 金属, Vol. 62, No. 11, p. 27-32 (1992)
13) 加藤謙治ほか:ガソリン自動車排気系の腐食メカニズムの検討, 材料とプロセス, Vol. 4, No. 6, p. 1819-1822 (1991)
14) 橘裕樹ほか:アルミメッキステンレス鋼管の製造, 材料とプロセス, Vol. 7, No. 2, p. 497 (1994)
15) 山中幹雄ほか:メタル担体の開発を通してみた耐熱鋼箔の開発, 材料とプロセス, Vol. 4, No. 6, p. 1784-1787 (1991)
16) 田邉弘人ほか:ドアインパクトビーム鋼管, 新日鉄技報, No. 354, p. 48-53 (1994)
17) 山崎一正ほか:超高強度冷延鋼板の加工性と遅れ破壊特性に及ぼす組織の影響, 材料とプロセス, Vol. 5, No. 6, p. 1839-1842 (1992)
18) 田邉弘人ほか:耐HAZ軟化ハイテンプロペラシャフト用鋼管, 新日鉄技報, No. 354, p. 48-53 (1994)
19) 平松直人ほか:耐高温塩害腐食性に優れたフレキシブルチューブ用オーステナイト系ステンレス鋼の開発, 材料とプロセス, Vol. 4, No. 6, p. 1808-1811 (1991)
20) 山田輝昭ほか:Ti添加極低炭素冷延鋼板の材質に及ぼすCu, Ni, Cr, Snの影響, 鉄と鋼, Vol. 79, No. 8, p. 973-979 (1993)

2.1.2 構造用鋼,特殊用途鋼

a. 緒　　言

わが国の特殊鋼の最大の需要産業は自動車である. それは特殊鋼がエンジン・駆動・懸架などの自動車の基幹装置の部品材料として使用されるためである. したがって近年の特殊鋼の材料開発・生産技術開発・設備投資などは,主として自動車を対象として行われてきた.

現在わが国の特殊鋼産業は,機械構造用鋼を中心にして世界最先端の独自の技術を確立したといえよう. その原動力は,自動車側からの絶え間ないニーズ提起であった. 加えて石油危機・モリブデンなどの原材料価格高騰・為替変動・燃費改善・排ガス浄化等々の社会的ニーズも見逃すことができない. そこで以下に近年の技術動向を概観してみよう.

（i）**生産技術の進歩**　近年の特殊鋼の生産技術の進歩の目的は「高品質化」と「均質化」であった. これは自動車の「高性能化」と「大量生産」に呼応するものである. この目的に沿って,真空脱ガス＝非金属介在物の除去,取鍋精錬＝不純物の除去と狭幅制御,連続鋳造＝化学成分と組織の均一性向上,精密圧延＝寸法精度の向上,制御圧延＝組織のコントロール,自動検査＝内質・表面きずなどの高速・高精度検査などの各種の技術が確立した. また電算機による生産や配送管理が一般化し,ジャスト・イン・タイム・システムの進展に貢献した.

そして特殊鋼に与えられている最も大きな課題は部品コストの低減である. これには材料価格そのものの低減と,部品加工コストを低減するための材料開発との2種類の側面がある. 前者については,内外価格差とか国際比価などと称して,国内材料の製造コストをいかに低減するかが焦点である. 後者については次項で述べる.

（ii）**材料開発**　これまでの自動車用特殊鋼は,個別の自動車メーカーだけではなく,個々の車種の要求特性に対応して開発が行われてきた. その結果,実際には非常に多くの種類の鋼材が実用化され,もはやJISや自工会規格では規定が不十分な状態に至った. 加えてエンジンバルブやコンロッドのように,一部が特殊鋼からニッケル合金やチタン合金に置き換わる例も出てきた. さらにターボチャージャの回転翼に至っては,ニッケル合金からセラミックスに転換した例さえある. このように自動車用材料は構造用部品といえ

ども,特殊鋼だけではなく,非鉄・非金属材料を総合的な視点で選択される時代に入ったといえよう.

また,特殊鋼は棒鋼あるいは線材の形で供給され,鍛造や切削加工によって部品の形状に加工されるのが一般的であった.しかし,最近では焼結部品のための特殊鋼粉末や特殊鋼精密鋳造品も実用化しており,製品形状のうえでも多様化が進んでいるといえる.

このように,材料の多様化が日本の自動車の高性能を支える重要な要因であった.しかし前述のように,最近の材料コストの低減に応えるためには統合化がひとつの方策である.部品の性能を落とさずにいかに統合を含めた材料コストの低廉化を進めるか,が今後の材料技術者に与えられた課題である.

b.特殊鋼の製造技術

(i) 特殊鋼鋼材の生産プロセス 特殊鋼鋼材の生産プロセスは,図2.15に示すように五つのプロセスに大別でき,基本的にはこれらの組合せにより用途に見合った鋼材が生産されている.

中でも,製鋼・熱間加工の上工程は,鋼材の性状を左右する重要なプロセスであり,従来,新用途対応,品質の製造保証,および各プロセス内でのコストの低減,などを主目的としてきたが,昨今ではそれらに加え,熱処理・冷間加工などの下工程を省略し,素材のトータルの生産コストを下げることを目的とした技術改善が追求されている.

(ii) 機械構造用鋼(炭素鋼および合金鋼) 図2.16に機械構造用鋼の生産プロセスの代表例を示す.このうち,炉外精錬は,重要保安部品に多用される機械構造用鋼の生産には不可欠なものとなっている.

設備技術としては,基本的には四つの機能の組合せとなっている.すなわち,スラグ(またはフラックス)との接触によりSなどの有害成分を取り除く「取鍋精錬」,真空内に溶鋼をさらしガス成分を除去する「真空脱ガス」,および合金添加などの「成分調整」とその間の温度を補償する「加熱」機能である.これら炉外精錬の活用により焼入性の狭幅管理が可能となり,酸素や硫黄などを10 ppm以下に低減した超清浄鋼[1],さらに比較的大型(15μm以上)の介在物を徹底的に排除した超高清浄鋼の製造技術が開発され,特殊用途の軸受鋼などへの適用が図られている[2].

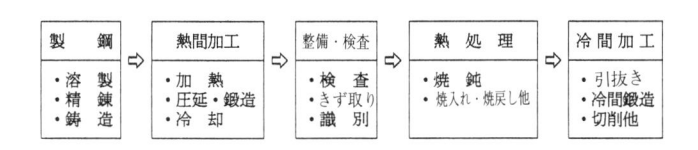

図2.15 特殊鋼鋼材の基本的生産プロセス

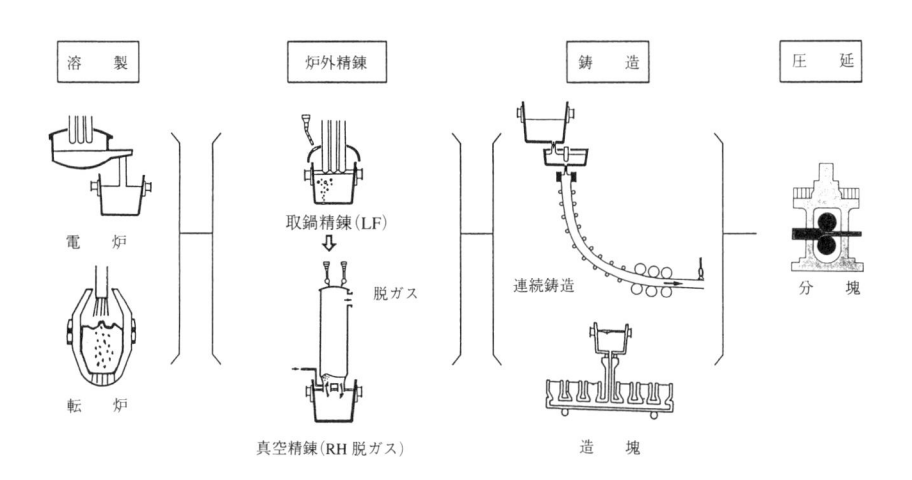

図2.16 機械構造用鋼生産プロセス代表例

鋳造には，造塊法と連続鋳造（連鋳）があり，特殊鋼の本格的な連鋳化は80年代と遅かったが，技術の進歩とともに近年急速に連鋳化が進んでいる．中でも，高炭素鋼の中心偏析問題は特殊鋼連鋳化の最大難関の一つであったが，垂直連鋳機の活用やストランド内圧下技術[3~5)]の確立などにより造塊材に勝るとも劣らぬ品質の鋼材の生産が可能となっている．

機械構造用鋼の鋳造材は大半の場合，加熱後，熱間圧延により棒・線材に加工される．その仕上げ寸法精度は，圧延技術の進歩によりJISで規定の公差の1/4以下にと向上し，超精密圧延鋼材として生産されている．

最近では，細径線材においても，同様に超精密圧延材の生産が可能となっており，線引きの省略，あるいは皮削工程の省略用途に使用されるようになっている．

このような圧延のままの黒皮材の使用を可能とした背景としては，上記精密圧延技術に加え，製品圧延前の鋼片手入れから圧延中，および圧延後のハンドリングきずまで含めた表面欠陥対策技術の充実がある．また，対象サイズそのものについても，調整精度が向上し，また，ロールの圧下調整の迅速化が図られたことにより，0.1 mmきざみで，自由なサイズ選択が可能な生産ライン[6)]も出現している．そのほかにも，図2.17にみるように圧延中の温度およびその後の冷却速度を制御し圧延後の組織をコントロールする技術も開発され，一部焼鈍など熱処理工程の省略が図られている．

（iii） **ステンレス鋼の製造**　従来，ステンレス鋼の溶製はスクラップ，Cr合金，Ni合金をアーク炉で溶解し，炉外精錬を行う冷鉄源溶解法であったが，ホットメタルの活用や溶融還元法などのプロセスが出現している．また，ステンレス鋼の炉外精錬プロセスは機械構造用鋼と異なったものとなっている．大別して真空の活用と不活性ガス活用の2方法が採用されている．最近ではこれら両者の利点を活用すべく，高いC領域はAOD，低いC領域では真空下での操業ができる新しいプロセス（VCR）が実用化している[7)]．

（iv）　**工具鋼および特殊用途鋼の製造**　これらの鋼種の場合，介在物や偏析を極限まで低減することが要求されるのみならず，炭化物の大きさや分布状態のコントロールが必要となる．このためESRやVARなどの再溶解プロセスが採用されている．これは，上述した工程により製造した鋼材を消耗型電極としつつ，水冷モールド内で再溶解し融滴状態で精錬しつつ，急速に凝固させるものであり，高品質ではあるが，コスト・納期面で問題が多い．しかし，上述した炉外精錬と連鋳技術の進歩により，一部の分野では再溶解なしでも要求品質を満足できるものが出現してきており，今後これら特殊製造の鋼材は，より高品質の追求と通常工程材の活用とに二分化するものと考えられる．

c. 構造用鋼

（i）　**軽量化のための材料**　自動車部品の軽量化は自動車の走行性能の向上や燃費向上に有効であることはいうまでもない．一部品を小型軽量化すると，その部品に組み合わされている他の部品の小型化も可能になり，ユニット全体の軽量化につながる可能性がある．部品の軽量化には，軽金属や非金属の利用や中実部品の中空化なども考えられるが，ここでは部品の小型化による軽量化を前提に，近年開発された実用化された各種高強度鋼を紹介する．

（1）　高強度歯車用鋼：　トランスミッションやデファレンシャルには，クロム鋼やクロムモリブデン鋼の浸炭歯車が用いられている．歯車の高強度化には，歯車材料，加工，熱処理，さらには設計を含めた総合的な検討が重要であるが，このうち，材料については高強度歯車用鋼が開発されている[8)]．要求される強度水準や内容がさまざまであるので，各種の鋼が開発されている．しかし，SiやMn，Crなどを低めて粒界酸化を防止し，Pを減少して粒界強度を高め，MoやNiで浸炭層の靱性を改善するという考え方はほぼ一致している．

一例として，図2.18に浸炭歯車の衝撃強度に及ぼす合金元素の影響を示す．なお，Niの含有量を増す

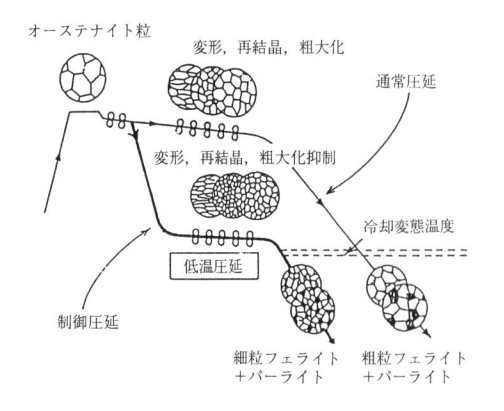

図2.17　制御圧延と通常圧延の工程比較

図 2.18 浸炭歯車の衝撃強度と合金成分の関係

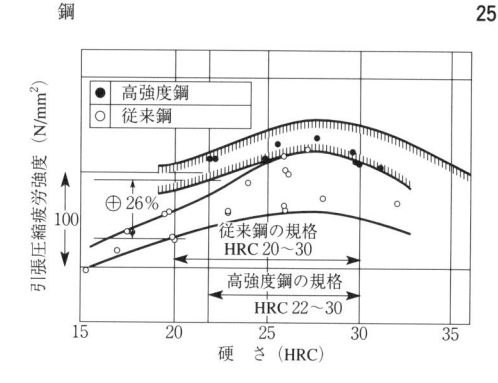

図 2.19 従来鋼と高強度非調質鋼のコンロッド実体疲労強度比較

と,焼ならし処理でベイナイトが生成しやすく,被削性が低下するので,Moを添加したものが多く用いられている.疲労強度改善の目的で,高い投射エネルギーでのショットピーニング(ハードショットピーニング)が普及してきたが,脆弱な粒界酸化があると表面粗度が劣化するという問題がある.高強度歯車用鋼は粒界酸化が少なく,ハードショットピーニングにも対応できる[9].

(2) 高強度高靱性非調質鋼: 非調質鋼は熱間鍛造後の冷却中に調質鋼と同等の硬さになる鋼であり,焼入焼戻し処理の省略が可能なために,部品製造コストの低減と生産性の向上に有効であり,多くの自動車部品に採用されている.炭素鋼に0.1%のVを添加してV炭窒化物の析出硬化を利用したフェライト・パーライト型非調質鋼が主流であるが,これには靱性が低いという欠点があり,低合金強靱鋼を代替するためには靱性の改善が必要である.非調質鋼の靱性改善には,フェライト・パーライト組織のままで靱性を改善する方向と,ミクロ組織をベイナイトやマルテンサイトに変える方向があり,一長一短がある.

フェライト・パーライト組織で,硬さを維持しつつ靱性を改善する場合には,Cの低減(フェライト面積率の増加),Vの増加(フェライトの強化),MnやCrの増加(パーライトの靱性改善),鍛造温度の低下(フェライトやパーライトの微細化)などの対策がとられる.また,MnSやV炭窒化物を粒内フェライトの核として利用する方法も開発されている.マトリックスの靱性の改善は介在物を起点とする疲労き裂の発生や伝播の防止にも有効であり,介在物を多量に含む快削鋼では疲労強度を改善した高強度非調質として実用化されている.図2.19は,従来の非調質鋼と高強度非調質鋼で製造したコンロッドの疲労強度を比較したものであり,同じ硬さでも高強度非調質鋼は従来鋼よりも高い疲労強度を示している[10].この鋼により約15%の軽量化が可能である.

約0.2%のCを含む鋼にMnやCrを2%以上添加した鋼は,熱間鍛造後の空冷でベイナイト組織になる.ベイナイトは靱性が高いので,足回り部品などを対象とする高靱性非調質鋼として位置づけられる[11].ただし,この鋼は耐力が低いという欠点があり,時効処理により耐力を改善する手法も開発されている[12].

0.1%以下の炭素を含み,MnやCrを合計で1～3%含有する鋼を熱間鍛造後直接焼入れ(鍛造焼入れ)して高強度高靱性を得る方法が足回り部品やコンロッドで実用化されている[13].鍛造焼入れ後の焼戻しが省略されることから非調質鋼に分類されている.また,ミクロ組織はベイナイトあるいはオーステンパードマルテンサイトと呼ばれるものであるが,鍛造焼入れという工程からマルテンサイト型非調質鋼と呼ばれることもある.

(3) 高強度高周波焼入れシャフト用鋼: 等速ジョイントやトランスミッションのシャフト類には高周波焼入れが多く用いられている.高周波焼入れシャフトの高強度化には硬化層深さの増加が最も有効であるが,炭素鋼や球状化焼鈍状態の低合金鋼は高周波焼入性が十分でなく,高周波焼入れ条件の変更だけでは対応できないことが多い.母材の硬度を変化させることなく高周波焼入性を改善するというボロンの特徴を生

表 2.6 高強度ばね鋼の化学成分
(mass %)

C	Si	Mn	Ni	Cr	Mo	V
0.40	2.50	0.75	2.00	0.85	0.40	0.20

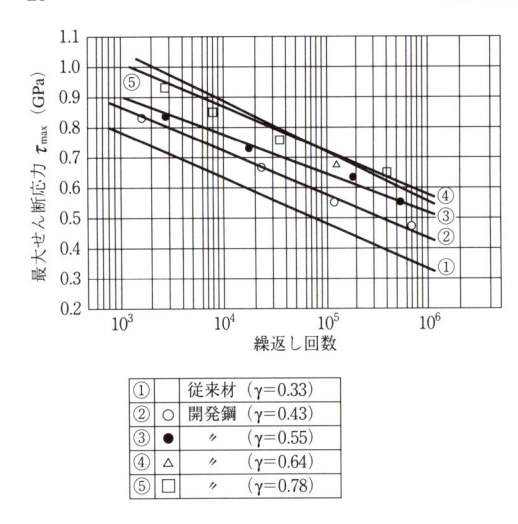

図 2.20 の凡例:
① 従来材 ($\gamma=0.33$)
② 開発鋼 ($\gamma=0.43$)
③ 〃 ($\gamma=0.55$)
④ 〃 ($\gamma=0.64$)
⑤ 〃 ($\gamma=0.78$)

図 2.20 等速ジョイントシャフトの硬化深さとねじり疲労強度の関係

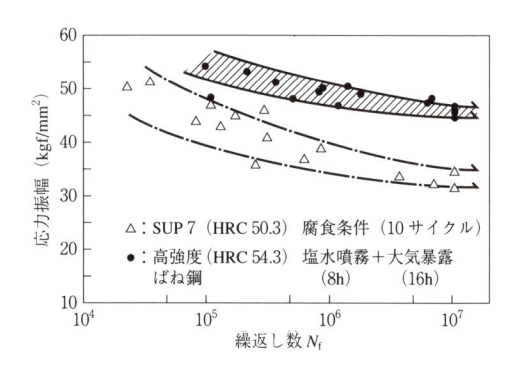

図 2.21 高強度ばね鋼の腐食疲労強度
△: SUP 7 (HRC 50.3) 腐食条件 (10 サイクル)
●: 高強度ばね鋼 (HRC 54.3) 塩水噴霧 (8h) + 大気暴露 (16h)

かした高強度高周波焼入れシャフト用鋼が開発されている.

図 2.20 は,高強度高周波焼入れシャフト用鋼(開発鋼)で製造した等速ジョイントシャフト(中実軸)のねじり疲労強度と硬化条件の影響を示したものである[14].硬化層深さの増加により,30%以上の疲労強度向上が認められる.

(4) 高強度ばね鋼: 自動車の懸架コイルばねには,JIS ばね鋼の SUP 7 が多く用いられ,通常 47～51 HRC に調質されている.ばねの高強度化には硬さの上昇が必須であるが,切欠感受性の増大による腐食ピットなど自動車に搭載した場合の強度を考慮することが必要である.53～56 HRC の硬さで十分な延性と腐食疲労強度を確保した高強度ばね鋼(ND 250 S)が開発され,乗用車に採用されている.

表 2.6 にその化学成分を,図 2.21 に腐食試験後のサンプルによる疲労試験結果を示す[16].高強度ばね鋼は優れた腐食疲労強度を示しており,Ni,Mo,V の破壊靱性および耐食性改善効果が現れている.

(ii) 工程合理化・製造コスト低減のための材料

(1) 非調質鋼: 近年の主流の非調質鋼は中炭素鋼または Mn 鋼に V を微量添加した鋼で,加工前の加熱でオーステナイト中に V をいったん固溶させ熱間加工後,冷却過程で微小な V 炭窒化物として析出させる析出強化により,調質処理を行わなくても調質鋼と同等の硬さが得られるものである.図 2.22 に非調質鋼の原理を示す.

非調質鋼には熱間鍛造用・直接切削用・冷間圧造用の 3 種類があり熱間鍛造用は鍛造メーカーの鍛造で,切削用および冷間圧造用は製鋼メーカーの圧延で所定の強度を付与するもので,川下工程のユーザーでは調質が不要である.

非調質鋼の利点としては調質省略だけでなく熱処理ひずみが小さいことである.欠点として同強度の調質鋼に比べ靱性が低い点であるが,最近は高靱性タイプの非調質鋼も開発されている[17].

表 2.7 に非調質鋼の代表的な機械的性質を示す.

(2) 焼なまし・焼ならし省略鋼: 機械構造用鋼,とくに合金鋼の場合,Cr,Mn などの焼入性向上元素を添加しており,通常の圧延のままではベイナイト,マルテンサイトなどの硬い組織が生ずるため,引抜き,冷間鍛造,切削などの冷間加工を施す前に,焼なましまたは焼ならしを必要とする.

近年線材,棒材の圧延中に制御圧延・制御冷却技術を駆使することにより,インラインで焼なまし,または焼ならし処理材に近い軟質材を製造できるようになり広く採用されつつある.

(3) プリハードン鋼: プリハードン鋼とは素材の状態で製鋼メーカーが焼入れ・焼戻しの調質処理を行い,熱処理後の機械的性質を保証してユーザーに納入する鋼材である.これによりユーザーでは直接部品

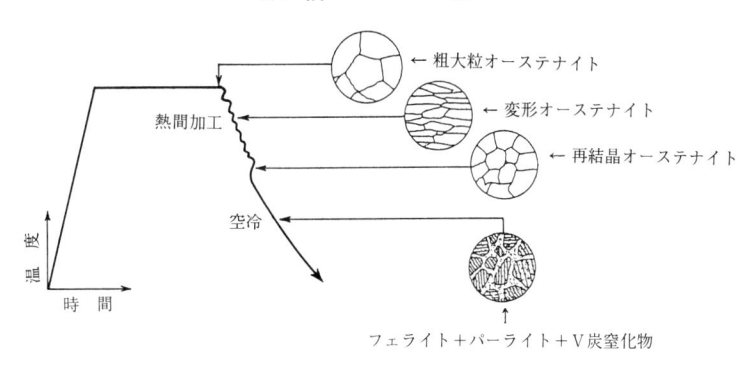

図 2.22 非調質鋼の原理

まで加工可能となり，加工工程の短縮，仕掛在庫の圧縮，工程管理の省略化を図ることが可能である．

(4) 結晶粒粗大化防止鋼： 肌焼鋼は冷間鍛造後，浸炭温度に加熱するとオーステナイト結晶粒が粗大成長しやすくなり，熱処理ひずみや靭性劣化の原因となる．この成長阻止として微細析出粒子による粒界のピン止め効果が知られている．近年，歯車などの過酷な冷間鍛造後に強力な析出粒子が必要となり従来の Al, N 添加による AlN 析出物のほかに Nb, V, Ti などの添加により成長防止を図っている．最近は急速鋳造法や制御圧延技術を駆使しより高温度に耐えられる高温短時間浸炭肌焼鋼が開発されている．

表2.8 に最近開発された新肌焼鋼（ブランド名：ATOM 鋼[18]）の化学成分例，図 2.23 に加熱温度と結晶粒度・粗粒面積率の関係を従来鋼対比で示す．

本鋼は微細粒でかつ粒粗大化に対する抵抗が大きいことから，冷間鍛造後の焼ならし省略にも応用されつつある．

(5) 冷鍛・高周波焼入用鋼： 表面硬化法の一つである高周波焼入れは，浸炭焼入れを行う肌焼鋼から炭素鋼への切換えにより，鋼材 VA および省エネが図れること，機械加工と直結したインライン熱処理が可能なこと，により増加する傾向にある．

一方，冷間鍛造はニアネットシェイプ化により切削

表2.7 非調質鋼の代表的な機械的性質（標準鍛造試験材*）

鋼　種	0.2%耐力 (kgf/mm^2)	引張強さ (kgf/mm^2)	伸び (%)	絞り (%)	シャルピー衝撃値** (kgf·m/cm^2)	硬さ (H$_B$)
MF 40	54	78	25	59	9	230
MF 45	56	83	23	55	7.5	240
MF 50	58	88	21	52	6	250
MF 55	60	93	19	48	4.5	260
HMF 30	56	76	26	65	13	230
HMF 35	58	81	24	61	11.5	240
HMF 40	60	86	22	58	10	250
HMF 45	62	91	20	54	8.5	260
S 45 C (1 045)（焼入れ・焼戻し材）	60	80	25	60	15	240

＊標準鍛造試験材の熱間加工・冷却条件は
　加 熱 温 度：1 200℃
　鍛 造 条 件：1 200℃（開始）〜1 000℃（終了）
　鍛造後の冷却：空　冷
　素材の寸法：φ50mm（鍛造前）〜φ25mm（鍛造後）
＊＊2 mmU ノッチ試験片

表2.8 開発鋼（ATOM鋼）の化学成分

(mass %)

鋼　　種	C	Si	Mn	P	S	Cr	Nb
SCr 420（ATOM鋼）	0.20	0.22	0.75	0.015	0.015	1.01	微量添加
SCr 420　（従来鋼）	0.21	0.23	0.76	0.015	0.015	1.03	—

表2.9 開発鋼（HAC鋼）の化学成分

鋼　種	C	Si	Mn	Cr	B
HAC 48	0.48	0.05	0.25	0.15	0.0015
HAC 53	0.53	0.05	0.25	0.15	0.0015
（参考）JIS S 48 C	0.48	0.25	0.75	<0.20	0.0015
JIS S 53 C	0.53	0.25	0.75	<0.20	0.0015

（注）HACの後の数字はC量を示す．C量増減，快削元素添加など可能．

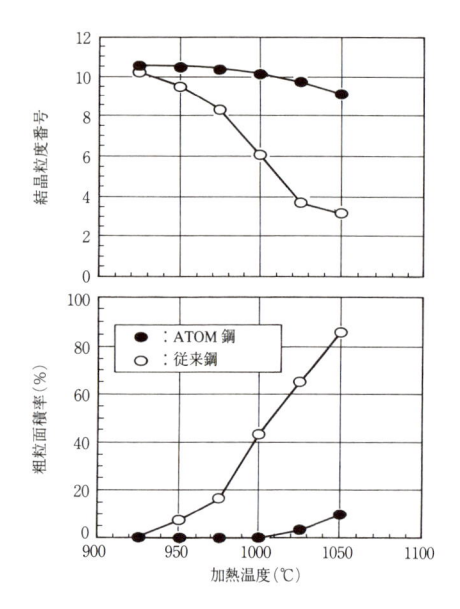

図2.23 加熱温度と結晶粒度・粗粒面積率の関係 ［試験工程］
圧延素材→球状化焼なまし(SA)→70％冷間据込加工→加熱処理*→粒度測定
＊ 925～1050℃×30分保持→W.C.

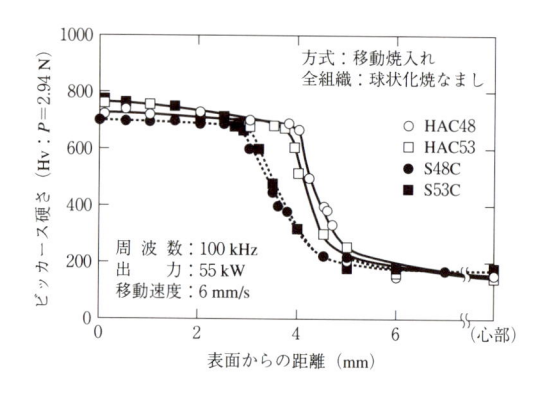

図2.24 HAC鋼の高周波焼入性

代の減少，環境改善，高生産性などの利点があるため，熱・温鍛からの切換えが増加しつつある．ところがこれら両者を組み合わせた製造プロセスは定着していなかった．それは，高周波焼入れには通常0.45C％以上の鋼を用いるため，球状化焼なまし状態でも冷間鍛造は容易ではなく，一方，変形抵抗低減のため合金元素を低減すれば，高周波焼入性が低下し十分な硬化層が得られなかった．

このように，両者は相反する関係にあるが，近年この両特性を同時に満足させた冷鍛・高周波焼入用鋼が開発され，従来の肌焼鋼＋浸炭処理にとって代わって，CVJの部品などにおいて量産化されている．

表2.9に開発鋼（ブランド名：HAC鋼[19]）の化学成分，図2.24に高周波焼入性を示す．

(6) 黒皮精圧材： 精密圧延技術の駆使により，圧延のままの棒鋼・線材の寸法精度が±0.1 mmまで保証可能となり，かつ圧延寸法は従来1 mmきざみであったが最近は0.1 mmごとに商業生産が可能となってきたこと，および表面きず，脱炭などの表面品質および保証技術の向上により，棒鋼において引抜きやピーリングなどの工程省略，線材においては伸線工程の2回→1回引き化による工程省略が可能になってきた．表2.10 (p.30) に精密圧延棒鋼の種類と寸法公差を示す．

(7) 素形品： ここでは材質・工法変更などドラスチックな改善例として，最近採用が拡大されつつあるニアネットシェイプ品（素形品）を紹介する．図2.25にこれらの製品例を示す．

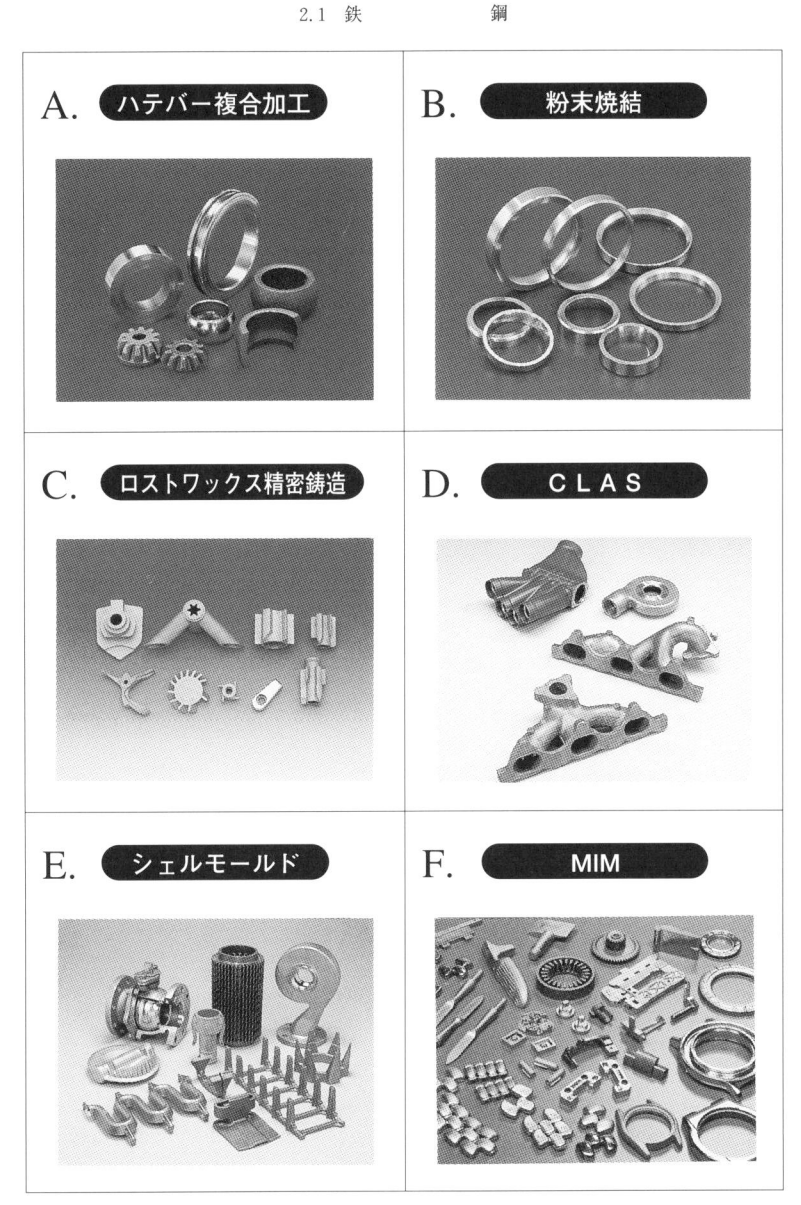

図 2.25 各種の素形品の例

A. ハテバー複合加工品[20]
 ［工法］ 高速熱間鍛造（ハテバー）と精密冷間鍛造を組み合わせた高精度加工
 ［特徴］ 高生産性とチップレスによりコストダウンに効果的
B. 粉末焼結品
 ［特徴］ 材料・工程の選択範囲が広く各種の要求対応可，ブランク精度が優れ，機械加工のコスト低減が可能
C. ロストワックス精密鋳造品[21]
 ［特徴］ 減圧吸引により 0.3 mm の超薄肉品まで製造可能，複雑な3次元形状の製品に最適，広範囲な材質が選択可能
D. CLAS 製品[22]（Counter Gravity Low Pressure Air Melt Sand Process）
 ［工法］ 減圧による溶湯からの直接吸引鋳造
 ［特徴］ 複雑な中空形状品の薄肉（0.2〜0.3 mm）・軽量化が可能
E. シェルモールド
 ［特徴］ 複雑形状の中小物量産品に適し鋳物肌きれいで，寸法精度が高い
F. MIM 製品（Metal Injection Mold）
 ［工法］ 金属粉末射出成形
 ［特徴］ 精密小型製品に最適，材質の選択が自由

表 2.10 精密圧延棒鋼の種類と寸法公差

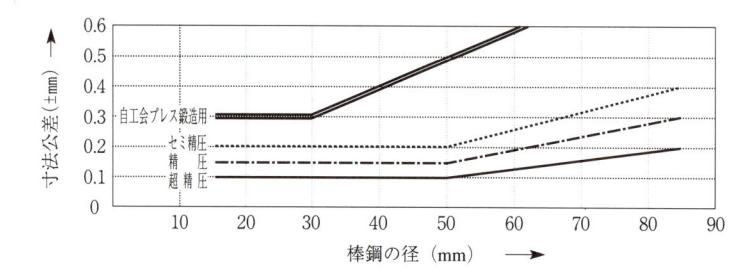

グレード	製造寸法(径)	寸法公差	偏径差
超精圧	18～88 mm	±0.2％×径(最小値0.1mm)	径の許容差範囲
精圧		±0.3％×径(最小値0.15mm)	
セミ精圧		±0.4％×径(最小値0.2mm)	
(参考)自工会プレス鍛造		±1％×径(最小値0.3mm)	

d．特殊用途鋼

（i）耐熱材料

耐熱材料は，その使用環境，使用目的に応じて非常に多様である．JIS には耐熱棒鋼だけでも35種類も規定されている．自動車の場合，耐熱材料はエンジンバルブ，副燃焼室，ターボチャージャやエキゾーストマニホールド，排気ガス浄化装置など高温部品として使用されている．

（1）エンジンバルブ： エンジンバルブは，耐摩耗性，耐食性，高温強度などが要求される．燃焼ガスで加熱されるため，吸気バルブで 300～500℃，排気バルブで 700～900℃ になる．そのため使用される材料もより高い耐熱性が要求され，吸気バルブには SUH 3（0.4％C-2％Si-11％Cr-1％Mo；以下％省略）や SUH 11（0.5C-1.5Si-8.5Cr）などのマルテンサイト系耐熱鋼が，排気バルブには SUH 35（0.5C-9Mn-4Ni-21Cr-0.4N）や SUH 36（SUH 35＋0.06 S）などのオーステナイト系耐熱鋼がおもに使用されている．

なおターボチャージャ付きのエンジンのようにより高温で使用される排気バルブには，インコネル 751（0.05C-15Cr-2.5Ti-1Al-1Nb-7Fe-bal.Ni）などの Ni 基合金も使われている[23]．

排気ガス対策のための燃焼改善やターボチャージャ搭載による高出力化により使用温度，負荷応力ともに過酷になる傾向にあり，より高温強度の高いバルブ材料が求められている．

また高出力化を支える技術として，バルブなど動弁系部品の軽量化が慣性質量低減の立場から重要な課題となっている．SUH 35 などのバルブ軸部を中空に加工してその中に Na を封入し，熱放散を促進するようにした中空バルブ[24]や，チタン合金，TiAl 系金属間化合物，セラミックスなどの軽量化材料の適用が検討されている．これらのうち中空バルブはすでにスポーツタイプの量産車に使用され始めており，今後は上記軽量化材料と併せその使用量が増加していく見込みである．

いずれの場合についても量産採用の前提条件は大幅なコスト低減である．コスト低減については現在の量産バルブについても，材料コストだけでなく部品製造コストの大幅な低減が求められている．バルブ材料の組成・製造工程および部品加工工程の抜本的見直しを含めた検討が必要と考えられる．

（2）ターボチャージャ： タービン側は 700～900℃ という高温になるため，ハウジングには高温強さと耐酸化性に優れた高 Si 系球状黒鉛鋳鉄（3.5C-4Si-0.5Mo）が使用されているが，高出力化に伴う排ガス温度の上昇に対応するためフェライト系鋳鋼も採用されている．

タービンホイールは高温の排ガスに直接触れるため，高温強度と耐食性が要求される．そのためインコネル 713 C（0.05C-12Cr-4.5Mo-0.6Ti-5.9Al-2Nb-0.1Zr-0.01B-bal.Ni）などのニッケル基耐熱合金が使用されているが，薄肉複雑形状のため精密鋳造法で製造されている．軽量化によるターボラグ解消の立場から 1985 年初めて乗用車のタービンホイールに窒化ケイ素（セラミックス）が適用されたが，高出力化に伴う排ガス温度の上昇に対応するため TiAl 系金属間化合物[26]など軽量で耐熱性に優れた金属系材料の開発も進められている．

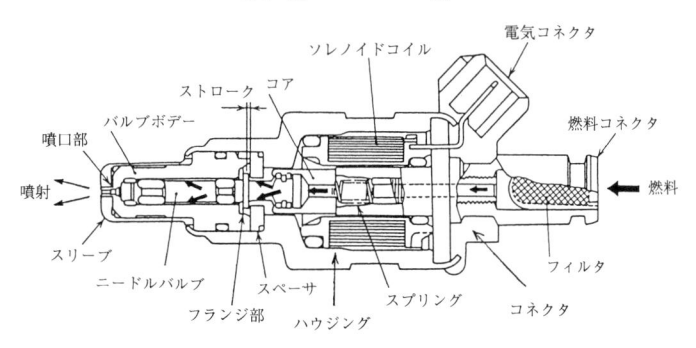

図 2.26 インジェクタの構造例

(3) エキゾーストマニホールド: 従来主として球状黒鉛鋳鉄（たとえば 3.5C-2Si）やニレジスト鋳鉄（たとえば 2.8C-2.2Si-20Ni-2Cr）が使用されてきたが，排気ガス浄化対策や燃費向上対策で排気温度が 700～900℃に上昇するためステンレス鋼製パイプや薄肉鋳造ステンレス鋳鋼などステンレス鋼の適用が増加している．パイプは，触媒が働く活性化温度まで短時間で昇温させる必要から熱容量の小さいことで適用が増えている．

材料的には SUS 430 modify（0.03C-18Cr-微量 Nb）などが使われている．なおパイプの場合溶接構造となるが，類似組成のフェライト系ステンレス鋼製溶接線の使用が増加している．

一方，鋳鋼としてはフェライト系ステンレス鋼（たとえば 18Cr-微量 Nb）が使われており薄肉化の可能な減圧鋳造法により製造されている．パイプに比べ形状の自由度が大きく，強度面でも優れているが，コストが高いため現在のところ適用が限定されている．

(ii) 耐食・耐摩耗性材料　棒材，線材を素材とした耐食・耐摩耗性材料が多用されている自動車部品には，電磁式燃料噴射弁（インジェクタ），酸素センサ，アンチロックブレーキシステム，トラクションコントロールシステム，エアバッグシステムなどがある．ここではインジェクタ用材料について述べる．

図 2.26 にインジェクタの構造の一例を示す．インジェクタに使用されている材料のおもなものはフェライト系電磁ステンレス鋼，マルテンサイト系ステンレス鋼，オーステナイト系ステンレス鋼などのステンレス鋼やパーマロイである．現在コンパクト化やコストダウンを目標に設計，工法の総合見直しが進められている．

ハウジングは 13 Cr フェライト系電磁ステンレス鋼や低炭素鋼から冷間鍛造と切削によって製造されているが，耐食性向上とめっきレス化のニーズからフェライト系電磁ステンレス鋼の使用比率が増加している．なおコンパクト化を目的に板のプレス加工による新しい形状のハウジングの適用も始まっている．

バルブボデーは主として SUS 440 C から切削加工により製造されているが，コスト低減のため冷間鍛造化が検討されている．

冷間鍛造性と耐摩耗性を兼備した材料の開発[26]と冷間鍛造技術の向上が課題である．

e．アンチロックブレーキシステム

安全性向上の立場から適用が増加しており現在搭載率は 10％前後に達している．センサリング（セレーションロータ）に焼結品（鉄粉やフェライト系ステンレス鋼粉）やフェライト系ステンレス鋼，車輪速センサ（電磁ピックアップ方式）にフェライト系電磁ステンレス鋼（ポールピース）および SmCo などの磁石，アクチュエータ用電磁バルブに低炭素鋼，純鉄，ケイ素鋼などが使用されているが，今後大幅な搭載率増加が予測されるためコスト低減のため材料，工法の見直しが進められている．

たとえばセンサリングはステンレス鋼製パイプの切削，ステンレス鋼線材のフラッシュバット溶接材の切削，低炭素鋼の鍛造材の切削（めっき），鉄粉やフェライト系ステンレス粉の焼結など種々の材料，工法で製造されているが，最近耐食性とコストを兼備した材料および工法として 17～20 Cr フェライト系ステンレス鋼粉製焼結品の適用が増えている[27]．

［上原紀興］

参考文献

1) 牛山ほか：電気製鋼, Vol. 60, No. 1, p. 16 (1989)
2) 奈良ほか：CAMP-ISIJ, Vol. 5, p. 1960 (1992)
3) 鍋島ほか：CAMP-ISIJ, Vol. 7, p. 179 (1994)
4) 高木ほか：CAMP-ISIJ, Vol. 7, p. 183 (1994)
5) 天野ほか：CAMP-ISIJ, Vol. 7, p. 194 (1994)
6) 小林ほか：電気製鋼, Vol. 63, No. 1, p. 76 (1992)
7) 佐久間ほか：CAMP-ISIJ, Vol. 6, p. 204 (1993)
8) 並木：熱処理, Vol. 28, No. 4, p. 227 (1988)
9) Y. Okada, et al.：SAE Paper 920761 (1992)
10) S. Nakamura, et al.：SAE Paper 930619 (1993)
11) 福住：三菱製鋼技報, Vol. 19, p. 1 (1985)
12) 野村ほか：材料とプロセス, Vol. 7, p. 773 (1994)
13) 小島：鉄と鋼, Vol. 80, No. 9, N 458 (1994)
14) 加藤ほか：NTN Technical Review, No. 61, p. 16 (1992)
15) Y. Hagiwara, et al.：SAE Paper 911300 (1991)
16) 阿久津ほか：電気製鋼, Vol. 63, No. 1, p. 70 (1992)
17) 野村, 脇門：特殊鋼, Vol. 42, No. 5, p. 9 (1993)
18) 紅林, 中村：電気製鋼, Vol. 65, No. 1, p. 67 (1994)
19) 瓜田, 中村：電気製鋼, Vol. 63, No. 1, p. 59 (1992)
20) 宮部：特殊鋼, Vol. 43, No. 12, p. 49 (1994)
21) 特殊鋼倶楽部：特殊鋼, Vol. 41, No. 11, p. 8 (1992)
22) 和田：総合鋳物, Vol. 35, No. 1, p. 6 (1994)
23) 吹沢, 松原：電気製鋼, Vol. 63, No. 1, p. 50 (1992)
24) 日経BP社：設計技術者のためのやさしい自動車材料, p. 60 (1993)
25) Y. Nishiyama et al.：Tokyo Int'l Gas Turbine Congress, Vol. III, p. 263 (1987)
26) 岡部, 飯久保：電気製鋼, Vol. 64, No. 2, p. 77 (1993)
27) 河村, 河野：電気製鋼, Vol. 65, No. 1, p. 1457 (1994)

2.2 鋳鉄

2.2.1 鋳鉄材料の変遷

日本の自動車産業は日本経済の発展とモータリゼーションの波に乗って大きく成長し，技術的にもめざましい進歩がみられた．その中で自動車を構成する鋳造部品の果たしてきた役割は大きく，中でも鋳鉄材料はその特徴を生かして，形状が複雑で耐摩耗性，制振性，耐熱性が要求される部位に広く適用されてきた．代表的な自動車部品としてはシリンダブロックやシリンダヘッド，排気マニホールドなどのような車の心臓部であるエンジン本体をはじめとして，ナックル，ブレーキロータ，ブレーキキャリパなどのシャシ部品がある．

また，自動車の発展とともに自動車を取り巻く環境もしだいに変化し，鋳鉄材料に対する要求課題も変わってきている．図2.27に時代とともに変化する課題の移り変わりと鋳鉄分野における対応技術の変遷について示した．そこで本稿では自動車技術の発展の中で鋳鉄材料が果たしてきた役割と各コンポーネントにおける鋳鉄材料の変遷，ならびに時代の要請に対して種々の課題を克服するために開発された，鋳鋼を含む鋳鉄材料を紹介するとともに，今後の課題について述べる．

2.2.2 鋳鉄・鋳鋼材料の種類と特徴

鉄鋳物といってもその種類は多岐多彩にわたっており，分類法も種々あるがこれを材質によって分類すると図2.28のようになる．鋳鉄と鋳鋼の違いは炭素の量で分けている．すなわち約2.0％以下を鋳鋼（このため鋳鋼は材質上鋼の中に含め鋳鉄とは区別している），それ以上を鋳鉄と呼んでいる．鋳鉄中の炭素は大部分数ミクロンから数百ミクロンの大きさで，黒鉛として鉄の中に存在するか鉄と化合物をつくってセメンタイト（Fe_3C）のような形で存在する．

このような炭素の存在形態は溶けた溶湯が凝固するときの冷却速度やC, SiあるいはCr, Mn, Mo, Vなどによって変化する．また，凝固後の冷却速度によって，黒鉛以外の「基地」と呼ばれる部分が変化し，速度が速い場合，基地がパーライトと呼ばれる縞状のセメンタイトとフェライト組織がみられる．冷却速度が遅い場合にはフェライト（純鉄に近いもの）組織となる．通常はこれらパーライトとフェライトの混合組織

2.2 鋳　鉄

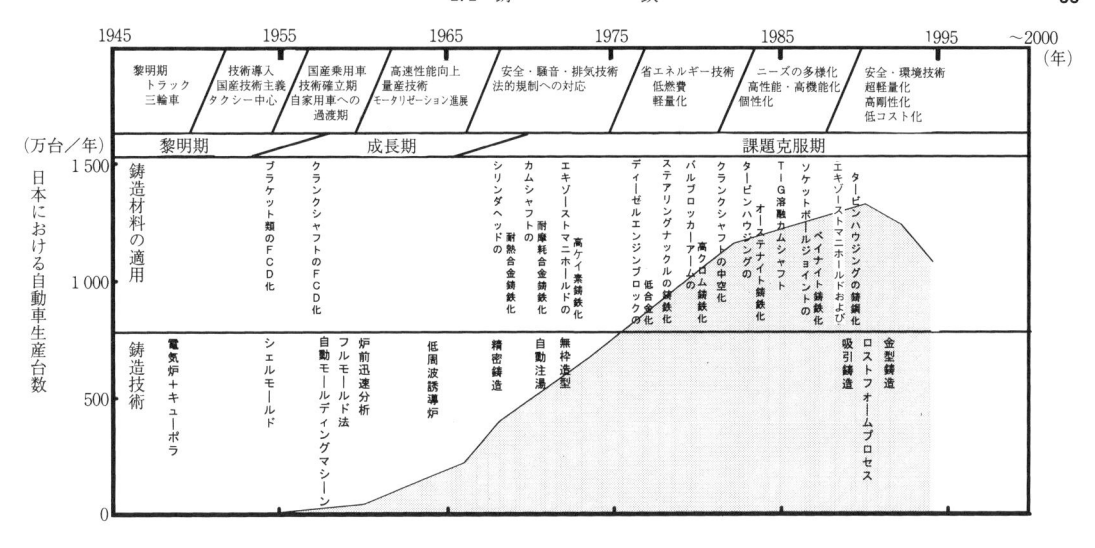

図 2.27　鋳造技術の変遷

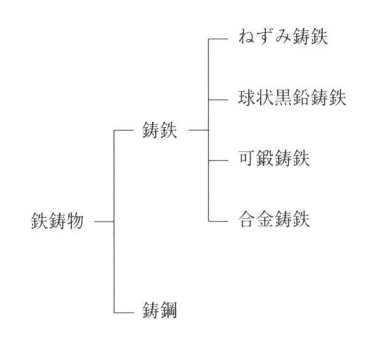

図 2.28　鉄鋳物の材質による分類

である．黒鉛は鉄と比べて非常に弱いため，鋳鉄の強さ，硬さなどの諸性質はおもにその黒鉛組織と基地組織で決まる．

JIS 規格においてもこれらにより分類される．鋳鉄の特徴は鋼に比べて炭素が黒鉛として存在するために，次のような利点と欠点がある．利点としては
① 鋼に比べて融点が低く，凝固したときの収縮率も小さいので鋳造に適している．
② 黒鉛が組織中に点在しているため，被削性がよい．
③ 黒鉛が存在しているため，鋼に比べて振動をよく吸収する．
④ 黒鉛に潤滑作用があるため動摩擦係数が低く，高面圧に対して焼付けなどによる異常摩耗が少ない．
⑤ 強度上，外部切欠に対して鈍感である．
⑥ 黒鉛が存在するため，熱伝導がよい．

などがあげられる．また，欠点としては
① 圧縮強さは大きいが，引張強さ・靭性は劣る．
② 高温で膨張や変形，き裂が発生しやすい．
③ 黒鉛が存在するため鋼に比較して剛性（ヤング率）が低い．

などがあげられる．

以上，鋳鉄の一般的な特性について述べてきたが，鋳鋼材料を含め以下に各材質ごとの種類とその特徴について述べる．

a．ねずみ鋳鉄

ねずみ鋳鉄は鋳鉄のうちで最も広く使われている材料であり，1993 年度の国内生産量は年間約 300 万 t である．そのうち約 57 % が自動車用として使われている[1]．ねずみ鋳鉄は凝固時に黒鉛が片状に晶出したもので，破面が灰色またはねずみ色をしているところからこの名前がつけられた．

基地組織はフェライト，パーライトあるいはこれらの混在組織である．JIS では引張強さによって FC 100 から FC 350 までの 6 種類が規定されている．鋳鉄の場合，同じ溶湯で鋳造しても製品の大きさや肉厚などの形状によって，その特性がかなり変化するといった傾向がある．したがって，自動車部品などのような複雑な形状をした製品については，試験片で特性を代用することは困難であることから，製品の材質指示に加えて，必要部位の硬さを指示することが望ましい．

また，部品によっては黒鉛・基地組織などについても規定する場合がある．ねずみ鋳鉄の黒鉛形状と分布

に関しては，ASTM (American Society for Testing Materials) において分類されており，国際的にも広く利用されている．通常 A 型黒鉛と呼ばれる適度に伸びた片状黒鉛が無秩序に均一に分布したもので，ねずみ鋳鉄としては最も望ましい組織とされる．

b．球状黒鉛鋳鉄

球状黒鉛鋳鉄は鋳鉄溶湯にマグネシウムあるいはセリウムなどを添加してねずみ鋳鉄にみられた片状黒鉛を球状化させたものである．球状黒鉛鋳鉄の 1993 年度国内生産量は年間約 130 万 t であり，その約 66% が自動車用として使われている[1]．この材料を製造する際には使用する原材料をとくに吟味しなければならない．とくに球状化を阻害する硫黄の含有量を低く抑えることが必要である．

球状黒鉛鋳鉄の特性を簡単に表現すれば鋳鉄の特性と鋼に近い特性を兼ね備えた材質である．すなわち鋳鉄の特性である鋳造性，切削性が良好であるとともに強度・剛性が鋼に近い特性を有している．球状黒鉛鋳鉄は基地の組織を化学成分（おもに Si，Mn）や鋳型内での冷却速度，熱処理などによって全フェライト，全パーライトおよびそれらの混合組織にすることができ，用途によって使い分ける．そこで JIS では，FCD 370 から FCD 800 まで 7 種類が規定されている．各材質のつくり分けは，通常熱処理によるところが大きい．すなわち鋳造後，焼なましを行えば，強度は低いが伸びは大きい材質が得られ，焼ならしを行えば伸びは低いが強度は高い材質が得られる．なお，熱処理を行わなければその中間の材質が得られる．

鋳放し品と焼ならし品では製品の質量の影響を受けやすいので，とくに材質保証が厳しく要求されるものについては，材質表示に加えて硬さや組織を規定する場合がある．なお球状黒鉛鋳鉄ではとくに重要な因子の黒鉛の球状化率であり，JIS では 70% 以上に規定している．

c．可鍛鋳鉄

ねずみ鋳鉄は基地の中の片状の黒鉛が存在しているため強度は低く，鋳鉄の機械構造部品として広く利用されてきたが，さらに強度の高い鋳鉄が要求されるようになった．そこで白銑鋳物を焼きなまして，黒鉛を塊状にし，強度を向上させた可鍛鋳鉄が発明された．可鍛鋳鉄はマリアブルといわれ，黒鉛の形状が塊状である点が特徴であり，古くから強度や靱性を必要とする部材に使われてきた．しかし，今日では球状黒鉛鋳鉄に置き換えられ，自動車部品に使用される例も少なくなってきている．1993 年度における可鍛鋳鉄の国内年間生産量は約 16 万 t であり，そのうち約 20% が自動車用として使用されている[1]．

JIS では白心可鍛鋳鉄と黒心可鍛鋳鉄，それにパーライト可鍛鋳鉄の 3 種類がある．可鍛鋳鉄の最大の欠点は熱処理に長い時間（80〜140 時間）を要することと，鋳造欠陥が出やすいことである．

d．合金鋳鉄

合金鋳鉄はねずみ鋳鉄に Cr，Mo，Cu，Ni，V などを添加して耐摩耗性や耐熱強度の向上を図ったものである．たとえばカムシャフトやバルブガイドはエンジンの高出力，高回転化によって，より耐摩耗性やスカッフィング性の要求が高まった結果，Cr，Mo，Ni，P などの合金元素を添加した合金鋳鉄が用いられている．またディーゼルエンジン用のシリンダブロックには，強度や耐食性向上の目的で Cr，Mo，Ni などの合金を添加したものや，異材質のライナを使用したものもある．ライナ材としてはねずみ鋳鉄に P や Cr，B などを添加することにより，板状ステダイトを晶出させたものがある．

さらに鋳鉄製シリンダヘッドでは高性能化，コンパクト化が進むに従って，燃焼室回りの熱負荷が高くなってきた．とくに吸排気弁間に，熱疲労に起因するき裂が生じやすく，使用する材料の熱疲労特性の向上が要求される．そこでねずみ鋳鉄を基本に鋳造性，被削性などを考慮して，Cr，Mo，Cu などの合金添加がなされた低合金鋳鉄が一部使用されている．

e．鋳　　鋼

鋼の鋳造品を鋼鋳物または鋳鋼物と呼ぶ．鋳鋼の 1993 年度国内生産量は約 35 万 t であり，そのうち約 4% 程度が自動車用として使用されている[1]．鋳鋼は鋳鉄に比較して融点が高く被削性も劣るために，自動車材料として使用されることは少なかった．しかし鋳鋼は鍛造や溶接では製作困難な大型または複雑な形の製品をつくりうるという鋳物の特性を有するとともに，その化学組成と熱処理方法によって，性質を大幅に改善することが可能である．

JIS には大別して炭素鋳鋼，低合金鋳鋼，高合金鋳鋼などがある．自動車部品への適用例としては，戦後しばらくは鋳鋼のクランクシャフトが使われ，鍛造品と鋳鋼品の両方が用いられた．しかし球状黒鉛鋳鉄が開発されてから，鋳鋼に代わり，しだいに球状黒鉛鋳

鉄が採用されるようになった．クランクシャフト以外には炭素鋼鋳鋼や低合金鋳鋼によるロッカアーム，トランスミッション部品などがあげられる．今後さらに鋳造性，被削性などの改良が行われれば，エンジン用材料のみならず，シャシ用材料としても部品の軽量化を図るうえで有望な材料である．

2.2.3 コンポーネントと材料の種類

乗用車に使用されているおもな鋳鉄製部品の適用例と材質について，表2.11に示す．その中で代表的なエンジンとシャシ部品の例を取り上げ，使用されている材料の種類と変遷，そしてその特徴について述べる．

a．エンジン

エンジンの構成は「エンジン本体」，「燃料系」，「吸排気系」，「動弁系」，「潤滑・冷却系」などから成り立っている．以下に代表的なエンジンを構成する鋳鉄・鋳鋼部品について述べる．

（ⅰ）シリンダブロック　シリンダブロックは燃焼圧力に耐えられ，シリンダ内をピストンリングがしゅう動しながら往復運動しても，燃焼室の気密性を維持しなければならない．さらに燃焼ガスの圧力をピストンを介してクランク系に伝え，ピストンの往復運動を回転運動に変える際に，クランクを支える役割を果たしている．また，内部にはシリンダ冷却のための冷却水通路，各部潤滑のためのオイル通路をもっている．外回りは各種補機，駆動系部品を取り付ける構造から成り立っており，複雑形状である．

このためシリンダブロックとしては強度，剛性のほかに，耐摩耗性，耐食性，冷却能，耐熱性，気密性，減衰能，面精度などの特性が要求されるとともに，最近エンジンの高性能化に伴って，振動・騒音が増加してしまうため，より優れた剛性が必要とされることに加えて，エンジンの燃費向上にシリンダブロックの軽量化はかかせない．したがってシリンダブロックの課題は剛性の向上と軽量化の両立を図ることである．

従来シリンダブロックはねずみ鋳鉄製が主流であった．たとえば一体型のガソリンエンジン用にはFC 250が一般的に採用されている．また，ディーゼルエンジン用にはねずみ鋳鉄に0.2～0.4％程度のCrを添加してより優れた耐摩耗性を確保したものや，さらにCu，Mo，Niなどの合金を添加して耐摩耗性に優れたライナを別体構造として採用している例もある．

ライナ材としてはねずみ鋳鉄にPを0.1～0.3％程度添加して，ステダイトを晶出させたものや，P添加

表2.11　おもな鋳鉄部品の適用例

コンポーネント	部品名	材質
1) エンジン	①シリンダブロック	・FC 250，300 ・合金鋳鉄
	②シリンダヘッド	・FC 250 ・合金鋳鉄
	③クランクシャフト	・FCD 700，800 　（軟窒化，フィレットロール加工）
	④カムシャフト	・FC 250　（チル硬化，軟窒化） ・合金鋳鉄（チル硬化，火炎焼入れ， 　　　　　　高周波焼入れ，リン酸塩被膜） ・FCD 700　（高周波焼入れ，軟窒化）
	⑤エキゾーストマニホールド	・FC 200，250 ・FCD 400 ・高ケイ素球状黒鉛鋳鉄 ・球状黒鉛系オーステナイト鋳鉄
	⑥バルブロッカアーム	・FC 250，300　（チル硬化） ・FCD 600，700　（高周波焼入れ）
	⑦ターボチャージャハウジング	・高ケイ素球状黒鉛鋳鉄 ・球状黒鉛系オーステナイト鋳鉄
2) シャシ	①ステアリングナックル	・FCD 400～700
	②ブレーキロータ	・FC 150～250
	③ブレーキキャリパ	・FCD 450～700
	④サスペンションアーム	・FCD 400

とともにCrやBを添加して板状ステダイトを晶出させ，耐摩耗性の向上を図ったものもある．シリンダブロックはほとんどが生型とシェルやコールドボックス中子を用いた重力鋳造により製造されている．さらに一部はシェル生型にバックメタルを用いた重力鋳造によるものもある．ライナは重力鋳造のほかに，遠心鋳造により生産されるものもある．また，近年は軽量化，燃費向上のため鋳鉄からアルミニウムといった材料置換が盛んに行われるようになってきている．

（ⅱ）**シリンダヘッド** シリンダヘッドは燃焼室と吸排気ポートおよび内部に冷却用のジャケットやオイル通路を有し，上面には各種の動弁系部品を支持する構造となっている．そのためシリンダヘッドは熱負荷が高く，耐熱性や剛性だけでなく耐食性，冷却能，気密性，などが要求される．シリンダヘッドは繰返しの爆発圧力を受ける燃焼室周囲の疲れ強さなどが必要とされ，とくにディーゼル用シリンダヘッドでは吸排気弁間の熱疲労強度が問題となる．鋳鉄製のものは耐熱性を向上させるために，ねずみ鋳鉄に0.1～0.5% Crや0.2～0.5% Moなどの合金添加したもの，そしてこれらに加えてCuおよびNiなどの合金添加を行った合金鋳鉄が使用される．

最近エンジンの高性能化や排気ガス対策のため，ディーゼルエンジン用シリンダヘッドにおいても多弁化の傾向にある．したがって，従来のものと比較して形状がより複雑となるため，さらに鋳造性が良好で，耐熱性に優れた材料開発が要求される．鋳造方法は生砂を用いた重力鋳造であり，ポートやジャケット部には中子が使用されている．また，最近では軽量化や燃費向上のため鋳鉄からアルミニウムへの材料置換も進んでいる．

（ⅲ）**クランクシャフト** クランクシャフトはピストンが受けた爆発力をコネクティングロッドを介して回転運動に変え，回転力として取り出す働きをする．そのためクランクシャフトに要求される特性は剛性と疲労強度が高いこと，そして耐焼付性や被削性が良いことが求められる．1930年代には機械構造用炭素鋼による鍛造品であったが，その後鋳鋼製のクランクシャフトが使われ，戦後しばらくは鍛造品と鋳鋼品の両方が使われてきた．

1940年代の末になって球状黒鉛鋳鉄が発明され，鋳鉄でクランクシャフトを製作しようとする試みが実現し，1950年代の終りに従来の鋳鋼に代わって球状黒鉛鋳鉄の本格的な生産が開始された．したがって，今日クランクシャフトに使用されている材料は鋼と鋳鉄に大きく分けられる．鋳鉄は最高回転数が低いエンジンやV6エンジンで，中空構造などの複雑形状をしたクランクシャフトに用いられてきた．

材質はそのままでは強度が不足するため，熱処理（焼ならし）を行うか，あるいはCu，Mn，Snなどの合金を加えることによって，鋳放しでFCD 700またはFCD 800として用いられる．材料への要求特性は，製品の性能から鋼なみの疲労強度を有すること，また，メタルとの相性が良いこと，耐へたり性が鋼なみであることなどである．近年ではエンジンの高出力化や軽量化に加えて振動・騒音規制などへの対応が必要となってきているため，鋳製品は剛性面で鋼に比較して不利なことから，鋼製品への材料置換も進んできている．

（ⅳ）**カムシャフト** カムシャフトは，ギヤ，タイミングチェーン，タイミングベルトなどの駆動方式によりロッカアームやプッシュロッド，バルブリフタを介して吸排気弁を開閉させるためのカムを有する軸である．したがって，カムシャフトに要求される特性は耐スカッフィング性や面圧疲労強度に優れていることである．

また，カムシャフトは低コストであることや量産性に優れていることも必要であり，通常鋳鉄製のものが用いられる．中でもチル鋳物が日本やヨーロッパで一般に用いられており，この鋳鉄の代表的なものとしてはねずみ鋳鉄に約0.5% Crおよび0.1～0.3% Moなどの合金を添加したものがある．さらにNi，Pなどの合金元素を添加したものも採用されている．製造方法としては生砂を使用した重力鋳造が一般的であるが，耐摩耗性が必要であるカムノーズ部に対しては「冷し金」と呼ばれている鋳鉄や鋼，銅でできた金属片を配置することによって，溶湯の冷却速度を速め，耐摩耗性に優れた急冷凝固組織にしている．

（ⅴ）**バルブロッカアーム** バルブロッカアームはカムシャフトの回転運動をバルブの上下運動に変換させる動力伝達部品である．したがって，ロッカアームに要求される特性は本体の剛性と耐摩耗性および面圧疲労度である．このため従来FC 300を使用して，カムシャフトとの当たり面には冷し金を使ったチル鋳物やFCD 700に火炎焼入れを行って，部分硬化を施したものが採用されてきた．

（ⅵ）**エキゾーストマニホールド** エキゾース

トマニホールドは排出ガスを排気管に集める役目があり，エンジン部品の中では複雑でしかも高温にさらされる部品の一つである．そのため製造方法として溶接構造に比べて，形状の自由度がある鋳造により製造されている．

材料に要求される特性は，酸化はく離による減肉が少なく，熱・振動による疲労破壊，高温下での変形に耐え，鋳造性・加工性に優れた材料が求められる．実用されている材料としては，かつてねずみ鋳鉄が使用された時代もあったが，耐熱性・耐振動性では改良の余地があり，その後球状黒鉛鋳鉄が一般に用いられるようになった．今日では3.4～4% Si 添加した高ケイ素球状黒鉛鋳鉄が主流になっている．

しかし最近では軽量化や排気ガス対策のため，暖機特性を向上する必要があり，薄肉化の要望が強い．そこで薄肉でも高温特性に優れる材料として，高ケイ素球状黒鉛鋳鉄に 0.3～1% Mo を添加して，耐熱性を向上させた例もみられる．鋳造方法としては生砂による重力鋳造が一般的である．

（vii）**ターボチャージャハウジング**　ターボチャージャハウジングは形状が複雑であるため鋳造品が用いられる．部品に要求される特性は，熱疲労によるき裂や排気ガスによる熱変形によって発生するガス漏れに対して，十分な耐久性を有することとタービンホイールとの干渉がないこと，そしてホイールとウエストゲートバルブ着座面のシール性の劣化がないことである．

材料に要求される特性は，耐酸化性・熱疲労強度・高温クリープ強さ・鋳造性・加工性などである．材質としては，高ケイ素球状黒鉛鋳鉄や球状黒鉛系のオーステナイト鋳鉄が一般的に用いられている．鋳造法は，通常生砂による重力鋳造である．

b．シャシ

シャシの構成は「走行装置」，「舵取装置」，「懸架装置」，「制動装置」から成り立っている．図 2.29 に一般的な FF（前輪駆動）車のシャシ構成図を示す．また，以下に代表的なシャシを構成する鋳鉄部品について述べる．

（i）**ナックル**　サスペンションに要求される基本的機能は，① 車体をばねで支え，路面からの振動やショックを緩和し，車輪の不規則な振動をダンパで制御して，走行安定の向上を図る．② 車輪を車体に対して，前後左右方向に適度の剛性をもたせて，リン

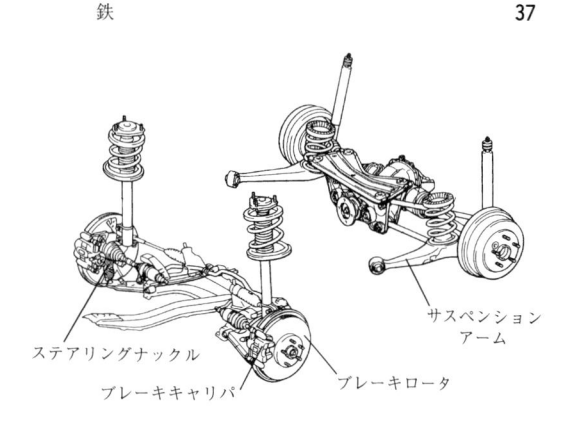

図 2.29　シャシの構成図

クで結合し，車輪と路面の間に生ずる駆動力・制動力および前後・左右荷重を車体に確実に伝達して，所定の走行運動を可能にする．

サスペンションは大別して左右両輪を 1 本の車軸で連結したリジッドアクスルサスペンションと左右輪が独立して運動できるインディペンデントサスペンションに分けられる．このほかにマルチリンクやダブルウィッシュボーンなどでも分類される．マルチリンク方式では，ナックルのほかにショックアブソーバやリンク類，スプリングなどの部品から構成される．中でも形状の複雑なナックルは鋳造品が用いられている．

材料に要求される特性は引張強度，耐力，伸び，衝撃値，疲労強度などで強度と靭性の両立である．そこで従来から球状黒鉛鋳鉄（FCD 400～700）が用いられており，必要に応じて焼なましや焼ならしなどの熱処理が行われる．鋳造法は生砂による重力鋳造が一般的である．

（ii）**ブレーキロータ**　ブレーキの基本機能は，車両の運動エネルギーを摩擦により熱に変換し，大気に放散させることである．摩擦熱はブレーキパッドとブレーキロータ間で発生し，その大半が一時的にブレーキロータの温度上昇という形で蓄えられ，その後大気に放出される．そのためにベンチレーテッドフィンをディスクブレーキにつけるのは放熱を速める効果をねらったものである．このためロータ材料には耐熱構造部材としての強度と高い熱伝導率を有することが要求される．とくに耐熱き裂性に対しては強度と熱伝導率の適度なバランスが重要で，単に高温強度が高いだけではよい結果は得られない．したがって，現在では FC 150～250 が一般的に用いられている．また，ねずみ鋳鉄が用いられるのは振動減衰能が大きく，制

動時の鳴き発生を抑える効果がある．さらにねずみ鋳鉄に 0.1～0.3% 程度の Cr や Mo, Cu などの合金添加により，耐摩耗性を向上した材料を採用した例もみられる．

（iii）**ブレーキキャリパ**　ブレーキキャリパにはフローティング式と対向ピストン式がある．両タイプともシリンダボデーは形状が複雑なことから，鋳造品が一般的である．ブレーキキャリパは強度と同時に剛性がとくに重要な部品であり，FCD 450～700 が一般的に用いられている．また，アルミニウム合金製ブレーキキャリパの採用例もある．これは鋳鉄に比較して比重が軽い分，断面積が稼げるアルミニウム合金は 30～50 % の軽量化が可能となる．

（iv）**サスペンションアーム**　サスペンションアームは従来板金プレス品が主流を占めてきた．一般的に乗用車用サスペンション部品は路上の突起物や側壁との追突などによる衝撃的な入力に対し，破損しないで曲がる高靭性材が要求される．とくに使用環境の変化による衝撃特性の劣化を防ぐために，より遷移温度の低い材料選定が必要である．また燃費の向上に伴って薄肉軽量化やいっそうの低コストのため，ボールジョイントやブッシュの一体化が重要な課題となっている．そのため熱処理によるフェライト球状黒鉛鋳鉄（FCD 400）をベースに薄肉で高靭性な部品一体化鋳鉄製サスペンションアームが一部採用されている．鋳造は生砂による重力鋳造が一般的であり，複雑形状品では中子を使用するものもある．

2.2.4 鋳鉄材料の課題と対応技術
a．強度向上
強度向上のおもな目的は，① 単なる鋳鉄部品への要求強度の増大もあるが，② 鍛造品またはプレス品から鋳鉄へ変換する際に必要な強度の向上である．

（i）**ロール加工付加**　現在クランクシャフトは鋳造あるいは，鍛造により製造されている．鋳造品の材質は，FCD 700 相当のものが使用されている．鋳造品の信頼性においてはクランク隅部（フィレット部）の疲労強度がとくに重要な要素となっており，これを向上させるため，ロール加工を行っている．ロール加工はフィレット部にロールを押し当て，表面を圧縮加工するものであり，圧縮残留応力の付与と若干の加工硬化が生じることにより，疲労強度が向上する．図 2.30 に示すように鋳鉄の場合，最適ロール荷重で加工すれば，疲れ限度を 30% 以上向上させることができる[2]．

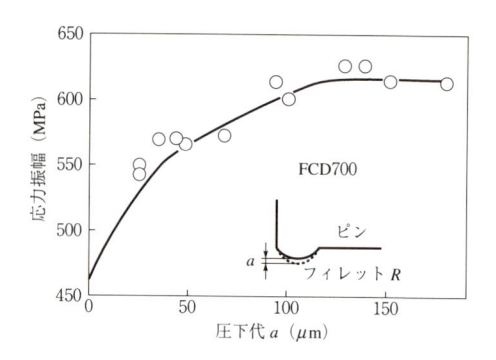

図 2.30 ロール加工度（圧下代）と疲労強度

（ii）**バーミキュラー黒鉛鋳鉄**　バーミキュラー黒鉛鋳鉄の特徴は黒鉛の形態が片状と球状の中間（芋虫状黒鉛）に位置するために，一般的に強度や伸び・ヤング率は球状黒鉛鋳鉄に近い特性を有している．しかも被削性や減衰性・熱伝導性および鋳造性（湯流れ性やひけ性など）はねずみ鋳鉄なみの特性が確保できることからバランスのとれた鋳鉄として実用化されている．バーミキュラー黒鉛鋳鉄は C/V（Compacted/Vermicular graphite cast iron）鋳鉄とも呼ばれ，自動車用部品としては各種ブラケット類，クランクキャップなどに採用されている．

（iii）**オーステンパ球状黒鉛鋳鉄**　近年，オーステンパ処理により，基地をベイナイト化させることで，靭性を低下させることなく，引張強さ，疲労強度が鋼並みとなるベイナイト化球状黒鉛鋳鉄が開発された．図 2.31 は，硬さと疲れ限度との関係を示したものであり，ベイナイト球状黒鉛鋳鉄で 450 MPa 程度の疲れ限度を得ることができる[3]．また，オーステンパ球状黒鉛鋳鉄はピッチング強度が大きく，しゅう動面の熱処理が不要であることからコスト低減が図れる

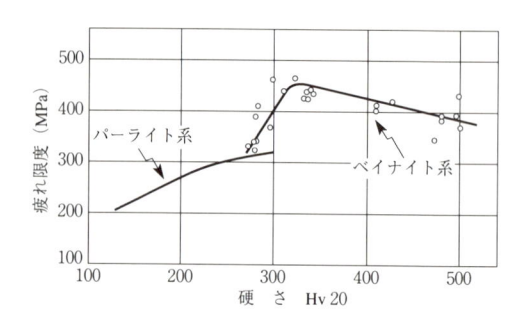

図 2.31 硬さと疲れ限度の関係

ため，ギヤ類をはじめカムシャフトやクランクシャフト，スプリングシート，ボールジョイント・ソケットなどに採用されており，JISでは3種類がある．

(iv) **高強度・高靭性鋳鉄** 自動車の高級化の中で乗心地と操縦安定性を両立させることは不可欠の条件となっている．これらの特性はサスペンションの構造により左右されるところが大きく，中でも懸架方式であるダブルウイッシュボーンタイプにおけるステアリングナックルではハイマウントナックルが採用されているものがある．従来ハイマウントナックルは構造上，強度・靭性に優れた鍛鋼品が使用されていたが，今日では形状の自由度や低コスト化のために，フェライト系の球状黒鉛鋳鉄を利用したものが採用されている．また，最近では，金型鋳造法によって黒鉛および結晶粒を微細化し，さらに熱処理を加えて基地をフェライト化することで，衝撃値や遷移温度において優れた特性を有するとともに，疲労強度の高い鋳鉄製ハイマウントナックルを採用した例が報告されている[4]．

b．耐熱性向上

自動車で耐熱性を必要とする鋳鉄部品には，ディーゼルエンジン用シリンダヘッドのほかにもコンバッションチャンバ，エキゾーストマニホールド，ターボチャージャのハウジングなどがある．エキゾーストマニホールドは従来ねずみ鋳鉄でつくられていたが，その後の性能向上への要求にこたえて，各種材料の検討がなされている．

(i) **高ケイ素球状黒鉛鋳鉄** 排気ガス規制対策に端を発し，エンジンの高性能化により，排気ガス温度は，急激に上昇してきた．エキゾーストマニホールドは，シリンダヘッドの各気筒ポートからの排気ガスを集めて，下流に流す機能をもつ部品であるため，使用する材料の熱疲労特性および耐酸化性は，大幅な向上が要求される．そこで，共析変態温度を上昇させ，熱疲労特性を改良し，また，表面に緻密な酸化スケール層を形成させることにより，耐酸化性を向上させた材料として，高ケイ素球状黒鉛鋳鉄が使用されるようになった．図2.32に耐酸化性および共析変態温度に及ぼすSi層の影響を示す[5]．さらに特性を向上させる要求に対して，高ケイ素球状黒鉛鋳鉄にMoを添加した材料も採用されているが十分なものとはいえないのが現状である．

(ii) **球状黒鉛系オーステナイト鋳鉄** 最近のエンジン高性能化の一手段として，ターボチャージャ

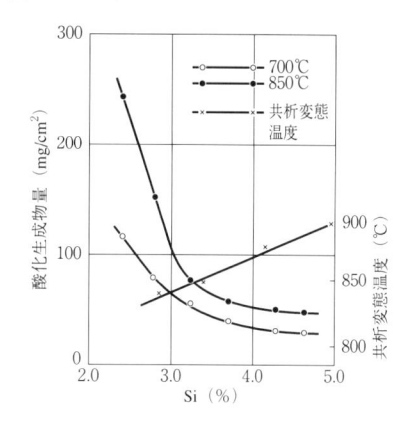

図2.32 酸化生成物量に及ぼすSiの影響

が採用されるようになった．そのハウジングは高温の排気ガスをタービンホイールに導き，回転させる機能をもつ部品であるため，高温までの繰返し加熱・冷却を受けた状態で，タービンホイールとのクリアランスを保つ必要から，とくに耐成長性の優れた材料が要求される．その結果共析変態温度のない球状黒鉛系オーステナイト鋳鉄（通称球状黒鉛ニレジスト鋳鉄）が使用されている．図2.33に20% Niの球状黒鉛系オーステナイト鋳鉄の成長性を他の鋳鉄と比較して示す[6]．

(iii) **耐熱鋳鋼** 近年，自動車用エンジンの高性能化のみならず，燃費の向上や排気ガス対策などにより排気ガス温度がさらに高くなる傾向がみられ，中には1 173 Kを超えるものがある．このような高温にさらされるエキゾーストマニホールドやタービンハウジングなどの排気系部品に対して，耐熱変形性や耐熱き裂性あるいは耐酸化性などの点で従来使用されていた球状黒鉛鋳鉄では対応がむずかしく，さらに耐熱性の優れた鋳鋼が使用されている．中でも16～18% Cr系のフェライト系耐熱鋳鋼が使用される例が多い．

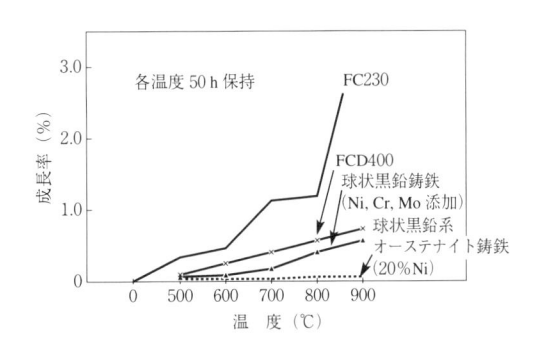

図2.33 球状黒鉛系オーステナイト鋳鉄の成長

さらに変態点を超える高温領域で使用される場合，フェライト系耐熱鋳鋼でも耐熱変形性が十分でなく，高温耐力の優れたオーステナイト系耐熱鋳鋼を採用した例も報告されている[7]．しかし，オーステナイト系耐熱鋳鋼をエキゾーストマニホールドなどの耐熱疲労強度を必要とする部品に採用する場合には，フェライト系の耐熱鋳鋼に比較して熱膨張率が高いために，応力緩和などの設計的な配慮が必要である．

また，最近エキゾーストマニホールドは，より薄肉で耐熱性や耐酸化性に優れた板厚約 2.0 mm からなるフェライト系ステンレス鋼板を採用することで熱容量を小さくし，低温スタート時の暖機特性を向上させるとともに，軽量化が可能となり鋳鉄・鋳鋼材料に代わる材料として注目されている．

したがって，耐熱鋳鋼部品においても材料費の低減や被削性に優れた材料開発のみならず，薄肉化が可能な湯流れ性に優れた材料の開発や，生産技術開発が必要とされ，そのために吸引鋳造を利用した実施報告もある[8]．また，自動車のディーゼルエンジンのコンバッションチャンバは高温で腐食性のある雰囲気で使用されるため，Nimonic 80 や UMCO - 50，SCH 21 などの高温強度がある特殊な耐食・耐熱材料を使用する例が多い．さらにターボチャージャの部品の一部であるタービンホイールは，INCO 713 C などの超耐熱合金が使用されている．製造方法は寸法精度の良い精密鋳造が多く用いられている．

c. 耐摩耗性向上

自動車で耐摩耗性を必要とする鋳鉄部品は，エンジンの高性能化，コンパクト化および動力伝達系の低フリクション化から，性能の向上がとくに要求されており，各種材料の開発や表面改質の検討がなされている．

（i） TIG 溶融硬化 近年高密度エネルギーを利用して，鋳物の表面を再溶融硬化することにより，耐摩耗性を向上させる検討が進められている．たとえば，カムシャフトは従来カム部を冷し金を用いて白銑化する手法が多く行われてきた．これに対し，再溶融処理を行うと，冷却速度が冷し金の場合と比較して速いため，きわめて微細な白銑組織になる．また，図 2.34 に示すように，硬さもビッカース硬さ 700 ～ 800 という従来の冷し金では得られない非常に高い硬さを得ることができ耐摩耗性が向上する[9]．

（ii） 高周波焼入れ 高周波焼入れは疲労強度の向上や耐摩耗特性の向上を図るため，鋼材製の自動

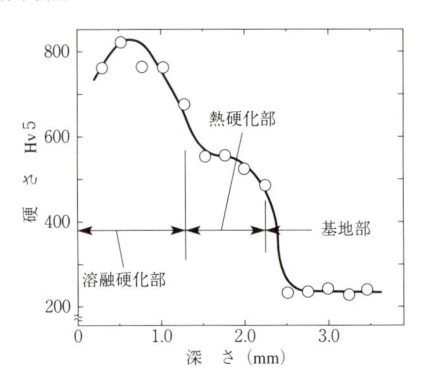

図 2.34 再溶融硬化法における硬さ分布

車部品に対してよく用いられてきた．鋳鉄部品でもカムシャフトやバランスシャフトに採用されている．いずれの部品も材料として FCD 700 を採用している．カムシャフトではローラロッカアームの採用の増加により，面圧に対する疲労強度を確保するために，カムノーズに高周波焼入れで硬化させるものである．また，バランスシャフトはジャーナル部の耐摩耗特性を向上するために高周波焼入れを行っている．

しかし，鋳鉄部品では熱応力や鋳造時の残留応力による高周波焼入れ後の焼割れや，研削加工後にき裂が発生する場合がある．また，製品の形状や処理条件によっては疲労強度が低下する場合があり，処理条件や工程管理といった面での技術的な課題も残っている．したがって，これらの課題が克服されればさらに多くの自動車用部品に対しても応用例が拡大し，鋳鉄材料の用途も広がるものと思われる．

（iii） 高クロム鋳鉄 通常バルブロッカアームは FC 300 や FCD 700 あるいはこれらの鋳鉄をベースに少量の合金を添加したものが採用されていた．しかし，最近軽量・高性能エンジンの開発に伴って，部品への要求性能が高くなっており，中でもアブレッシブ摩耗に対して十分な耐摩耗性を確保することが困難となっている．そこでこれらの材料に代わり，Cr を多量に添加することによって，マルテンサイト基地に多量の Cr 炭化物が晶出した高クロム鋳鉄が採用されており，バルブロッカアームのみならずバルブロッカパッドにも広く使用されている．製造方法としては精密鋳造が一般に用いられているが，バルブロッカパッドではシェル鋳型によるスタックモールドもある．

2.2.5 鋳鉄・鋳鋼材料に対する今後の課題

自動車を取り巻く環境の変化，とりわけ地球環境と自動車のかかわりは多方面にわたりきわめて重要な鍵をにぎっている[10]．そこで排ガスを低減するための低燃費車の開発，クリーンエミッション車，ゼロエミッション車（たとえば電気自動車）などの開発が急がれている．また廃棄物問題も地球環境保護の観点から廃車のリサイクル化を中心に，検討が急がれている．このような自動車に対する将来動向を踏まえながら，鋳鉄・鋳鋼分野においても新たな課題として取り組んでいく必要がある．

a. 燃費向上と軽量化

最近アメリカ，日本などで検討されている車両の燃費規制がでてきた理由の一つに地球温暖化現象の抑制があげられる．CO_2濃度の増加は平均気温の上昇に影響する．CO_2は石油，石炭や自動車の燃料であるガソリンなどの化石燃料の燃焼によって発生する．日本では全世界のCO_2発生量の約4％のCO_2を排出しており，そのうち自動車が排出するCO_2の割合は約19％といわれている．したがって，自動車の燃料消費を少なくすることはCO_2の発生量低減とともに省エネルギーの点からも重要である．

車両重量が少ないほど低燃費であり，1％重量を軽くすると車両はほぼ1％燃費が向上することが知られている．しかしながら，この比較は車両の大きさ・性能・装備などが同じものでの比較ではないので，同じ条件で比較した場合，1％の軽量化で0.5～0.8％程度の燃費向上になるといわれている．したがって，車両の軽量化に対する期待は大きい．軽量化の手法としては部品の最適設計や構造変更による小型化，統合化以外に高強度材や材料改質による薄肉化および軽量材料への材料置換がある．したがって，鋳鉄・鋳鋼分野においてもさらなる薄肉化や駄肉除去が必要である．そのためには従来以上に複雑形状への対応ができ，材料面で高強度・高剛性化のための成分や熱処理の開発と複雑形状でもニアネットシェイプで製造できる生産技術の開発を進める必要がある．

b. 廃棄物問題

今後の自動車材料を考えるに当たってリサイクルもたいへん重要な課題となっている．自動車のリサイクルについては生産工程内リサイクルおよび使用済車両（廃車）の再資源化の両面を考慮に入れなければならない．鋳鉄材料についてはほぼ100％リサイクルされているが，自動車材料全体としては，従来の生産，使用の過程に「使用済車両の再資源化」の工程を加えて自動車のライフサイクルを完結させることが当面の課題である．

一方，生産工程内リサイクルは鋳造工程内で発生する廃棄物と鋳造工程以外で発生する廃棄物に分けられる．鋳造工程内で発生する鋳造方案やばりなどの鉄片は戻し材として，ほとんど100％近く再利用されている．また，鋳型に使用されている砂についても回収され再生処理された後，リサイクルされている．集じん機によって回収される集じんダストや溶解スラグなどについてもセメントやタイルなどの窯業原料として再利用されており，鋳物工場での工程内廃棄物の約95％は多方面にリサイクルされている．

また，鋳造工程以外で発生する廃棄物についてみると，たとえばプレス工場や鍛造工場から発生する鋼板屑および鍛造屑，そして機械工場から発生する切削屑などがある．これらの工場から発生する鉄屑はエンジンやシャシなどの鋳鉄部品を製造する際の原料として，リサイクルを行っている．しかしその主原料である鋼板屑は，車両の防錆性強化のため採用されている亜鉛めっき鋼板，あるいは車両の軽量化による高張力鋼板の採用により，スクラップを再溶解する際の溶解作業環境や不純物元素の混入による鋳造品質への影響が出てきている．とくに亜鉛めっき鋼板を原料として溶解する場合，予熱溶解工程において亜鉛の酸化物が発生し，キュポラ溶解では排ガス取出口や熱交換機のフィンに付着して，煙道での排ガスの流れを阻害したり，熱交換機の効率劣化をまねく原因になる．また低周波溶解の場合，亜鉛の酸化物が白煙となり作業環境が悪化するため，環境対策が必要となる．さらに亜鉛の混入量が増加すると鋳造品にピンホールが発生し，品質の劣化をきたすことになる．

亜鉛を除去する方法として，たとえば亜鉛めっき鋼板屑を大気中で加熱することにより，硬くてもろい$Fe-Zn$合金化され，ショットブラストを行うことにより除去する方法がある．ヨーロッパで開発されたRotary Furnaceは溶解炉の回転によって鋼板表面の亜鉛を急速に酸化させ，セラミックフィルタなどを利用して，集じんすることで脱亜鉛を行うことが報告されている[11]．さらに，次世代の亜鉛の除去方法として，亜鉛めっき鋼板のシュレッダを真空中で加熱除去するとともに，亜鉛を金属状態で回収する方法がある[12]．

亜鉛めっき鋼板以外にも高張力鋼板に含まれる各種添加元素の影響は，鋳鉄材質の種類や部品によって異なるが，鋳鉄ナックルやアーム類などのフェライト系材料についてはとくに製造時での管理が必要となり，鋳造品質だけでなくコストにも影響をきたしている．したがって，今後使用済車両のリサイクルのみならず，鋳鉄の主原材料となる鋼板についてもそこに含まれる合金元素の有効利用や除去技術などの研究が必要である．

[杉本　繁利]

参考文献

1) 財団法人素形材センター：素形材年鑑，p.41-73(1993)
2) 内野，佐々木，田中：自動車技術，Vol.39, No.8, p.879, (1985)
3) 水野，杉本：日本鋳物協会第108回全国講演大会概要集，p.16 (1985)
4) 川口，山口，田島ほか：自動車用鋳鉄部品の金型鋳造システムの開発，素形材，No.12, p.15-21 (1993)
5) 小松，杉本，北川，谷村：鋳物，Vol.51, No.6, p.345 (1979)
6) 荒城，沼田：三菱重工技報，Vol.5, No.2, p.63 (1968)
7) 弦間，上野，鈴木：自動車排気系部品用オーステナイト系耐熱鋳鋼の開発，日本鋳物協会第125回全国講演大会概要集，p.87 (1994)
8) 佐藤，魚住，轟，中山：薄肉鋳鋼の生産技術開発，自動車技術会，学術講演会前刷集945, p.165-168 (1994)
9) 野々山，中小原，福泉：日本鋳物協会第110回全国講演大会概要集，p.15 (1986)
10) 林壮一：軽金属使用による自動車部品の軽量化，鋳物，Vol.64, No.12, p.864-869 (1992)
11) 石野亨：回転溶解炉　最近の知見，鋳鍛造と熱処理，No.10, p.3-6 (1994)
12) 岡田，竹内，林，山内：真空焼成による防錆鋼板再利用技術の開発，トヨタテクニカルレビュー，Vol.44, p.14-19 (1994)

2.3　アルミニウム材料

2.3.1　自動車のアルミ化の進展と現状

a．自動車アルミ化の経緯

自動車とアルミニウムとのかかわりは古く，両者が全く偶然に1886年に本格的な工業生産が開始されて以来，1900年代の初頭にはすでにエンジン関連の鋳物やボデー外板などにアルミニウムが使用されている．しかしながら，自動車のアルミ化を劇的に促進したのは，1973年の第1次石油危機を契機とした世界的な規模での省エネルギー要請である．自動車においても燃費の低減が最も重要な課題になり，軽量化による燃費低減を図るため，アルミニウムが大量に使用されるようになった．とくに，アメリカでは1975年に制定されたエネルギー法（Energy Policy and Conservation Act）によるCAFE（企業平均燃費規制）と1978年に制定されたGGT（ガソリン浪費税）によって燃費の法的規制が始まり，目標未達企業には罰則が課せられることになり，アルミ化にいっそうの拍車をかけることになった．1976年以降，広範囲な部位にアルミニウムの適用が始まった．

一方，日本車では当時比較的小型軽量車が多く，アメリカの燃費規制絡みでの軽量化，アルミ化はアメリカほど衝撃的ではなく，たとえば，量産車のボデー外板のアルミ化は，1985年のマツダRX-7が最初である．その後，大型化，高級化，高性能化などの顧客ニーズの変化，あるいは安全対策強化などにより生じた装備部品の増加に伴う車両重量の増加を低減するために，アルミ化が大幅に進展し，現在に至っている．第1章にも掲載されているが，自動車向けアルミニウム製品の需要推移を図2.35に再び示す．この10年間では鋳物・ダイカスト製品も伸びているが，とくに伸び率では展伸材の大きいことがわかる．

b．自動車のアルミ化の現状

わが国の自動車のアルミ化は着実に進展している．現在，アルミの使用量は80～90 kg/台，使用率は6～7％である．全体使用量のうち，エンジン，トランスミッション部位を中心とした鋳物が依然80％程度を占めており，エンジンフード以外のボデーパネルや構造部位へのアルミ展伸材の本格的な適用はまだこれからである．その中で，この数年バンパリインフォースメント（バンパ補強材）にアルミ押出材が多用され

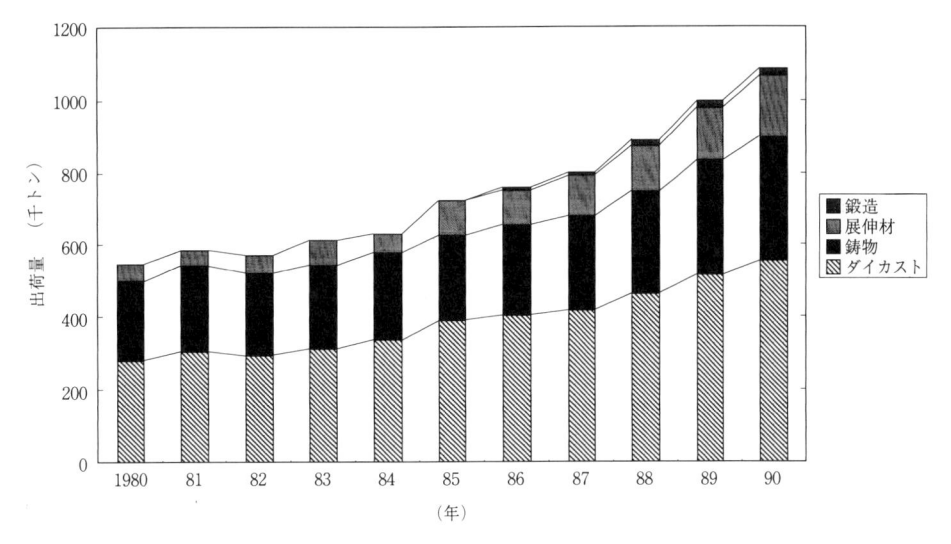

図 2.35 自動車向けアルミ製品の需要推移

始めたことは注目される．これは，バンパの安全基準 5 mile / h 衝突強度に対処するためで，おもに，6000系，7000系の高強度合金，日や目の字型形状の薄肉，中空形材が使用されている．

これは，軽量化以外に複雑断面形状の加工が容易にできるアルミニウムの押出特性を上手に活用した例であり，今後，このような用途の拡大が期待される．現在，16車種にアルミニウムバンパが採用されている．そのほか，ABSやエアバッグ部品などのその他の安全関連部品のアルミ化も急増しており，最近では，「安全」もアルミ化のキーワードの一つになっている．

また，走行安定性や乗り心地に寄与するばね下重量の軽減を従来からの大きなテーマであり，アーム，リンク類などのアルミ鍛造化，高品質鋳物化が一部進展しているが本格的な拡大はまだこれからである．

熱交換器関連もアルミ展伸材の大きな需要分野であり，エアコン用コンデンサ，エバポレータは，ほぼ100%アルミ化が完了しており，現在では，高性能化，小型，軽量化が材料開発を含めて積極的に展開されている．今後，アルミ化の拡大が期待されているのは，ラジエータとヒータコアである．とくに，ラジエータは，アメリカのアルミ化率がほぼ100%（GM, Fordが100%, Chryslerも新型車は100%）に対し，日本では未だ30%程度であり，今後の急増が期待される．

2.3.2 ボデーパネル

a．合金の特徴とその成形性

（i）**5000系合金**　5000系（Al-Mg系）合金は，ボデーパネル用合金として，これまで日本で最も多く使用されてきた．これは鋼板並みの強度が得られ，成形性が優れていること，さらに耐食性が優れていることが理由としてあげられる．本系合金のMgはAlへの固溶量が多く，固溶体硬化を示す．図2.36はAl-Mg合金焼なまし材のMg量と引張性質の関係である[1]．耐力はMg量にほぼ比例して直線的に増加する．一方，伸びはMg量の増加につれていったん低下するが，2%を境にして再び上昇する．また，Mg量の増加につれて引張強さと耐力の差が大きくなっている．このような変化は加工硬化指数（n値）や一様伸びの増加と相関している．図2.37には，ひずみ量に対す

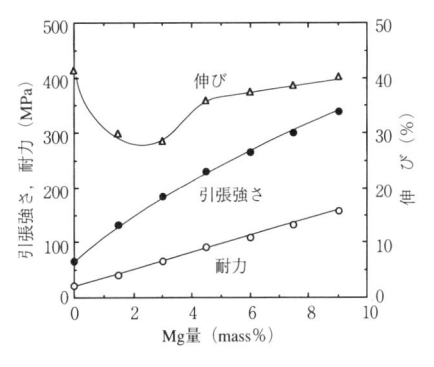

図 2.36　Al-Mg合金焼なまし材の機械的性質に及ぼすMg量の影響[1]

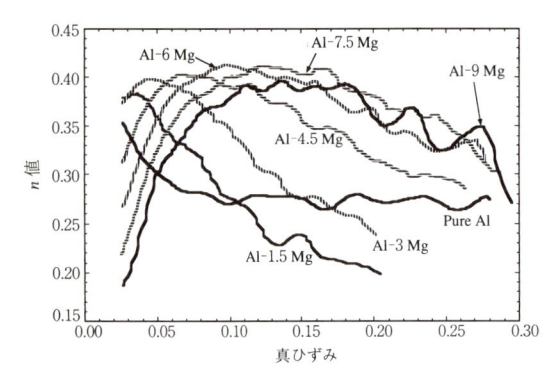

図2.37 Al-Mg合金のn値の変化に及ぼすMg量の影響[1]
（初期ひずみ速度：$3.3\times10^{-3}\mathrm{s}^{-1}$）

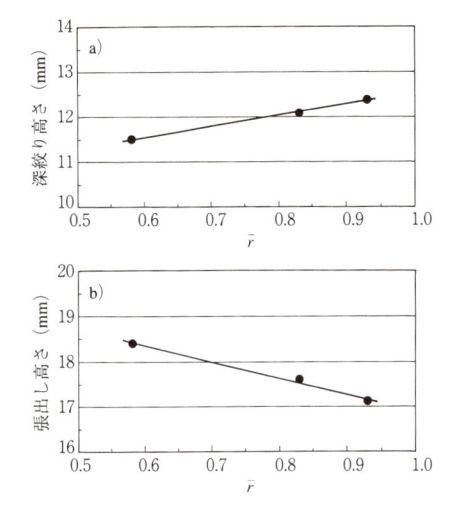

図2.38 5182合金の$\bar{r}$と成形高さとの関係[2]

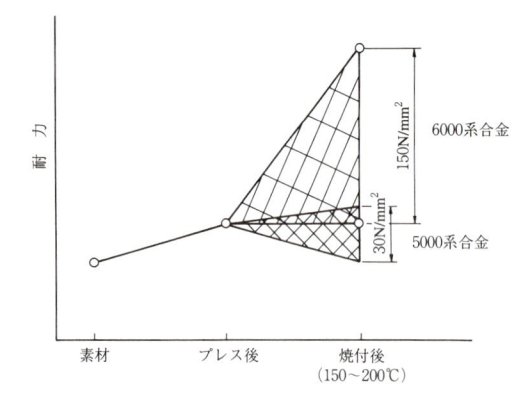

図2.39 塗装焼付後の耐力の変化の模式図[3]
耐力の変化量は，成分量や焼付条件によって変わる．5000系合金もCu量によって上昇する場合や低下する場合がある．

るn値の変化を示すが[1]，Mg量の増加に伴いn値の極大値が高ひずみ側で得られる傾向にある．日本では4.5%程度のMgに強度増加の目的でCuあるいはMnを微量添加した合金板が量産されている．Cu添加により，2%引張加工により増加した耐力が，170℃で30分加熱しても低下しにくくなる．近年では，成形性をより向上させた5～6%のMgを含む高Mg合金も開発されている．

また，深絞り性については，冷間圧延と中間焼鈍の組合せにより塑性ひずみ比r値を変えることができる．図2.38に$\bar{r}$（各方向におけるr値の平均値）と成形性との関係を示すが，$\bar{r}$の増加に伴い，絞り性は向上するが逆に張出し性は低下する傾向がある[2]．

穴あき（貫通）腐食に対しては，現用の鋼板の約10倍の耐食性があるので，鋼やステンレス鋼との接触腐食がなければ，アルミニウム合金では穴あきによる腐食は問題ないと考えられている．

（ii） 2000系合金，6000系合金 2000系（Al-Cu-Mg系）および6000系（Al-Mg-Si系）合金は，焼入れ，焼戻し処理により高い強度が得られる熱処理型合金である．6000系合金では焼付温度によっては，耐力が焼付前に比較して150 MPa程度まで向上する（図2.39）[3]．一般に，時効硬化が速くなるのは180～200℃付近で，この温度域で強度が急激に増加することが多い．近年，170℃程度での塗装焼付温度でも耐力が増加する材料の製造方法が各種検討されている[3]．アメリカではデント性が重視されることもあって，これまで高強度の2000系および6000系合金を中心に開発が行われてきた．アメリカでは2036合金がLincoln Town Carに1985年以降使用され，また今後多くの乗用車に6111合金が使われる予定である．日本では耐糸さび性が劣るとの理由でCu添加の6000系合金は受け入れられていないのが現状である．

（iii） 成形性 自動車ボデーパネル用板の成形性について，表2.12に各合金の引張特性値を，表2.13に各材料の限界絞り比，エリクセン値，バルジ高さおよび限界穴広げ率を示す[4]．アルミニウムボデーパネル材は，SPCより成形性は劣るため，適切な潤滑剤，潤滑条件の選定が重要である．プレス成形では割れ対策として高粘度油の使用が有効である．生産現場における高粘度油の使用はハンドリング性などに問題があるが，それに代わる手段として固形潤滑剤をプレコートしておく方法がある．

アルミニウムボデーパネル材のスプリングバックは，SPCCに比べて弾性係数が小さい分スプリングバック

2.3 アルミニウム材料

表2.12 自動車ボデー用アルミニウム合金板と冷延鋼板の引張特性値[4]

合金系-質別	成分 (mass %)	引張強さ (N/mm^2)	耐力 (N/mm^2)	伸び (%)	n 値	r 値
5000系-O材	Al-4.5Mg-Cu	270	140	30	0.30	0.67
	Al-4.5Mg-Mn	270	130	28	0.30	0.70
	Al-5.5Mg-Cu	280	130	33	0.30	0.70
6000系-T4材	Al-0.5Mg-1.3Si	260	140	30	0.23	0.70
	Al-0.7Mg-0.8Si-Cu	280	150	28	0.23	0.70
冷延鋼板(SPC)	——	280~320	150~200	40~48	0.22~0.25	1.5~2.0

表2.13 自動車ボデー用アルミニウム合金板と冷延鋼板の成形性試験値[4]

材 質	板厚 (mm)	限界絞り比 LDR	エリクセン値		バルジ高さ(mm)					限界穴広げ率 (%)	
			白ワセリン	ジョンソンワックス	円 ϕ100	楕円58×94 0°	 90°	楕円38×94 0°	 90°	切削穴	打抜き穴
Al-4.5Mg-Cu	1.0	2.07	9.4	10.2	30.2	21.2	21.0	15.2	15.1	50	35
Al-4.5Mg-Mn	1.0	2.06	10.4	10.6	30.4	20.6	21.0	14.6	14.8	46	30
Al-0.5Mg-1.3Si	1.0	2.04	9.5	9.7	29.6	22.3	21.2	16.8	15.8	51	38
SPC	0.8	2.21	11.8	12.4	34.5	25.4	23.8	18.2	18.1	162	120
SPC	1.0	2.23	12.6	13.1	36.6	27.1	25.2	19.9	19.7	165	124

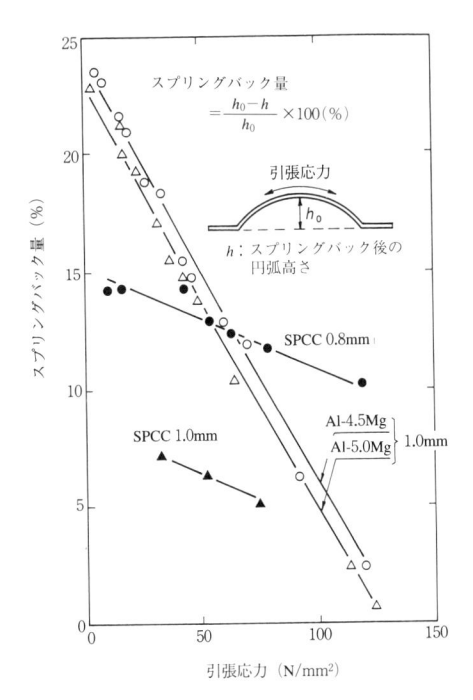

図2.40 円弧曲げのスプリングバック量に及ぼす引張応力の影響[4]

量が大きくなる．図2.40は帯板の両端部を押さえた状態から中央部を半径55mmの円筒面パンチで一定高さまで突き上げたときのスプリングバック量を，材料に発生した引張応力で整理したものである．引張応力が小さい場合は，アルミニウムボデーパネル材のスプリングバック量はSPCより大きいが，引張応力が大きくなると，アルミニウムボデーパネル材のスプリングバック量はSPCを下回った．すなわち，アルミニウム成形品のスプリングバックを制御するには，成形時に張りをきかせることが効果的である．

以上述べてきたアルミニウムボデーパネル用合金板の成形性を鋼板と比較すると図2.41のようにまとめられる[5]．

b. 接　　合

アルミニウム合金板の溶接は，鋼板に適用されている方法と本質的には変わらない．すなわち，その溶接法は圧接法と融接法に大別され，前者はスポット溶接が，後者はイナートガスアーク溶接がそれぞれ代表的である．

（i）スポット溶接　アルミニウム合金は鋼に比較して熱伝導率と電気伝導率が高いために，スポット溶接には大電流，短時間通電が必要である．板厚が同一の鋼板どうしあるいはアルミニウム合金板どうしのスポット溶接をする場合，およその目安としてアルミニウム合金板においては，溶接電流で鋼板の3倍，通電時間で1/7～1/8としなければならない．

スポット溶接用電極には，アルミニウム合金板用と

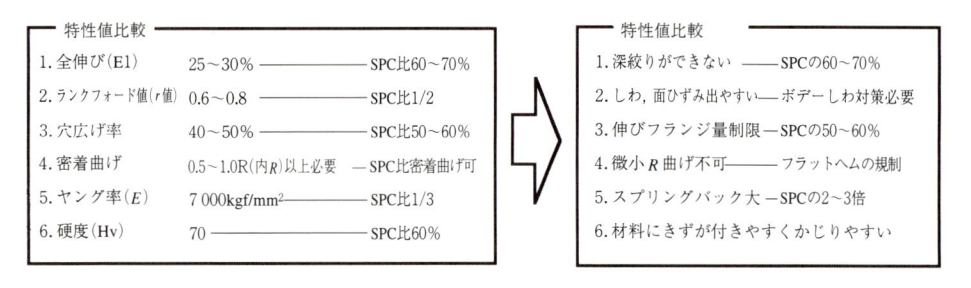

```
┌─ 特性値比較 ─────────────────────┐         ┌─ 特性値比較 ─────────────────────┐
│ 1. 全伸び(El)      25～30%────SPC比60～70% │         │ 1. 深絞りができない ────SPCの60～70%      │
│ 2. ランクフォード値(r値) 0.6～0.8 ──SPC比1/2 │         │ 2. しわ,面ひずみ出やすい ─ボデーしわ対策必要 │
│ 3. 穴広げ率       40～50%────SPC比50～60% │   ⇒    │ 3. 伸びフランジ量制限 ──SPCの50～60%     │
│ 4. 密着曲げ       0.5～1.0R(内R)以上必要 ─SPC比密着曲げ可 │ 4. 微小R曲げ不可 ─────フラットヘムの規制 │
│ 5. ヤング率(E)    7000kgf/mm² ──SPC比1/3 │         │ 5. スプリングバック大 ─SPCの2～3倍       │
│ 6. 硬度(Hv)       70 ────────SPC比60%   │         │ 6. 材料にきずが付きやすくかじりやすい    │
└─────────────────────────────┘         └─────────────────────────────┘
```

図 2.41 自動車パネル用アルミニウム合金板の成形性特性値と成形上の問題点[5]

して Cu-Cr, Cu-Cr-Zr 合金などが用いられている.アルミニウム合金板のスポット溶接用電極に関する問題は,そのドレッシング間隔(電極寿命あるいは連続スポット溶接可能回数)が鋼板の場合(軟鋼板:数万回,めっき鋼板:数千点)に比べて短いことである.連続スポット溶接試験において溶接部の強度低下を生じさせ,溶接回数を減少させているのは,電極と母材との接触面での発熱のために損耗した電極によって溶接部に発生した融合不良であると考えられる.

連続スポット溶接試験結果を表2.14に示す[6].合金板によって,適切な溶接電流は少し異なるが,いずれにおいても電極寿命は800回程度であると評価でき,差はほとんど認められない.Al-4.5Mg-Cu 合金板の場合,前処理の酸化膜除去処理によって,溶接部の強度が向上し,かつ,そのばらつきも減少することがわかる.これは,酸化膜除去処理によって,母材表面の酸化膜層が薄くなり[7],母材と電極との接触面での接触抵抗による発熱量が低くなって電極の損耗が低減さ

れ,融合不良の発生が妨げられるためと考えられる.連続スポット溶接性の向上には,酸化膜除去処理(酸洗)は有効であるといえる.

アルミニウム合金板のスポット溶接機には,その物性に沿い,大電流を正確に短時間で供給可能な溶接機が望ましい.電極寿命の改良では,高導電型のCu-Ag-O 合金電極を用いることにより,めっき鋼板並みの電極寿命を実現したとの報告がある[8].

(ⅱ) イナートガスアーク溶接 アルミニウム合金では通常,交流あるいは直流逆極性(DCEP:電極側プラス,母材側マイナス)とアルゴンガスシールドによるアークの清浄作用(クリーニング作用)のもとで,母材表面の酸化膜除去と溶融金属の酸化防止を行って,健全な溶接部を得る.本法ではタングステン電極として交流を用い,電極と母材間に溶加材(溶接棒あるいは溶接ワイヤ)を供給して溶接を行うティグ溶接(TIG:Tungsten Inert Gas arc welding)と,溶加材を電極(電極ワイヤ)として DCEP を用い,電極ワ

表 2.14 代表的な自動車ボデー用アルミニウム合金板の連続スポット溶接性[6]

	母材 (1mm厚)	Al-4.5Mg-Cu	Al-4.5Mg-Mn	Al-0.5Mg-1.3Si
引張性質	耐力 (MPa)	132	127	141
	引張強さ (MPa)	261	265	264
	伸び (%)	31	26	31
表面程度		SF		
前処理		なし		
接触抵抗値 ($\mu\Omega$)		196	195	70
溶接電流 (kA)		22	22	24
試験結果	電極寿命	800 回		
	引張せん断荷重 (N/点)	2790	2860	2530

2.3 アルミニウム材料

表2.15 突合せ溶接部の引張性質（JIS Z 2201, 5号試験片）[6]

母　材*	電極ワイヤ	余盛	耐　力(MPa)	引張強さ(MPa)	伸び(%)	継手効率(%)	破断位置
Al-4.5Mg-Cu-O	5356	有	131	270	24	99	母材
		削除	135	266	18	98	溶接金属
Al-4.5Mg-Mn-O	5356	有	127	267	24	100	母材
		削除	128	265	23	100	母材
Al-0.5Mg-1.3Si-T4	5356	有	139	241	13	91	母材
		削除	144	211	7	80	止端部溶接金属
	4043	有	142	244	13	93	母材
		削除	140	192	5	73	溶接金属

* 母材の引張性質は表2.14参照.

イヤを自動的に送給して溶接を行うミグ溶接（MIG: Metal Inert Gas arc welding）とが一般的である．

自動車ボデーパネル用合金板（板厚1mm）のアーク溶接で，突合せ溶接部の引張性質を表2.15に示す[6]．突合せ溶接部の継手効率はAl-Mg系合金では96～100%であり，Al-Mg-Si系合金では余盛ありで91～93%，余盛なしで73～80%である．Al-Mg-Si合金は熱処理型合金のため，溶接のままでは溶接金属や溶接熱影響部の強度が低くなる．しかし，溶接後塗装焼付処理を模した200℃で30分の熱処理を行えば，その強度が母材と同程度になる．

なお，最近，鋼板において，異なった材質，板厚，表面処理の板どうしを溶接したテイラードブランクを，ボデーパネルにプレス成形する方法が開発されている[9]が，アルミニウム合金板でも同様な検討が行われている[10]．その他の溶接として，プラズマアーク溶接，スタッド溶接，レーザ溶接，圧接接合，爆発圧接，機械的接合がある．とくに，機械的接合では，リベット接合，ねじ止めおよびメカニカルファスニングなどが古くから知られており，アルミニウム合金の構造物の組付けに適用されてきた．この中で，自動車ボデーパネル用アルミニウム合金板には，メカニカルファスニングが適切であると報告されている[11]．このほかに，接着接合[12]，ウェルドボンド[13]なども検討されている．

c．表面処理

自動車ボデーパネルにアルミニウム合金を採用するに当たり，鋼板と同様に，耐食性の確保は重要な課題である．アルミニウム合金を自動車ボデーパネルに適用した場合，外観さび，とくに糸さび腐食などの塗膜下腐食の発生による美観の低下が問題とされることが多い．自動車ボデーパネル用アルミニウム合金の塗装下地処理としては，コストおよび生産性の観点から，鋼板と同一のリン酸亜鉛処理を採用することが自動車メーカーから望まれており，リン酸亜鉛化成処理薬剤の改良あるいはこれに適したアルミニウム合金素材の開発が行われている．

（ⅰ）**塗装下地処理（リン酸亜鉛処理）**　リン酸亜鉛処理とは，リン酸，亜鉛，酸化剤などを含む溶液を用いた化成処理であり，自動車メーカーで鋼板の下地処理に採用されている．鋼板のリン酸亜鉛処理液でアルミニウム合金を処理すると，アルミニウムは反応性が乏しく，被膜が少量しか析出しない[14]．液中に溶出したAlイオンは，リン酸亜鉛被膜の析出を阻害する[15]などの問題が生じた．現在では，これらの問題を解決するために，遊離フッ化物イオン（F^-）を添加して[14]反応性を高めるとともに，溶出したAlイオンをスラッジ化している．

5000系アルミニウム合金におけるリン酸亜鉛被膜量と，塗装後の糸さび性の関係を図2.42に示す[16]．リン酸亜鉛被膜量が増加するほど糸さび長さが短くなっており，リン酸亜鉛被膜に糸さびを抑制する効果のあることがわかる．今後，耐水2次密着性向上のためのフッ化物の濃度管理，アルミニウムスラッジ除去の検討が必要である．

（ⅱ）**表面処理性および耐食性からみた自動車用アルミニウム合金素材**　アルミニウム合金板表面の汚染された酸化被膜は，リン酸亜鉛処理性に影響を及ぼす．5000系合金についてリン酸亜鉛被膜を比較した例を，図2.43に示す[17]．酸化被膜を除去したものには，均一なリン酸亜鉛被膜が生成することがわかる．

自動車ボデーパネル用に適していると考えられる

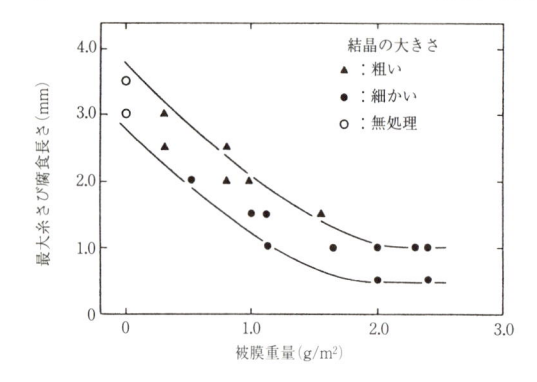

図2.42 アルミニウム合金における糸さび試験後の最大糸さび長さとリン酸亜鉛被膜量の関係[6]

5000系または6000系合金では，Cuの含有量がリン酸亜鉛被膜生成に大きく影響を及ぼし，Cuの含有量が多いほどリン酸亜鉛被膜が生成しやすい[18]．したがって，Cu含有量の少ない合金では，リン酸亜鉛被膜生成不足に注意する必要がある．6000系合金の場合は，Cu添加は素材自体が塗装耐食性を大きく劣化させるので，できるだけCu含有量を低下させることが好ましいが，他方，Cuを減少させるとリン酸亜鉛処理性が低下するため，6000系合金へのリン酸亜鉛処理の適用には注意が必要である．

現在では，多くの自動車メーカーで，5000系アルミニウム合金ボデーパネルにリン酸亜鉛処理を施して実用化されている．なお，アルミニウム合金表面にZn系金属めっきを施すことにより，アルミニウム合金のリン酸亜鉛処理性をZnめっき鋼板と同等に向上させることが可能で，このような亜鉛めっきを施したアルミニウム合金材もすでに一部の自動車に採用されている．今後は，とくに，6000系合金の適用や，研削部の耐食性向上などを検討することが課題である．

2.3.3 アルミ押出形材の構造部品への適用

アルミニウム合金形材は，断面形状をダイスと呼ばれる金型によって制御するため，形状の自由度が大きく，複雑な断面形状の部品や中空材でも容易に製造できる利点がある．押出加工で最終形状に近い断面の形材を製造することにより，機械加工のコストを低減した例や，中空形状を利用して，衝撃吸収部材を適用した例などがある．形材として一般に用いられる代表的なアルミニウム合金を表2.16に示す．

（ⅰ）スペースフレーム　現在のボデー構造は鋼板によるモノコック構造が主流であるが，軽量化を目的として，アルミニウム合金製スペースフレームの実用化が進んでおり，とくに海外の自動車メーカーでは，量産ガソリン車へ適用している例もある[19]．アルミスペースフレームの代表例を図2.44に示す．

アルミスペースフレームでは中空押出形材を用いることにより剛性を高めるとともに，スポット溶接が大幅に削減できるため，軽量化とコスト面で有効とされている．アルミスペースフレームで考えられる利点には次のような項目があげられている[20]．

① 部品数の削減
② ファスナ方式などの特殊な接合方法で溶接をなくせる．

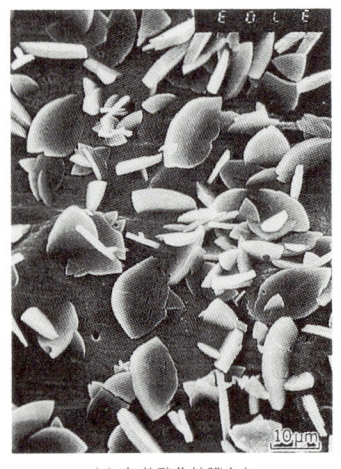

(a) 加熱酸化被膜あり 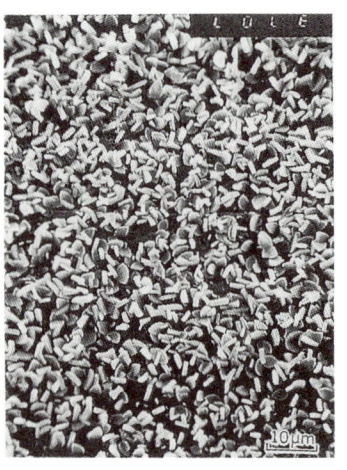　　(b) 加熱酸化被膜除去

図2.43　5000系自動車ボデーパネル用アルミニウム合金上のリン酸亜鉛被膜SEM写真[17]

2.3 アルミニウム材料

表 2.16 押出形材として用いられる代表的な構造部品用アルミニウム合金

合金系	合金名	質別	代表的な機械的性質			耐食性*		溶接性*	押出しやすさ**
			σ_B(MPa)	$\sigma_{0.2}$(MPa)	δ(%)	一般	SCC		
Al-Si-Mg系 (6000系)	6063	T5	185	145	12	◎	◎	◎	A
	6 N 01	T5	275	245	12	◎	◎	○	A
	6061	T6	310	275	12	○	◎	○	B
Al-Zn-Mg系 (7000系)	7003	T5	360	325	18	○	○	◎	C
	7 N 01	T5	380	315	17	○	○	◎	D

* ◎：非常に良い，○：良い，△：やや劣る，×：劣る
** A は非常に良く，B，C，D の順に悪くなる．

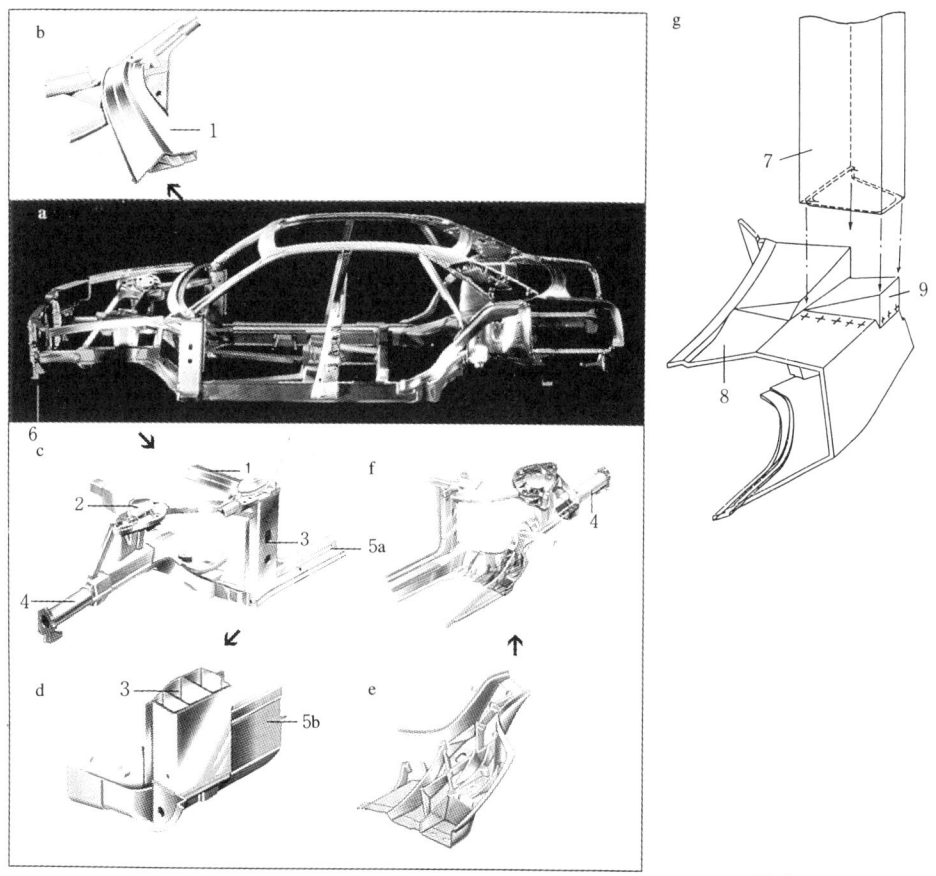

図 2.44 Audi A8 モデルの車体に使用されているスペースフレームおよび継手

a. サポートフレーム：押出形材と鋳物材を主として溶接で組み合わせている．形材の多くは，車体の輪郭に合わせて3次元曲げ加工が施されている．部品6はアルミニウムダイカストフロントパネル．
b. ロアリム
c. 車体前部構造の一部：部品2は鋳物継手．部品3は押出形材．部品4は筒状エネルギー吸収ユニット．部品5aは外面にパネルをクラッドしたドアシル．
d. cの拡大図：部品3のトリプルホロー形材の断面形状．部品5bはドアシル部品（パネルを除いた状態）．
e. ダイカストによる接合部品．
f. eのダイカスト材を接合した図．
g. 形材7（前面は機械加工されている）と鋳物継手8の面取り溶接．突出部9は部品の位置決めを容易にする．＋＋＋＋は面取り溶接の位置．

③ 衝突時の強度が現行の鋼製と同等である．
④ 設備投資が少ない（組立向上が小さくできる，型費がいらない）．
⑤ 車体重量が 30～40% 軽減できる．
⑥ 車重を軽減することで波及効果が生じる（アセンブリパーツの小型化）．
⑦ スタイルに自由度がある．
⑧ リサイクル性に優れる．

図 2.45 衝撃吸収後の変形状態[20]

スペースフレームは，押出形材を用い，接着，溶接，機械的接合などにより，接合される．形材の断面形状は口の字型，あるいは日の字型を基本としたものが主流であり，ポートホール押出法により製造される．合金系としては 6000 系合金（Al-Mg-Si）および 7000 系合金（Al-Zn-Mg）がほとんどである．また，図 2.45 のように，フレームにアルミニウム合金中空材を使用し，バンパだけでなく形材の塑性変形で衝突エネルギーを吸収する研究も行われている[20]．

（ii）**バンパリインフォースメント**　バンパは車両の対物衝突あるいは車両どうしの衝突時における車体の保護を目的としており，そのリインフォースメントとしては軽量化とともに補強材としての強度および衝突エネルギーの吸収性が要求される．

従来のバンパリインフォースメントは高張力鋼板をプレス加工，溶接，塗装することにより製造されるが，アルミニウム合金形材を用いたリインフォースメントの場合，ポートホール押出法を利用した中空形材が主流となっており，押出形材を曲げ，穴あけ加工して製造され，その重量は鋼性の 1/2 から 1/3 である．合金系としては 6000 系合金および 7000 系合金がほとんどである．断面形状も日の字型，目の字型，田の字型などがあるが，それぞれ衝突エネルギーの吸収特性が異なってくることから，必要に応じた断面形状の形材が適用される．表 2.17 は各種ホロー断面の機械的性質および衝撃特性の一例である[21]．中柱を 1 本入れると重量が 18% 程度増加するのに対して，強度は 34% ほど増加し，バンパの変形は 1/3 程度に小さくなることがわかる．

6000 系合金は押出性が良いことから，比較的大型の形材が製造しやすく，形状の自由度が大きい．そのため，断面形状の工夫により，剛性が高く，衝撃吸収性の良いリインフォースメントが製造されている．また素材の引張強度は JIS A 6061 合金の場合には 310 MPa 程度であるが，さらなる高強度合金も開発されている．これに対し，7000 系合金は 6000 系合金に比べて高強度が得られやすいことから，形状を小さくすることができ，軽量かつ高強度なリインフォースメントに用いられる．

（iii）**ドアビーム**　ドア内部には，側突されたとき，ドアパネルの室内侵入を抑えて乗員の生存空間

表 2.17 各種ホローバンパの機械的性質と衝撃試験データ（3.5 mph）[21]

断面形状	引張強さ (N/mm²)	耐力 (N/mm²)	伸び (%)	サイズ (mm×mm)	重量比 (□=1.0)	バンパ強度比 (□=1.0)	バンパ変形比 (□=1.0)
□	365	325	15	60×60	1.00	1.00	1.00
日	350	315	14	60×60	1.18	1.34	0.34
目	360	320	14	60×60	1.37	1.61	0.17
田	340	305	11	60×60	1.41	1.48	0.23

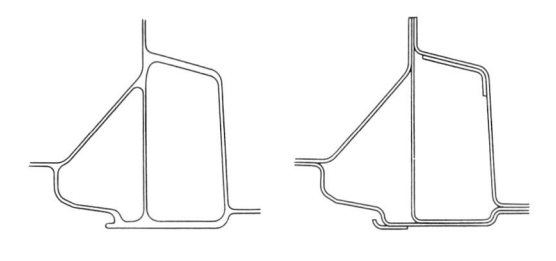

図 2.46 サイドシル (NSX)[22]

を確保するため，衝突エネルギーを吸収する目的でドアビーム（ガードバー）を備えている．ドアビームは高張力鋼のパイプが主流であるが，アルミニウム合金を適用する目的はバンパリインフォースメントの場合と同じであり，軽量化および断面形状の自由度の高さである．ただし，ドアビームはドアの内部に組み付けることから，大きさに制約が生じる．そのため，アルミニウム合金の中でも，7000系の高強度合金が一般に用いられる．

（iv）プロペラシャフト プロペラシャフトにアルミニウム合金を用いると，重量が鋼製のものより30〜40%軽減できるため，振動が減少するなどの効果がある．GMのコルベット，フォードのエアロスターなどで採用されている．シャフト材として，6061合金押出管が一般的であるが，剛性の向上を目的として，6061合金にAl_2O_3粒子を20%添加させたDURALCANを適用した例や，6061合金に炭素繊維を巻き付けた例がある．ヨーク材には6061合金あるいは2024合金鍛造品などが適用されている．

（v）その他 上記以外の形材の適用例として，シートレール，グリルガードやルーフキャリア，サイドシルなどがあげられる．サイドシルの例を図2.46に示す[22]．鋼製の場合（右側）には6個の部材で構成していたものが，アルミニウム合金押出形材を用いることにより，一体化されている（左側）．

2.3.4 熱交換器
a．熱交換器のアルミ化

自動車にはエンジンの冷却や空調を目的として多くの熱交換器が使用されている．それらは他の分野に使用されている熱交換器と比べて軽量・小型化の要求がきわめて強い．軽く熱伝導性の良好なアルミニウム材料は自動車用熱交換器に適する材料といえる．事実，日本においてアルミニウムは1960年代からすでにカーエアコンなどに採用され[23]，現在では大部分の自動車用熱交換器に広く用いられており，今後さらにその用途を拡大すると見込まれる．

自動車用熱交換器はその用途や製造方法によって図2.47に示すような多様な形式が考案されている[24]．自動車を取り巻く社会情勢，自動車に対するニーズ，アルミ接合技術および自動車用アルミ製熱交換器の変遷を表2.18に示した．

アルミニウム材料を熱交換器に適用するためには，管とフィンおよび管と管板との接合技術が必要となる．アルミニウムの接合技術ではこの間に二つの変革があった[25]．第1は1975年ころに相次いで実用化されたフラックスレスろう付法である．フラックスレスろう付けはろう付け環境として真空や不活性雰囲気が必要なために大型の設備となるが，それまでの浸漬や炉中ろう付けの課題とされていたフラックスの蒸発に伴う大気汚染・設備の腐食やろう付け後のフラックスの除去を解消し，高生産性・高品質の接合をもたらした[23,26,27]．第2に，1978年に公表されたノコロック（NOCOLOK）

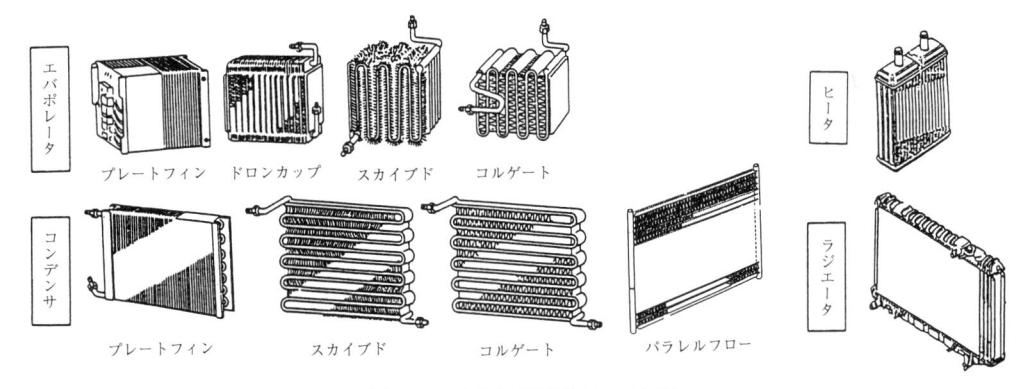

図 2.47 自動車用熱交換器の形式[24]

表 2.18 社会情勢，自動車に対するニーズ，接合技術および自動車用アルミ製熱交換器の変遷[3～5]

年代		'70	'75	'80	'85	'90	'95
社会情勢		公害問題	第1次オイルショック / 北米燃費規制：1次		第2次オイルショック / 貿易摩擦 対米輸出自主規制	地球環境保護 フロン規制	国内景気後退 円高 / 北米燃費規制：2次
自動車の動向			排気ガス対策	軽量化，燃費向上	高性能化・高級化	軽量化・燃費向上	経済性
ろう付法	フラックス トーチ	部品，補修					
	浸漬	エバポレータなど					
	炉中	コンデンサなど					
	ノコロック			ラジエータ，コンデンサ			
	無フラックス 高真空		エバポレータなど				
	低真空		コンデンサなど				
	VAW		コンデンサなど				
熱交換機	ラジエータ				コルゲートフィン		
	コンデンサ		スカイブフィン		パラレルフロー		
			サーペンタイン				
	エバポレータ		プレートフィン		ドロンカップ		
			サーペンタイン				

ろう付法で[28]，従来の塩化物フラックスの代わりにフッ化物系フラックスを用いるため，ろう付け後の残渣の洗浄を必要とせず，設備の損傷も軽減でき，ろう付け雰囲気の制約が緩和されるため簡便な設備ですむといった特徴があり，フラックスレスろう付法とならんで各所で量産に適用されるまでに普及した．

（i）コンデンサ，エバポレータ　1960年代前半の国内において，カークーラ用コンデンサおよびエバポレータにはすでにアルミ材料が使用されていた．コンデンサとしてオールアルミのスカイブドフィン型またはコルゲートフィン型が，エバポレータには銅管にアルミフィンを機械接合したプレートフィン型が用いられた[26,29]．コルゲートフィン型コンデンサでは，コルゲート（corrugate：波状）加工されたブレージングシートフィン材とサーペンタイン（serpentine：蛇状）加工された多穴押出形材管を，塩化物フラックスを用いて炉中または浸漬ろう付けなどで接合していた．その後1970年代後半には生産量の増大が進む中

で，コンデンサ・エバポレータともコルゲートフィン型が主流になった[30]．次いで1980年代後半にはより熱交換性能に優れたドロンカップ型エバポレータが考案されしだいに普及した[31,32]．他方，コンデンサにおいても熱交換性能の向上と小型軽量化を指向して，小型の多穴押出形材を並列使用したパラレルフロー型が1988年に考案された[33,34]．この方式は冷媒使用量を削減できるので，フロン規制に伴う代替フロン対応としても有利であり，今後普及すると予想される．

（ii）ラジエータ　ラジエータのアルミ化は，アメリカでは1950年代から盛んに検討され，1960年代以降には浸漬ろう付けによるドロンカップ型や炉中ろう付けによるチューブアンドコルゲートフィン型が一部のスポーツカーに試用された．しかし接合および耐食性の点で信頼性が十分でなく普及するには至らなかった．1970年代後半にはヨーロッパで機械拡管式のプレートフィン型が小型車に正式作用された．ほぼ同じころ，外面にろう材をクラッドした溶接偏平管を

ろう付けで接合するチューブアンドコルゲートフィン型が大型車に正式採用された．両者とも管内面の防食は不凍液に依存していた．1980年代にはアメリカでも急速にチューブアンドコルゲートフィン型でアルミ化が進展した[35,36]．国内では管内面の耐食性に対する危惧が根強く，ろう材/芯材/Al-Zn犠牲陽極材の3層クラッド材からなる偏平溶接管がノコロックろう付けによって使用できるようになってようやく1987年に実用化され[37]，その後しだいに普及しつつある．

b．アルミ製熱交換器用材料

（ⅰ）フィン用材料　コルゲートフィン型では，A3003を芯材とするブレージングシートフィン材と，A1050管材の組合せが一般的であり，管材はアルミニウム多穴押出形材をサーペンタイン型に曲げて用いられていた．その場合には図2.48に示すように管材に対してフィン材の自然電極電位が貴なためガルバニック作用によって管材の腐食が促進される傾向があった．このためフィンに犠牲陽極効果を付与する試みがなされ，フィン材に亜鉛を添加する方法が最も一般的であった．非フラックスろう付法のうち，高真空度を必要としない場合には，亜鉛を含有する合金をフィン材に使用することで管材の腐食を制御できた[38]．一方，高真空度が必要な真空ろう付法の場合，蒸気圧が高い亜鉛はろう付け加熱の過程でほぼ全量がフィン材から蒸発するため，真空で蒸発しにくく，公害および製造上の支障が少ない，スズおよびインジウムなどがフィン材に犠牲陽極効果を付与する添加元素として用いられた[39,40]．

管材に押出形材を用いたコルゲートフィン型のコンデンサやエバポレータではろう付接合するためにフィン材にブレージングシートが使用される．ろう付されるためにはフィン材と管材が接触している必要があり，ユニットはろう付けの際に治具などによって外部から機械的に押付圧力が加えられる．サーペンタイン型の場合にはその構造上押付圧力が比較的高いため，ろう付処理においてしばしばフィンが座屈変形する現象（サグ）が発生した．また，ろうによる芯材の侵食（エロージョン）を生じ，有効なろうが欠乏して接合不良となったり，耐サグ性が低下することがあった．これらの現象はブレージングシートの製造条件と関係しており，図2.49のように母材が軟化材や高加工材では良好なろう付性を示すが，低加工材の場合にはサグ性が低下したりエロージョンを生じやすい[41]．こ

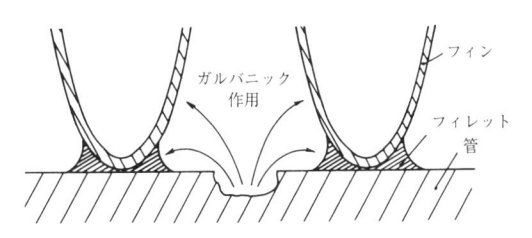

部　　位	電位(V vs SCE)
フィン	−0.690
管外面　フィレット部	−0.694
管外面　フィン〜フィン間	−0.762

図2.48　5か月間の沖縄モニタで生じた貫通腐食部断面と各部の自然電極電位[38]
［管材：A1050，フィン材芯材：A3003，ろう付法：VAW法］

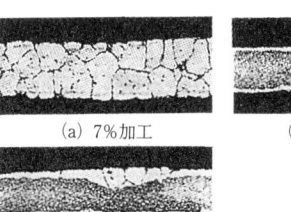

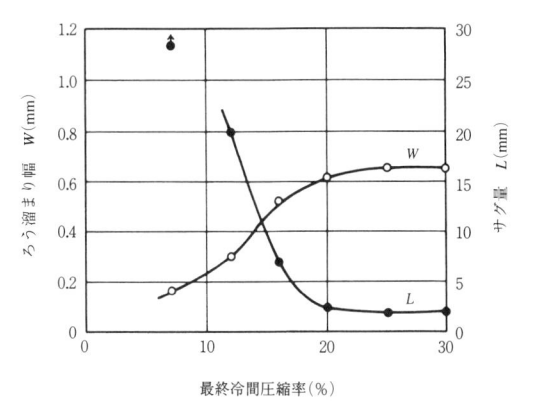

図2.49　ブレージングシートフィン材のろう溜まり性とサグ性に及ぼす最終圧延度の影響[41]
［熱間・冷間圧延→中間焼鈍→冷間圧延
643 K，1 h　0.16 mm］

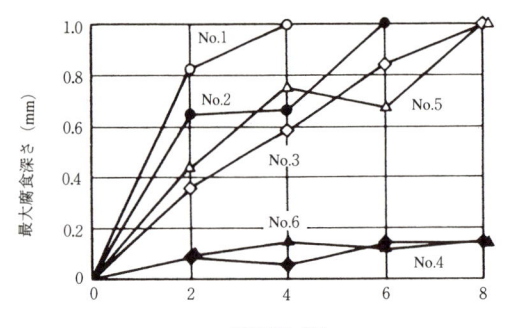

図 2.51 各種市販パラレルフロー型コンデンサの管断面

No.	管材	フィン芯材
1	A1050	A3003
2	A1050	Al-1.2%Mn-0.7%Zn
3	Al-0.3%Mn-0.2%Cu	A3003
4	Al-0.3%Mn-0.2%Cu	Al-1.2%Mn-0.7%Zn
5	A3003	A3003
6	A3003	Al-1.2%Mn-0.7%Zn

図 2.50 各種 VAW ろう付コンデンサカットコアの腐食試験結果[44]
[試験:浸漬 30 min (313 K, 3%NaCl) ↓↑ 乾燥 30 min (323 K)]

れは高加工材はろう付け加熱の過程で完全に再結晶するが,低加工材は再結晶が不完全で亜結晶粒(サブグレイン)が存在し,ろうの浸透速度が速くなり耐サグ性が低下するためと考えられている[42,43].ブレージングシートの製造条件の適正化により,フィン材のろう付け安定性が向上した.

(ⅱ) **コンデンサ管用材料** 上記のようにフィンを犠牲陽極として用いる場合,被防食体である管材の自然電極電位の調整も重要である.アルミニウムの自然電極電位および自己耐食性に及ぼすマンガンおよび銅添加の影響に関する基礎研究から,0.1～0.5%のマンガンと銅を含有するアルミ合金が良好な自己耐食性と貴な自然電極電位を有することを見出した.図2.50のように少量のマンガンと銅を含有する合金を管材として用いると,亜鉛を含む Al-Mn 合金のブレージングシートフィン材との組合せで,良好な耐食性が得られた[44].

このように,管材およびフィン材の成分を適正にすることでコンデンサの耐食性は大いに向上したが,サーペンタイン型ユニットの両側端には曲げ加工部が存在し,その部分ではフィンが接合されていないため犠牲陽極効果が得られなかった.このような部分でも犠牲陽極効果を得る方策として,管材の押出し直後に亜鉛をアーク溶射する処理が,高真空度を要しないノコロックフラックスろう付けと併せて広く用いられるようになった[45].

現在,コンデンサは従来のサーペンタイン型からより高性能が得られるパラレルフロー型に代わりつつある.市販のパラレルフロー型コンデンサの管材の断面を図を 2.51 に示した.従来のサーペンタイン型コンデンサの場合,管の厚さは約 5 mm であったのに比べパラレルフロー型では 2～3 mm に薄くなり,同時に管壁の厚さも従来の約 1 mm から半分以下に低減している.コンデンサ用管材では冷媒の凝縮と凝縮液の排除を促すために,多穴管とすることで冷媒流路面積を広く確保している.それによれば,管の製造方法として従来のサーペンタイン型と同様の押出加工(図2.51(a))に加えて,ブレージングシートで作成した溶接管の内部にフィンを挿入して多穴管を形成する方法(図2.51(b))もとられている.

(ⅲ) **エバポレータ用材料** エバポレータは自動車の室内側に設置されるため外気や道路からの腐食促進媒体の付着は少ないが,常時凝縮水が存在するため,過酷な使用環境ではコンデンサと同様に腐食の問題が生じた.サーペンタイン型エバポレータの場合にはコンデンサと同様の方法でフィン材と管材との間に適正な犠牲陽極作用をもたせることで良好に防食できた[46].

ドロンカップ型エバポレータはプレス加工したブレージングシートの積層体で管部が形成されるため,良好な耐食性を得るにはろう材とのガルバニック作用を考慮し,芯材自身の耐食性を改善する必要があった.芯材中の鉄およびケイ素の含有量を低く抑えることで耐食性が向上することが確認された[47].ろう材とのガルバニック作用は,芯材に銅を添加して,ろう付け加熱で表層に銅の濃度勾配を形成させ,芯材中央部の自然電極電位を貴にする方法で改善できた[48].また,

芯材中へのチタン添加は耐食性を向上させるが[49]，これはドロンカップ型エバポレータでも有効である．

（iv）ラジエータ用材料 ラジエータのアルミ化については当初から腐食の問題が懸念されていた．外面の防食は塗装に依存していたが，ろう付け加熱したAl-Mn系材料には粒界腐食を生じることがあり，管内面にも犠牲陽極層が必要であった．

管外面についてはすでに犠牲陽極フィンによる防食法が見出されており，むしろ管内面の耐食性の向上が課題であった．真空ろう付法に適用できる方法として純アルミニウムやインジウムまたはスズを添加した内面表層材を用いたアルクラッドが検討された[49,50]．国内における本格的な実用化は1987年に報告されたノコロックろう付けによるチューブアンドコルゲートフィン型[37]が最初で，常圧ろう付けの利点を生かしてAl-Znアルクラッドで内面の耐食性を確保していた．この方式によってようやく国内でもラジエータのアルミ化が普及するようになった．

また先ごろ，内面犠牲陽極に添加したマグネシウムをろう付けの加熱によって芯材に拡散させ，芯材中のケイ素とMg_2Siを形成させて$165 N/mm^2$以上の強度を得る管材が考案された[51]．さらに，マグネシウムはろう材までは到達しないのでノコロックろう付けを阻害せず，芯材中の銅含有量を低く抑えることで粒界腐食も抑制できた．

c．今後の課題

自動車用熱交換器では小型・軽量化の要請を背景に，これまでに大部分の熱交換器がアルミ化され，高性能化が推進されてきた．今後の材料における課題は耐食性やユニットの強度などの必要特性を損なうことなく，いかに薄くできるかであろう．自動車用熱交換器とそのアルミ材料のこれまでの進展において各部品の厚さは2～3割減少してきたが，それは材料強度の向上によるものではなく，むしろ現行材料の強度に基づいて設計の見直しが図られた結果と考えられよう．今後は軽量化に加えてコストダウンの要請によって，薄肉化が促進されると考えられ，そのためには従来あまり検討されなかった高強度化が重要となろう．ラジエータ管材では高強度を指向すると芯材に粒界腐食を生じやすくなると考えられるため，高強度・高耐食の両立が課題である．

今後，材料の薄肉化が進むと予測すると，まず問題となるのが，先に述べたように薄肉フィン材のろう付けの確保であろう．また今後の薄肉化のためには，より低温でのろう付方法，高強度材料が活用できるろう付方法の検討が必要となろう．

2.3.5 その他の部品

（i）エンジン部品 自動車に使用されるアルミニウム合金の大半は，エンジンとその周辺部品に用いられている．これらの部品は，ダイカストを含めて鋳物が圧倒的に多い．エンジンの約25％もの重量を占めるシリンダブロックは軽量化のメリットが十分発揮できるために，積極的にアルミ化が進められている[52]．また，従来鋳物一体化が主流であったインテークマニホールドも，展伸材のパイプと鋳物をろう付けにより一体化して，軽量化とともに，空気の流れをスムーズにして，エンジン性能の向上を図ったチューブタイプエアインテークマニホールドも実用化されている[53]．

（ii）足回り部品 足回り部品の軽量化は，走行性能の向上に効果的であり，ホイール，ロアアーム，アッパアーム，サブフレーム，ブレーキキャリパなどがアルミ化されている．足回り部品は重要保安部品のため，剛性，強度，靭性および耐食性に優れた材料が求められ，鍛造材を中心に実用化されている．最近ではアッパアーム，ブレーキキャリパなどに溶湯鍛造品が使用されつつある．溶湯鍛造品は従来の鋳物品よりも引張強さ，伸びともに向上しており，鍛造品の材質レベルに近づいている．

アルミホイールは1ピースが8割以上を占める[54]．製法としては，ほとんどが鋳物であるが，最近一体鍛造も増えてきた．2ピースホイールでは，従来，鋳鍛造ディスクにフラッシュバット溶接→ロール成形したリムを溶接やボルトで組み合わせる場合が多かった．3ピースホイールは，スピニング加工でおもに成形され，アウタとインナに2分割されたリムにディスク部を接合する組立方式になっている．

2ピースあるいは3ピースホイールに使用される板材は，おもに5052，5154，5454などの5000系合金O材であり，いずれも応力腐食割れ抑制の観点から，Mg添加量は3.5％以下の合金である．さらにリムには6061合金板も一部使われており，この場合は応力腐食割れの問題はない．しかし，ホイール成形後に高強度を得るために溶体化処理，焼戻しを行わなければならず，焼入れで生じる変形を修正する必要があるため，限定的な使用にとどまっている．

（ⅲ）**エアバッグ**[55]　おもにアルミニウム材料が使用されているのは，インフレータである．インフレータの材質としては，鋼板をプレス加工したものとアルミニウム合金を鍛造・切削したもの，アルミニウム合金押出形材製の3種類に分けられるが，接合の信頼性からアルミニウム合金鍛造品を摩擦圧接，または電子ビーム溶接によって接合したものの採用の比率が高い．また，押出形材製のものは助手席用のバッグ容量の大きなものに使用される．鍛造品のものはガス発生時の耐圧性能と冷間鍛造性から，おもに5056などのAl-Mg系合金が使用されている．助手席用の押出形材製のものは量産に適した6061-T6材が使用されている．

（ⅳ）**アンチロック・ブレーキ・システム（ABS）**[55,56]　アクチュエータ（圧力調整装置）のハウジングとしてアルミニウム合金が広く使用されている．アクチュエータは，コントローラからの指示に基づき，制動圧力を増減させる装置で，循環型・容積変化型など構造によって必要特性が異なり使用されるアルミニウム合金が選択される．2014-T6，2024-T4材などの熱間鍛造品が使用される循環型の場合は，おもに耐圧強度が必要とされるが，これらの合金は，耐食性に劣るため，切削後にクロメート処理などの表面処理が施される場合が多い．また，容積変化型でしゅう動部があり，耐摩耗性が必要となる場合には，AC2B，AC4C-T6鋳物材，およびアルマイト処理を施した6061，6262-T6などの押出形材が使用されている．

（ⅴ）**パワーステアリング**　パワーステアリングは，油圧を利用し，ハンドルの操作力をアシストする装置であり，その主要部品であるハウジング，およびリアハウジングには，高い耐圧性と耐摩耗性が必要となる．そのため，ハウジング用素材として以前は，鉄鋳造品が使用されていたが，軽量化の目的で現在はADC12-T6などの鋳物材が採用されている．また，リアハウジングにおいては，最も耐圧，および耐摩耗性が必要であり，図2.52にみられるように複雑な形状のものが多く，熱間鍛造性を改良したAl-共晶Si系合金を使用し高い安全性が得られている[57]．

耐摩耗用アルミニウム合金としては，4032，A 390，およびADC 12などのSiを多く含む合金が一般的であり，合金中の共晶，および初晶Si相により，高い耐摩耗性が得られる．また，これらの合金はSi量が6～20％と高いため線膨張係数が小さく，切削加工性も良好であり，同時にCu，およびMgが添加されているため，比較的高強度が得られる．

（ⅵ）**コンプレッサ**　小型・軽量化の要求の高まりとともにコンプレッサへのアルミニウム材料の採用が多くなされ，図2.53に示すような斜板式コンプレッサにおいては約80％のアルミニウム化率が実現されている[58]．コンプレッサ用アルミニウム合金に必要な機能としては，耐圧性，および高速回転でしゅう動する斜板などには，高い曲げ疲労強度と耐摩耗性が要求される．したがって，それらの機能を満たすものとして，現在はサービスバルブなどの耐圧部には2011，2017-T6などの熱間鍛造品，およびADC 12-T6などのダイキャスト品が使用され，斜板，ピストンなどのしゅう動部にはA 390，4032-T6などの高Si系合金熱間鍛造品が採用されている．

また，スクロール式コンプレッサにおいても，耐摩耗が必要なスクロールにはAC8C-T6などの溶湯鍛造品や高Si系合金の熱間鍛造品が使用されている．

（ⅶ）**トラック用部品**[59]　トラックの場合，平成6年より道路交通法による過積載規則の罰則が強化された．これは，過積載が原因の事故を減らすことを目的としており，違反した場合には，荷主，運送会社，ドライバに対し，従来よりも厳しい罰則が課せられることになった．また，最近では重大事故を防ぐための安全装置の取付け義務や，環境保護のための排気ガス規制，騒音規制などが決定し，各種装備の取付けによって，車両重量は増加する傾向にある．

車両総重量は車両保安基準によって決められているため，総重量に占める車体の重量が軽くなれば，それだけ積載量の増加が可能となる．装備重量が増加する中で，積載量を増加させ，かつ経費を抑えることを目的として，アルミニウムの採用による車体の軽量化が進んでいる．

以下にこれから期待されるアルミ部品例を示す．

- 架装部（根太，床，フレーム，あおり中柱，蝶番など）
- 荷役省力化装備（昇降リフト，ラッシングレール，ローラコンベアなど）
- 安全装備（サイドバンパ，リヤバンパ，ABSなど）
- シャシ，トラクタ部品（アルミホイール，クロスメンバ，シートサスペンションフレーム，エアタンク，燃料タンク，ラジエータ，インタクーラ，

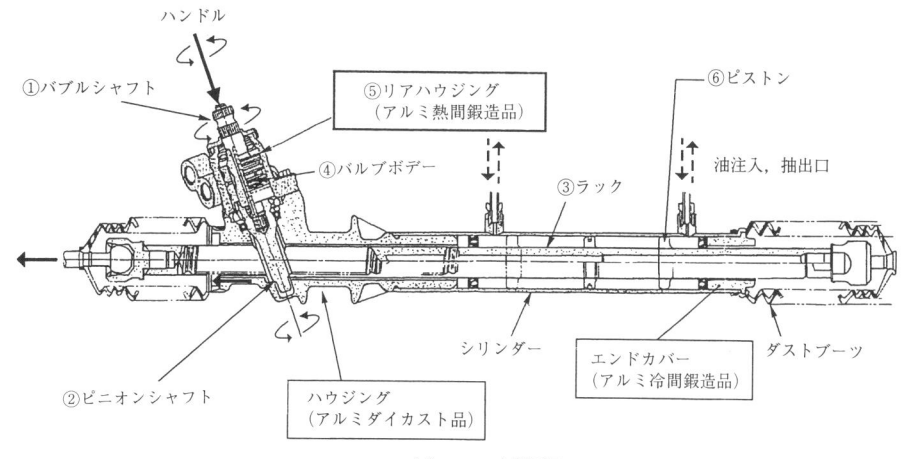

図 2.52 パワーステアリングのハウジング[57]

(a) ユニット断面図
①バルブシャフト　②ピニオンシャフト　③ラック　④バルブボデー　⑤リアハウジング（アルミ熱間鍛造品）　⑥ピストン
ハンドル　ハウジング（アルミダイカスト品）　シリンダー　エンドカバー（アルミ冷間鍛造品）　ダストブーツ　油注入，抽出口

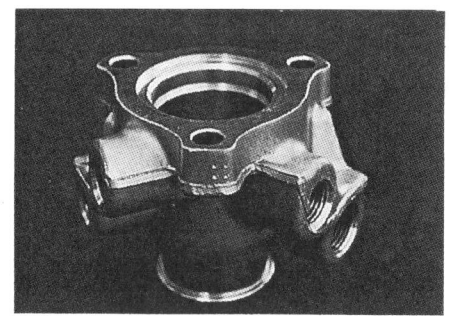

(b) リアハウジング
(1) セドリック用　　(2) サニー用

トランスミッションケース，エンジンシリンダヘッド，エンジンマウントなど）

2.3.6 アルミニウム系新材料

a．急冷凝固粉末合金

急冷凝固アルミニウム粉末合金（以下，powder-metallurgy：PM 合金）は：溶製法によるアルミニウム合金（以下，ingotmetallurgy：IM 合金）に比べて，金属組織が微細であること，合金元素が過飽和に固溶できること，マクロ偏析を低減できること，高濃度合金の製造が可能なことから，アルミニウム合金の性能の向上が図れるため，その研究開発が活発になされている．

(i) 製造プロセス

(1) 急冷凝固法： 凝固における冷却速度を高めるには，液相の有する熱を急速に奪い，凝固を速やかに完了させなければならない．このため，一般には液体を微小な液滴にし，その表面から熱を冷却された金属体やガスにより奪う方法がとられている．アルミニウム合金においては，ガスとくに空気を用いたアトマイズ法が生産性の点から主流となっている．一般的な空気アトマイズ法の冷却速度は $10^2 \sim 10^4$ K/s 程度である．

(2) 固化・成形法： 一般に，アルミニウム合金粉末の表面は酸化膜に覆われており，また水分が吸着している．酸化膜については，固化成形前に還元して除去することは困難なので，固化成形時に酸化膜を分断し粉末どうしの接合を図る必要がある．図 2.54 に急冷凝固アルミニウム合金粉末の代表的な固化・成形法を示す．粉末押出法は，急冷凝固アルミニウム粉末で一般に用いられる方法である．合金粉末を冷間で圧粉し（圧粉工程は省略されることもある），脱ガス処

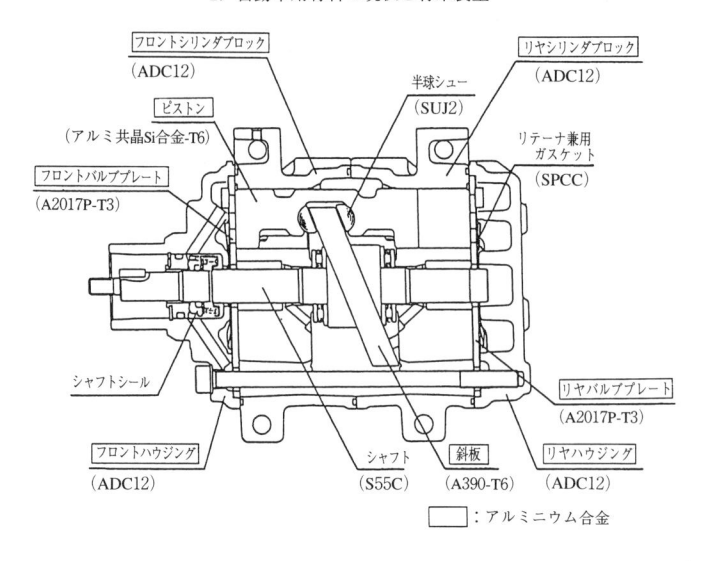

図 2.53 斜板式10気筒コンプレッサ[58]

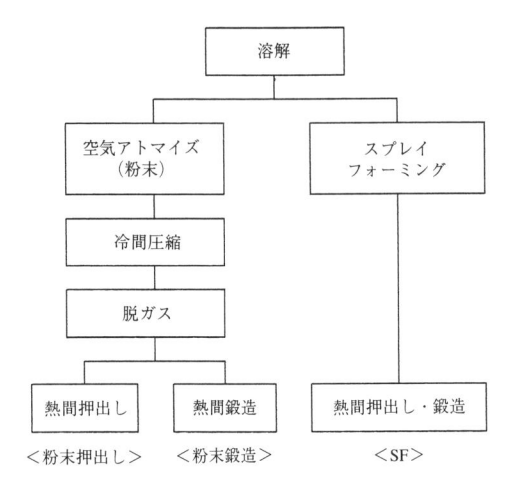

図 2.54 おもな固化・成形工程

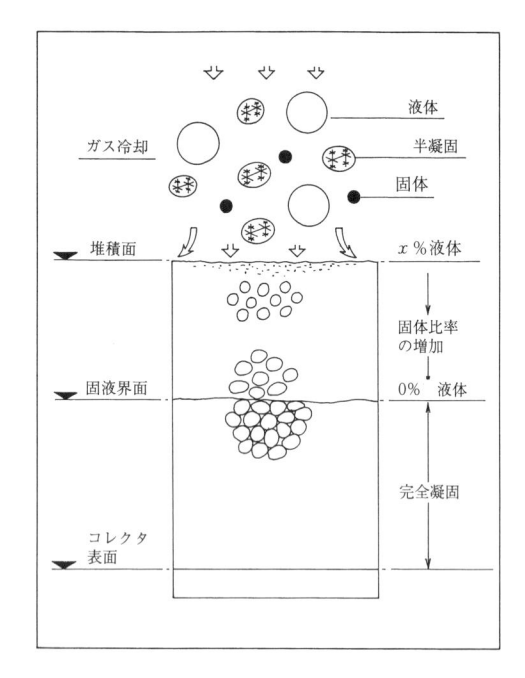

図 2.55 SFの凝固機構（イギリス・Osprey Metals 社提供）[61]

理後，熱間押出しに供せられる．脱ガスは真空下あるいは雰囲気下での加熱など種々の方法で行われているが，やはり最終製品の要求特性に応じて選択することが望ましい．3次元的な複雑形状の製品には，粉末鍛造法が検討・開発されている．この方法では，粉末の固化と3次元形状の near net shape 成形が可能となり，機械加工コストの低減と材料歩留りの向上を図ることができる[60]．

(3) スプレイフォーミング法： 近年，バルク形状の急冷凝固材を得る方法として，スプレイフォーミング（Spray Forming：SF）が注目されている．図2.55にSFの凝固機構[61]を模式的に示す．金属の溶湯流に窒素ガスを吹き付けると，半溶融のスプレイがコレクタ表面に衝突し堆積していく．堆積層はしだいに成長しプリフォームとなる．冷却速度は $10^2 \sim 10^3$ K/s 程度とみられるが，スプレイ条件により異なる．SF材は不活性中で緻密なバルク形状で製造されるため，PM材に比べてSF材は酸素や水素の含有量がきわめて少なく，高品位なものとなる．また，緻密であ

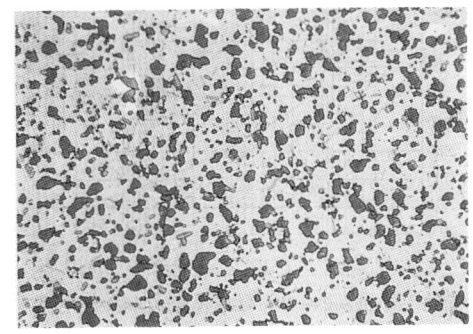

(a) P/M合金（Al-20Si-2Cu-1Mg）

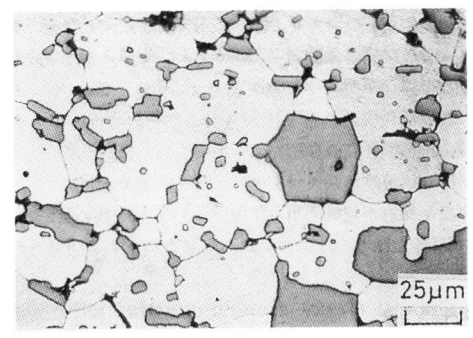

(b) I/M合金（A390）

図 2.56 過共晶 Al-Si 合金のミクロ組織[62]

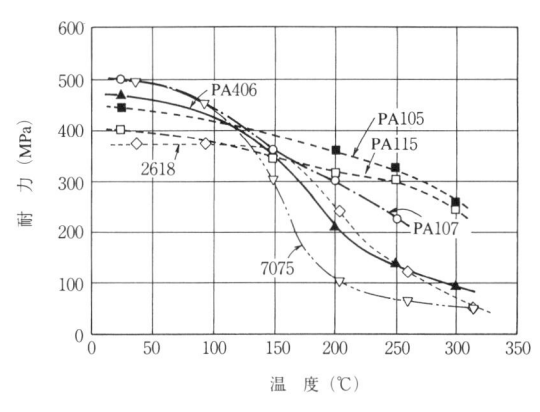

図 2.57 各種合金の各温度における引張耐力（100 h 保持後）[61]

PA105：Al-8Fe-2V-2Mo-1Zr
PA115：Al-8Fe-1V-1Mo-0.75Zr
PA107：Al-8Fe-3Si-V-Mg
PA406：Al-17Si-6Fe-4.5Cu-Mg-Mn

るため脱ガスの必要がなく，押出しにおいても誘導加熱が利用でき，工程が簡略化されるとともに，加熱による急冷凝固組織の粗大化を最小限に抑えることが可能である．

（ⅱ）PM 合金の特性

（1）耐摩耗性合金： Al-Si 系合金は，鋳物材および展伸材として製造され，工業的に広く利用されてきている．IM 法では，Si 添加量が増加すると初晶 Si 粒子が粗大となり，機械的性質や加工性が劣化する．Al-Si 系合金に急冷凝固を適用すると初晶 Si の微細化が図れる．図 2.56 に過共晶 Al-Si 系合金の押出材のミクロ組織を示す[62]．PM 法では，Si 粒子が著しく微細となっているのが明らかである．

Si が増加するにつれほぼ直線的に，線膨張係数は低下し，ヤング率は増大する．また Si 量の増加とともに，耐摩耗性は向上する．Al-Si 二元合金の粉末押出材の引張強度は 200 MPa 程度とあまり高くないので，Cu や Mg を添加し時効硬化による常温強度の改良や，Fe，Mn，Ni などの遷移金属を数%添加し，耐熱性の向上が図られる．

（2）耐熱合金： 遷移金属は Al 中にはほとんど固溶せず，また拡散速度が小さく，さらに Al と金属間化合物を形成する．急冷凝固法により，Al と遷移金属との金属間化合物を微細に分散することができれば，アルミニウム合金の耐熱性を向上できる．Fe，Ni，Mn は代表的な遷移金属として，急冷凝固アルミニウムに添加される．図 2.57 に Al-Fe 系合金などの高温引張耐力を示す[61]．

（3）高強度合金： Al-Zn-Mg 系の 7075 合金は高強度アルミニウム合金の代表的なものである．急冷凝固法では，Zn 量を高濃度化あるいは V，Zr などを 1％前後添加することにより，さらに高強度化することができる．

（ⅲ）応 用 国内においては，急冷凝固アルミニウム合金は 1980 年ごろから研究・開発され，自動車部品や家電製品に利用されてきている．カーエア

図 2.58 カーエアコン用コンプレッサのロータ[63]

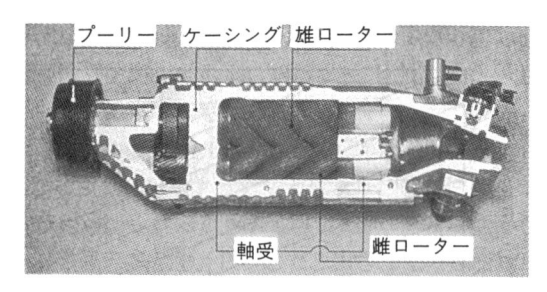

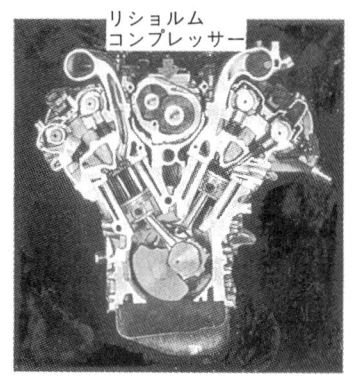

図 2.59 ミラーサイクルエンジン(上)とリショルムコンプレッサ(下)[61]

コン用コンプレッサのロータ(図2.58)[63]やベーンは急冷凝固 Al-Si 系合金の代表的な用途である.これらには耐摩耗性,低線膨張係数,高剛性,強度などが要求され,Al-17~20%Si-4~8%(Fe+Ni+Mn)-Cu-Mg 合金が選定されている.また,Al-17%Si-6%Fe 系合金が自動車向け過給機のロータに一部適用されている(図2.59)[61].

エンジン部品,とくにコンロッド,バルブ,リテーナ,ライナなどは現在おもに鋼が使用されているが,これらの部品の軽量化は燃費や性能の向上の効果が大きく,急冷凝固アルミニウム合金の適用が検討されている[64,65].

b. 超塑性材料

超塑性とは,ある条件下で変形すると,低応力で異常に大きな延性を示す現象である.アルミニウム合金では高温(400~600℃)で数百%の伸びを示す.表2.19に各種アルミニウム系超塑性材の性能を比較して示す[66].この超塑性を利用して自動車部品の一体化成形加工を行っている例もある.超塑性による一体化成形加工では,おす・めす型の一方だけで成形でき,また従来複数の部品でできていたものが一体化できるために型費や作業工数が削減できコストダウンできるメリットがある.図2.60は超塑性を利用した7475合金のドアの成形例である.従来の板金プレス成形とリベットによる接合法では45個の部品と400個のリベットで組み立てられていたが,この超塑性一体化加工法では3個の部品と80個のリベットででき,15%の重量軽減と30%のコストの節約が可能となった[67].ただし,通常の常温のプレス成形に比べて成形に時間がかかるために多品種少量の部品に適している.

2.3.7 今後の動向

自動車を取り巻く環境は,燃費,地球温暖化,大気汚染,リサイクル,安全性の点で年々厳しく,省エネ・省資源,環境との調和を重視した車づくり体系への転換,構築が急がれるに至っている.欧米では21世紀の車づくりを根本から研究開発しようとの活動が,国境を越えての協同開発プロジェクトの形をとって展開されつつある[68].

表2.19 各種アルミニウム系超塑性材の性能比較[66]

合金	機械的性質			超塑性特性		
	耐力 (N/mm^2)	引張強さ (N/mm^2)	伸び (%)	最適成形温度 (℃)	最大伸び (%)	ひずみ速度 (s^{-1})
Al-78%Zn	200	250	60	250	1 500	10^{-2}
Al-5%Zn-5%Ca	158	180	12	550	600	10^{-2}
2004 (T6)	300	420	8	470	1 600	10^{-3}
Supral 220 (T6)	450	510	6	450	1 100	10^{-3}
7475 (T6)	470	550	15	516	1 000	10^{-4}
8090 (Al-Li)	367	441	5	500	875	10^{-3}
SiC/2124	—	—	—	525	300	10^{-1}
Neopral (Al-Mg)	334	172	25	500	800	10^{-3}
P/M 7475+0.7%Zr	558	647	15	520	600	10^{-1}
IN 90211	—	—	—	475	550	10

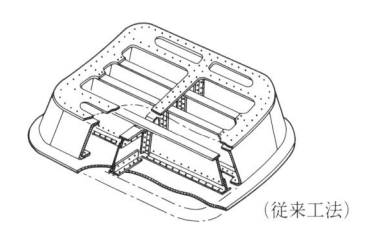

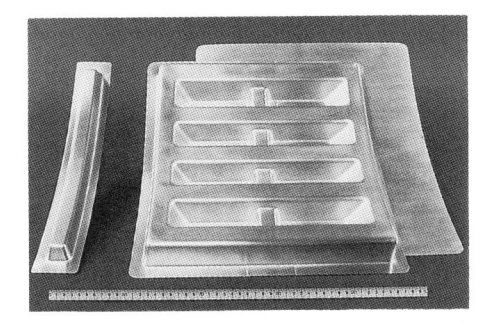

図 2.60 超塑性を利用した 7475 合金の成形例[67]

ヨーロッパでは EU 加盟各国の酸化した研究開発ネットワーク EUREKA のもとで MOSAIC Project (Material Optimization for a Structural Automotive with an Innovation Concept), PIV/Project, BRITE-ERAM Technology Project, SINTEF Project などが 21 世紀軽量車開発を目的として活動して, 有効な成果が得られつつある. MOSAIC Project ではそのコンセプトは, アルミスペースフレーム構造車体, ボデー外板プラスチック複合材による車づくりにあり, 現行車に比べ 20 ～ 25 ％の軽量化, 設備投資も 10 ～ 15 ％少なく見積もられるとの見解を出している. その他のプロジェクトもアルミスペースフレーム構造を前提として研究開発が進行している.

アメリカにおいても二つの大きなプロジェクトが行われている. 一つはカリフォルニア州の CALSTART Project である. 大気汚染が激しいカリフォルニア州では独自の大気汚染防止条例が 1990 年に改定され, 低公害車, 低公害燃料に関する規定が強化された. その中で, 1998 年 2 ％ ZEV (Zero Emission Vehicle, 無公害車) の販売が義務づけられた (最近, 2003 年 10 ％に変更された). このプロジェクトは電気自動車の開発が目的で, 大気汚染改善の目標を 2010 年までに 1991 年の 80 ％改善においている. 現在試作されている車体はアルミ押出形材によるスペースフレーム構造, ボデー外板はプラスチック製で, ホワイトボデー, シャシ, サスペンション, ブレーキディスク, シートフレームなど主要構造部品にアルミ材が多用されている. もう一つは 1993 年 2 月, 大統領府から提示された政府とアメリカ自動車工業界の共同プロジェクト PNGV (Partnership for a New Generation of Vehicle) である[69]. 予算 1 兆円, 期間 10 年の大プロジェクトで, このプログラムはクリーンでかつ現行の燃費の 3 倍, 80 mile/gal が達成できる次世代自動車技術の確立を目標としている. 1994 年を基準にボデー 50 ％, パワートレイン 10 ％, 燃料系 55 ％, シャシ 50 ％の軽量化, そして車両重量 40 ％減の 889 kg の実現を目指している. ここでも軽量化, リサイクル性からアルミニウム材料が大きな役割を果たすことは明らかである. 今後, 21 世紀軽量車開発の中で自動車のアルミ化はますます進展するものと考えられる.

[吉田英雄]

参考文献

1) 内田秀俊, 吉田英雄：Al-Mg 合金の延性に及ぼす n 値の影響, 軽金属, Vol. 45, No. 4, p. 193 (1995)
2) S. Hirano, H. Uchida and H. Yoshida：Anisotropy in Mechanical Properties of Al-4.5％Mg Alloy Sheet, The 4th International Conference on Aluminum Alloys, Georgia Institute of Technology, Atlanta, GA, p. 362 (1994)
3) 吉田英雄, 平野清一：自動車ボディ用アルミニウム合金板の特性, 住友軽金属技報, Vol. 32, No. 1, p. 20 (1991)
4) 竹島義雄, 疋田達也, 宇都秀之：自動車ボディ用アルミニウム合金板の成形性, 住友軽金属技報, Vol. 32, No. 1, p. 39 (1991)
5) 宮岡博也, 藤川澄夫：NSX オールアルミボディでのプレス成形, プレス技術, Vol. 29, No. 4, p. 54 (1991)
6) 難波圭三, 佐野啓路, 水越秀雄, 長谷川義文：自動車ボディ用アルミニウム合金板の接合, 住友軽金属技報, Vol. 32, No. 1, p. 56 (1991)
7) 長谷川義文, 清谷明弘, 伊藤秀男, 宇佐美勉, 小山高弘：自動車ボディ用アルミニウム合金板の表面処理, 住友軽金属技報, Vol. 32, No. 1, p. 74 (1991)
8) 熊谷正樹, 佐野啓路, 永田公二, 難波圭三：アルミニウム合金板抵抗スポット溶接用 STAR 電極の開発, 住友軽金属技報, Vol. 35, No. 3, 4, p. 145 (1994)
9) 臼田松男：最近の自動車鋼板の成形加工技術, 製鉄研究, 第 337 号, p. 1 (1990)
10) E. R. Pickering, M. A. Glagola, R. M. Ramage and G. A. Taylor：Production and Performance of High Speed GTA Welded Aluminum Tailored Blanks, SAE Paper, 950722 (1995)
11) たとえば, F. R. Hoch:Joining of Aluminum Alloys 6009/6010, SAE Paper 780396 (1978)
12) 松岡潤一郎：自動車における接着の実施例, 表面技術, Vol. 40, p. 1199 (1989)
13) S. McCleary and F. Hulting：Weldbonding of Aluminum Automotive Body Sheet, SAE Paper 950715 (1995)
14) O. Furumura, H. Ishii and S. Tanaka：Phosphate Treatment for Car Bodies with Aluminum Alloy Parts, 日本パーカライジング技報, Vol. 5, p. 8 (1992)
15) 前田靖治, 鈴木勝, 今村勉, 出口武典, 片山喜一郎：Zn-Al

系溶融めっき鋼板のリン酸塩皮膜形成に及ぼす Al の影響, 日新製鋼技報, Vol. 51, p. 39 (1984)
16) 鶴野招弘, 豊瀬喜久朗, 藤本日出男：自動車ボディ用アルミニウム合金のリン酸亜鉛処理特性および耐食性, 神戸製鋼技報, Vol. 42, p. 41 (1992)
17) 清谷明弘, 伊藤秀男, 小山高弘, 西尾正浩：アルミニウム合金表面に生成したリン酸亜鉛皮膜について, 住友軽金属技報, Vol. 31, No. 4, p. 255 (1990)
18) 小山高弘, 長谷川義文：自動車ボディ用アルミニウム合金板の塗装耐食性, 住友軽金属技報, Vol. 33, No. 2, p. 92 (1992)
19) A. Koewius：Aluminium-Spaceframe-Technologie, ALUMINIUM, p. 144 (1994)
20) 軽金属協会編：自動車のアルミ化技術ガイド, 材料編, p. 29 (1993)
21) 前田龍, 上野誠三, 宇田克彦, 松岡建：古河電工時報, No. 92, p. 50 (1993)
22) 小松泰典, 伴恵介, 村岡康雄, 矢羽々隆憲, 安永晋拓, 塩川誠：NSX オールアルミニウムボディの開発, HONDA R&D Technical Review, Vol. 3, p. 27 (1991)
23) 石丸典生, 三浦達夫：耐食性にすぐれたカーエアコン, 軽金属, Vol. 33, No. 3, p. 157 (1983)
24) 竹内桂三, 磯部保明：軽金属学会第39回シンポジウム, p. 19 (1991)
25) 川瀬寛：アルミニウムのろう付, 軽金属, Vol. 36, No. 8, p. 514 (1986)
26) 蓮井浩：自動車用ラジエータおよびクーラーのアルミ利用, Al-ある, Sept., p. 12 (1970)
27) 金子正丈：自動車産業と結び付く真空ろう付けプロセス, Al-ある, Jul., p. 49 (1973)
28) W. E. Cooke, T. E. Wright, J. A. Hirschfield：Furance Brazing of Aluminum with a Non-Corrosive Flux, SAE Paper 780300 (1978)
29) 浅野祐一郎：熱交換器分野でアルミニウムはどのように使われているか, Al-ある, Nov., p. 3 (1972)
30) 萩原理樹, 若松千代治：市販カークーラー・コンデンサについての二, 三の調査結果, 住友軽金属技報, Vol. 26, No. 1, p. 45 (1985)
31) I. Kurosawa and I. Noguchi：Development of A High Efficiency Evaporator Core Using New Refrigerant Flow, SAE Paper 870030 (1987)
32) T. Ohara and T. Takahashi：High Performance Evaporator Development, SAE Paper 880047 (1988)
33) C. E. Goodremote, L. A. Guntly and N. F. Costello：Compact Air Cooled Air Conditioning Condenser, SAE Paper 880445 (1988)
34) A. Sugihara and H. G. Lukas：Performance of Parallel Flow Condensers in Vehicular Applications, SAE Paper 900597 (1990)
35) 川瀬寛：自動車用ラジエータのアルミ化状況, Al-ある, Sept., p. 18 (1980)
36) 「海外のアルミニウム製ラジエータ技術調査報告書」, 軽金属協会 (1987)
37) Y. Ando, I. Nita, M. Uramoto, H. Ochiai and T. Fujiyoshi：Development of Aluminum Radiators Using the Nocolok Brazing Process, SAE Paper 870180 (1987)
38) 福井利安, 入江宏, 池田洋, 田部善一：アルミニウムのろう付け技術の進歩, 住友軽金属技報, Vol. 21, No. 2, p. 114 (1980)
39) M. Hagiwara, Y. Baba, Z. Tanabe, T. Miura, Y. Hasegawa and K. Iijima：Development of Corrosion Resistant Aluminum Heat Exchanger, Part 1, SAE Paper 860080 (1986)
40) 当摩建, 工藤元, 竹内庸：Al-0.1 % Sn 合金の電気化学的性質に及ぼす微量亜鉛含有の効果, 軽金属, Vol. 34, No. 3, p. 157 (1984)
41) 田部善一, 馬場義雄, 宇野照生, 萩原理樹：真空ろう付け用アルミニウム犠牲陽極フィン材の開発, 住友軽金属技報, Vol. 27, No. 1, p. 1 (1986)
42) 鈴木寿, 伊藤吾朗, 小山克己：ブレージングシートのろう付時の変形と芯材の組織との関係, 軽金属, Vol. 34, No. 12, p. 708 (1984)
43) 山内重徳, 加藤健志：ブレージングシート低加工材のろうの浸食に及ぼす析出物分散状態の影響, 住友軽金属技報, Vol. 32, No. 3, p. 163 (1991)
44) 池田洋, 田部善一：不活性雰囲気ろう付けによるアルミニウム製自動車用熱交換器, 住友軽金属技報, Vol. 23, No. 4, p. 142 (1982)
45) K. Ishikawa, H. Kawase, H. Koyama, K. Negura and M. Nonogaki：Development of Pitting Corrosion Resistant Condenser with Zinc-Arc-Spray Extruded Multicavity Tubing, SAE Paper 910592 (1991)
46) K. Iijima, T. Miura, Y. Hasegawa, Y. Baba, Z. Tanabe and M. Hagiwara：Development of Corrosion Resistant Aluminum Heat Exchanger, Part 2, SAE Paper 860081 (1986)
47) S. Yamauchi, Y. Shoji, K. Kato, Y. Suzuki, K. Takeuchi and Y. Isobe：Deveopment of Corrosion Resistant Brazing Sheet for Drawn Cup Type Evaporators, Part 1, SAE Paper 930148 (1993)
48) 正路美房, 田部善一：ブレージングシートの腐食挙動に及ぼす板表層部の銅の濃度分布の影響, 住友軽金属技報, Vol. 30, No. 1, p. 8 (1989)
49) K. D. Wade and D. H. Scott：Development of an Improved Aluminum Vaccum Brazing Core Alloy, Aliminum Alloys, Physical and Mechanical Properties Vol. 2, Engineering Materials Advisory Service Ltd., p. 1141 (1986)
50) 川瀬寛, 山口元由, 石川和徳：真空加熱後における Al-Sn および Al-In アルクラッド材の陰極防食効果, 軽金属, Vol. 29, No. 11, p. 505 (1979)
51) 海部昌治, 藤本日出男, 竹本政男：Al-Mn 系合金の粒界腐食感受性におよぼすろう付け加熱後の冷却加熱条件および化学組成の影響, R & D 神戸製鋼技報, Vol. 32, No. 2, p. 3 (1988)
52) 自動車のアルミ化技術ガイド, 材料編 (第3版), (社)軽金属協会, p. 42 (1995)
53) 鋤本己信, 大塚達雄, 松崎光治, 秋好鈞：チューブタイプエアインテークマニホールド (AIM) の開発と実用化, 軽金属, Vol. 45, No. 4, p. 214 (1995)
54) 島宏：自動車用ホイール, 軽金属, Vol. 41, No. 2, p. 136 (1991)
55) 自動車技術ハンドブック (設計編), 自動車技術会, p. 350 (1991)
56) 青木和彦：ブレーキ, 山海堂, p. 125 (1987)
57) 小島久義, 羽室憲, 上野完治, 神尾一, 伊藤忠直：パワーステアリング用, 耐圧, 耐摩耗アルミニウム鍛造部品の開発と実用化, 軽金属, Vol. 42, No. 3, p. 168 (1992)
58) 中山尚三, 倉橋正幸, 竹中健二：カーエアコンコンプレッサー用アルミニウム合金鍛造ピストンの開発, 軽金属, Vol. 40, No. 4, p. 312 (1990)
59) アルミエージ, 日本アルミニウム連盟, 130 号 (1995)
60) 林哲也, 鍛冶俊彦, 武田義信, 小谷雄介, 明智清明：粉末鍛造アルミニウム合金部材の開発, 住友電気, Vol. 140, p. 121

(1992)

61) 佐野秀男, 時実直樹, 大久保喜正, 渋江和久：急冷凝固アルミニウム合金の実用化, 住友軽金属技報, Vol.35, No.3, p.83 (1994)
62) 渋江和久：急冷凝固アルミニウム合金, 軽金属, Vol.39, No.11, p.850 (1989)
63) 明智清明, 藤原敏男, 林哲也, 武田義信：アルミニウム粉末合金ロータの開発, 住友電気, Vol.136, p.188 (1990)
64) 椎名治男：第40回シンポジウム"P/M アルミニウム合金の最近の進歩", 東京, 軽金属学会, p.35 (1992)
65) 小池精一, 窪田隆一, 市川政夫, 馬場剛志, 高橋和也, 三浦啓二：急冷凝固 Al-6Cr-3Fe-2Zr 合金の高温強度特性, HONDA R&D Technical Review, Vol.4, p.128 (1992)
66) 吉田英雄, 田中宏樹, 土田信：航空機用アルミニウム合金の最近の研究, その2. 超塑性合金とその成形, 住友軽金属技報, Vol.29, No.1, p.58 (1988)
67) T. Tuzuku, A. Takahashi and A. Sakamoto：Superplasticity in Advanced Materials (ICSAM-91) ed. by S. Hori, M. Tokizane and N. Furushiro, JSRS, p.611 (1991)
68) 細見彌宣：21世紀に向けての軽量車の開発・自動車のアルミ化, 金属, Vol.65, p.24 (1995)
69) ASM News, Structural Materials Challenges for the Next Generation Vehicle, Advanced Materials & Processes, p.105 (1995)

2.4 樹脂材料

2.4.1 はじめに

1992年における日本国内のプラスチック生産量は, 1 258万 t で世界 (10 280万トン) の約 12.2% を占めるに至っている. また, 自動車における材料構成比でみると 1973年の 3.5% から 1992年の 7.3% へ大幅に使用量が増加してきている.

さらに, 自動車用各種樹脂使用量の構成比でみると, 塩ビ樹脂の減少とは対照的に優れた成形性, 複合化による高性能化, リサイクル適性やコストパフォーマンスの視点からポリプロピレン樹脂や, 高機能樹脂の伸長が著しい. 今後, 材料の技術革新と自動車市場ニーズとが相まっていっそうの拡大が期待されている.

一方, ライフスタイルの変化により, 自動車は単なる移動手段としての機能から, 生活の場としてのアメニティ (快適性), 利便性まで幅広い役割を求められている. 21世紀の自動車像を考えると, 未だ不透明な部分が多いが, 少なくとも自動車本来の有用性に加えて自動車が及ぼす地球環境に関する課題の解決に対しても貢献することが期待されている. その反面, 自動車本来の有用性を追求することと課題解決への対応はむしろ相反する関係にあり, 解決のための技術的ブレークスルーが不可欠となる.

21世紀の自動車像を描く"パラダイム"は大別して,
① 地球環境保護への対応
② 市場動向 (リサイクル, 低燃費, 低コストなど) への対応

であり, これらの視点を縦糸として, 自動車 (材料) の技術の進歩, 深化を横糸として両者を織りなすことにより, われわれの求める21世紀の自動車像が描けると確信する.

これらをとおして遭遇する困難な課題解決に際して, 材料技術の果たすべき役割は大きく, さらには材料技術が21世紀の自動車の方向を決めるといってもいいすぎることはない.

a. 地球環境保護への対応

自動車には, 鉄, アルミ, プラスチックなど数多くの種類の材料が, 部品の仕様に合わせて使われている. 中でもプラスチックはオイルショック後の省エネルギー (低燃費) 化の要請に沿って, 軽量化はいうまで

もなく，良好な成形性，製品形状の自由度，部品の一体化による工数の削減，コストの優位性および耐さび性などを武器として増加している．

一方，自動車生産量の急激な増加や，生活環境の向上に伴って放出される大量の排出物は，地球的な規模で自然環境やわれわれの生命に悪影響を及ぼし始めている．

具体的には，以下の課題があげられる．

① 自動車をはじめとする各種産業廃棄物の増大と処理の限界
② 化石燃料によるCO_2発生が原因とされる地球温暖化
③ エアコンの冷媒，ウレタン発泡や金属部品の洗浄に使用される特定のフロン化合物によるオゾン層の破壊
④ 自動車排ガスなどによるNO_x，SO_xが原因とされる酸性雨

これらの課題に対しては種々の規則が設けられ，関連する自動車メーカー，部品メーカー，原材料メーカーの間で個々に，あるいは共同で解決に向けての努力がなされている．

21世紀に向けて，これらの課題をいち早く解決し，社会における自動車文化の信頼を取り戻すことが自動車に関連する技術者の任務と考える．

b．自動車市場動向への対応

地球環境保護への対応にならんで，自動車そのものの市場動向への対応も重要な課題となっている．材料開発，部品開発という視点からみると以下の項目があげられる．

① リサイクルしやすい材料，部品，構造の選択
② 低燃費に寄与する車体の軽量化
③ トータルコストの削減
④ 安全性の向上（予防安全，衝突安全）
⑤ 快適性（アメニティ）の追求
⑥ 材料の統一とグローバル化

（ⅰ）**リサイクル** 今後材料開発の最重要な課題となるのがリサイクルといえる．設計段階から，①リサイクルしやすい材料，②ファミリーマテリアル部品開発（同系素材），③解体しやすい構造，④材料のマーキング，などを考慮することがすでに始まっている．

リサイクルの代表的な例としては，VW車のバンパ材料（PP／EPDM／タルク）は回収され，バンパ材料に対して20％を加えたコンパウンドをつくり，小型車ポロ（Polo）のバンパに再利用されている[2]．

ファミリーマテリアル部品開発については，ポリプロピレン系に統一してリサイクル性を高めようとする動きが出始めている．具体的には表皮にTPO（従来PVC），中間材に発泡ポリプロピレン（発泡ウレタン），芯材にポリプロピレン（ABS）を使ったオールポリオレフィン系インパネ，ドアトリムなどが開発されている[3]．

さらに，1991年に発売された新型シビックは解体しやすいようにバンパの設計自体を大幅に変更し，部品点数やボルトの点数を大幅に減らしている[4]．一方，材料メーカー（GEP）も，1992年のSAEで取り外しやすい設計（DFD：Design For Disassembly）を提唱してコンセプトモデルを作成している[5]．

将来はリサイクル可能であることが材料採用の必須条件となり，リサイクルのコンセプトのない材料は今後使われなくなるといえよう．

（ⅱ）**低燃費，軽量化** リサイクル化への対応とならんで，低燃費も重要な課題になっている．中でも材料の軽量化の占める割合は大きい．軽量化の寄与率の高い項目をあげると，①材料の変更（鉄→アルミ，鉄→樹脂），②部品の合理化，削減，一体化などの新構造，③薄肉化（高剛性，高流動），④中空化（ガスアシスト，ブロー）などがある．

最近の例では1993年に発売されたトヨタスポーツカー"スープラ"は新材料や新製法を駆使して約100 kgの軽量化に成功している．このうち60 kgが材料の変更，40 kgが設計の変更や部品の廃止による．とくに材料の軽量化は効果が大きく，燃料タンクは鉄のプレス品から高密度ポリエチレン製（シーラーによる燃料透過防止）にすることで約4 kg軽量化している[6]．

また，部品の一体化，集約化と併せてガスアシスト射出成形が応用範囲を拡大している．シンプレス法により成形されたマツダ'93年型ランティスバンパは，ガスアシスト成形を採用し，裏面に太いリブを垂直に立てることにより薄肉化が可能となった．フロント37％，リヤバンパで24％の軽量化に成功している[7,8]．

（ⅲ）**コスト低減** 1994年のニューモデルのキーワードは"低価格化"で適正価格は絶対条件といわれている．コスト低減の対策としては，①材料の高性能化，グレード統合化による低コスト材料へのシフト，②部品の一体化，構造，形状の最適化による

部品，工数の削減，③高生産性（成形サイクル，自動化，歩留り），④低コスト成形加工技術（低圧，低型締，低コスト金型），⑤スペックの見直し（緩和）などがあげられる．

低コスト材料のシフトは，バンパのRIMウレタンからPPへ，内装材のABSからPPへなど，代表的な例がある．とくに，トヨタのPP系スーパーオレフィンポリマー（TSOP）の高級車クラウンへの採用は，従来のバンパ材とはコンセプトを変えた材料設計により達成されたことに意義がある．

低コスト加工技術に関しては，先に述べたマツダランティスバンパではフロントで40％，リヤバンパで24％のコスト低下に成功している．使用した成形機も型締圧3800tから2600tへとダウンサウジングしている．

さらに，材料のスペックという観点からみると，高機能，高性能という品質を追うあまり，過剰品質になっていることは否定できない．鋼材，プラスチックの中でもユーザー，原料メーカーの両者から品質スペックの緩和と併せてグレード統合により低コスト化を目指す動きが出始めている．

（iv）**安全性向上対策**　日本国内の自動車普及率は100世帯当たり90台を超え，自動車は人々の生活になくてはならないものになっている．しかし，不幸なことに1987年以降自動車事故による死亡者は急増し，最近では5年間連続して11 000人以上が亡くなっている．さらに，日本をはじめ先進国では高齢化が深刻となり，とくに日本では2000年に65歳以上が16％に達するといわれ，シルバードライバーと女性ドライバーへの配慮が課題となる．したがって将来に向けては，高齢者や女性が安全にかつ楽しく運転できる車とその環境づくりが重要になる．具体的には，

1）衝突時安全性の向上

①クラッシャブルボデー，②サイドドアビーム，③シートベルト，④デュアルエアバッグ，⑤SIPS（側突保護）

2）衝突予防安全性の向上

①ABS（アンチロックブレーキシステム），②TCS（トラクションコントロールシステム），③4WD（四輪駆動），④4WS（四輪操舵），⑤ナビゲーションシステムなどがあり，安全性向上のためコスト上昇を抑えながらも，ますます標準仕様化する必要がある．

（v）**アメニティ（快適性）の追求**　自動車は市場ニーズの要請を反映して，その要求機能もますます多様化してきている．中でも快適性への追求はコストとトレードオフの関係にありながらも顕著に現れている．具体的には，①居住性の重視としては人間優先，人間本位のコンセプトから居住空間優先の思想が強く現れている．具体的には内装のいっそうの高級化やRV車（リクレーショナルビークル）の増大がある．②自動車の乗り心地という観点では，ダブルウィッシュボーン，マルチリンクサス，超扁平タイヤなどがある．最終的にはアメニティの追求は止むことはないがコストとの兼ね合いから低コスト，生活の足として手軽に使える基本車と，アメニティ，安全性高性能を追求した成熟車へと二極化されていくであろう．

（vi）**材料の統一とグローバルな材料供給体制**　材料開発に際して，同系部品については可能な限り同一材料を使用し（材料統一），大量生産によるコスト低下，リサイクルへの適用性を高めることが重要になる．また，最近では国内産業空洞化に伴い，自動車メーカーのトランスプラントに対応して，国内使用と同一材料を現地で入手，使用し，リサイクルに対応できること，すなわち材料のグローバル化の推進が必須となってくる．いいかえると，地球規模での自動車の開発，生産，販売に対応しての材料開発が要求されている．このことは日系自動車企業の材料認定作業が基本的には未だ日本国内材料研究部門が実施していることも原因している．

c．これからの自動車材料開発

いままで述べてきた，

① 地球環境保護への対応

② 市場動向への対応

これらの課題を調和させクリヤしていくための技術的障壁は非常に高く，一方に対して配慮すると，他方がかえって悪化する関係にあるケースが多いのが現実である．

しかし，過去に自動車排ガス浄化が触媒技術開発により飛躍的に進展したように，21世紀の目標設定に向けて材料技術の果たすべき役割は大きい．極言すれば，材料技術こそが自動車産業発展の文字どおり牽引車になると確信している．

これからの材料開発のポイントとしては，次の（i）～（vi）が考えられる．

（i）**デザインイン**　一部ですでに始まっているが，自動車メーカー，部品メーカー，材料メーカーが

設計段階から参入して開発のレベル，スピードを上げコストの低減を図る．

（ii）目標設定型の材料開発 デザインインにより目標設定型の材料開発ができ，技術の蓄積，情報の共有化，拡大が可能になり，開発が効率的に推進されることになる．ただし，従来のように目先の材料改良型でなく新しいコンセプトに基づいた革新材料の開発が求められる．

（iii）材料の統合化，グローバル化 リサイクル，軽量化，低コスト化などを念頭において，世界共通設計技術，世界標準により材料の統合化，グローバル化を可能にする．

（iv）材料設計技術の向上 革新材料開発において重要なことは，① ミクロ構造解析および ② CAE 技術の活用であろう．前者は材料の性能向上を科学的に定量的に予測可能ならしめることである．後者については，触媒開発，材料設計，製品設計，金型設計などコンピュータにより"試作"ができることである．

（v）新加工技術活用 材料を賦型するためには必ず加工技術が必要であり，加工技術が製品の内部構造をコントロールしないと材料の本当の性能は引き出せないといえる．また先に述べた軽量化，低コスト化でも加工技術の貢献度は非常に大きい．単に新しいだけでなく，従来の技術の組合せも意義あるものとなろう．

（vi）産官学共同研究 ビッグ3は環境，材料，コンピュータ制御，電気自動車，安全の5部門で共同研究に入ったといわれている．これからは自動車メーカーまたは産官学のビッグプロジェクトで基本分野について共同研究する方向が望まれる．

2.4.2 内装材料

a．はじめに

自動車部品の樹脂化が最も進んでいるのが内装部品といえる．事実，車内側から個々の部品を観察すると，多くの高分子材料が採用されていることに気づかされる．

この理由は，高分子材料が，金属材料と比較し，① 形状の自由度，② 表面の風合い，③ 軽量化，④ 易加工性などに優れることによるといわれている．現在，乗用車の内装材料として使用されている高分子材料の総量は，車体重量の5%にも達すると推定されている．

とくに近年，① 低コスト化，② 機能性（軽量化，耐衝撃性，耐熱性，意匠性），③ リサイクル性の追い風に乗り，採用例が増加しているのはポリプロピレンと汎用エンプラである．この傾向は，今後しばらく継続すると予測する識者が多い．

一方，本内装部品の主たる樹脂化テーマは完了し，今後は，① 法規制（例：側面衝突規制など），② 環境規制［例：揮発性有機物質規制（各種溶剤規制など）］，③ 消費者の価値観変化などにより，材料置換，加工方法置換が積極的に提案されると同時に，各自動車メーカーの思想を取り込んだ部品開発が進むと推測する．

b．材料一般動向

（i）ポリプロピレン（略：PP） 現在，各自動車メーカーの要求とPPメーカーの技術革新が相まって，数多くの部品がPP化されている．PP素材の技術革新は，① 高剛性化（立体規則性能の向上，分子量分布の調整，核剤添加）（図2.61），② 耐衝撃性の向上（エラストマー成分の最適化，微分散化），③ 高流動性化（剛性と耐衝撃性を保持して），が基本であり，開発の過程においては，混練技術（無機物質，エラストマー成分の分散状態最適化）による各種の変性技術に多くの技術革新がみられる（図2.62）．

将来のPP素材の開発動向の基調に大きな変化はないと考えられるが，高剛性化を図る手段の選択（触媒開発，プロセス開発）が死命を制することは言をまたないが，同時に低コスト化にむけての判断も重要である．また，複合材料設計技術もスーパーオレフィンポリマーのように「ナノオーダーの制御」時代に入り，ますます高度化することが予測される．さらには，軟質ポリ塩化ビニル代替，汎用エンプラ代替技術に革新

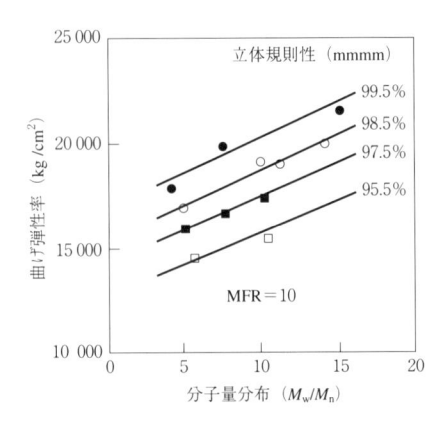

図 2.61 PP の立体規則性，分子量分布と剛性の関係

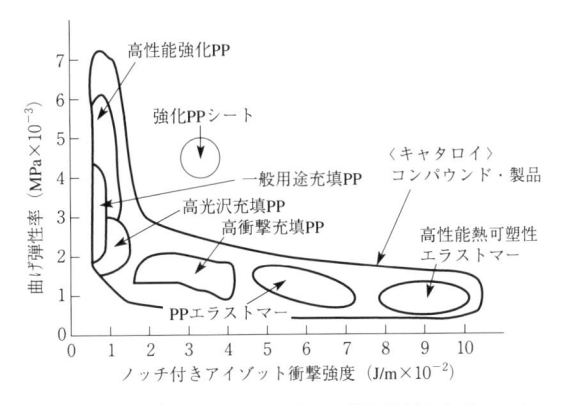

図 2.62 プロピレン系ポリマーとその複合材料およびアロイ

的な手法が創出されると確信する.

(ⅱ) **ポリ塩化ビニル**（略：PVC） 本樹脂の特徴は，軟質（曲げ弾性率数十MPa）から硬質（曲げ弾性率約3 000 MPa）まで幅広い性能をもつ材料が得られることである．自動車分野においてはカレンダ加工，パウダスラッシュ加工による製品群に特徴がみられる．とくにシボ転写性，シボ保持性，耐きず付性に優れ，この特性を生かしたレザー分野では約30%を自動車に依存している．本分野では，インストルメントパネル，ドア，シートなどの表皮材料として採用されている例が多い．また，電線被覆材料として間接的に自動車の各種ハーネスに使用されている.

(ⅲ) **ポリウレタン**（略：PU） 現時点の技術課題は発泡剤として用いられているフロン問題であり，特定フロンは1995年までに全廃しなければならず，硬質フォーム分野ではHCFCへの転換研究がなされている．一方，軟質フォームの分野では，水発泡，HCFCあるいはメチレンクロライドの併用で特定フロン全廃の対応はほぼ実現している．しかし，メチレンクロライドの環境規制が強化された場合には，使用できなくなるおそれがあり，ホットモールドフォームにおいてはポリプロピレングリコール（略：PPG）のOH価を高めることで解決の方向性を見出そうとしているが，まだ自動車メーカーの要望の硬さには至っていないのが現状である．また，本樹脂は，塗料の主成分として約11万 t / 92年（含溶剤）消費されており，一部は内装部品のトップコートに使用されている．

(ⅳ) **ABS樹脂**（略：ABS） 材料開発で注目すべき技術は，自動車分野で要求される高耐熱性を付与するために，第3成分としてα-メチルスチレンの代わりにマレイミド変性が主流になっている．また同時に，各種のポリマーアロイ（例：PC/ABS，PBT/ABS，PA/ABSなど）による改質も進んでいる．現在内装部品として本樹脂が採用されているものは，インストルメントパネル，メータクラスタ類が主である．これらの部品類もPP系材料の伸長が著しく，今後の技術革新が望まれるところである．

(ⅴ) **汎用エンジニアリングプラスチック** ここでは内装部品に使用されている変性ポリフェニレンエーテル（略：PPE），ポリアセタール（略：PAc），ポリカーボネート（略：PC），ポリアミド（略：PA）について触れる．変性PPEは1992年実績では，約7.4万 t の販売量を示している．この中で，自動車用途は約2万 t であり，内装部品としては，インストルメントパネルが最大の製品である．本変性PPEはPPEとPS系のアロイであり，相溶系アロイの代表的な材料である．現在は，結晶性高分子材料との非相溶系アロイの研究開発が盛んであり，PPE/PA，PPE/PBT，PPE/PPSなどの材料が開発されている．また，非ハロゲン系の難燃材料として有用な特質をもっており，今後の部品難燃化の動向の中で大きな武器になる可能性を秘めている．変性PPEを除く上記のエンプラは，金属との競合下にあり，とくに非鉄金属との間で材料置換が生じている例が多い．PAcは，耐摩耗性，しゅう動性，耐グリス性を生かし，ドアロック部のギヤやシートベルトロック部などに採用されている．PCは透明性と耐熱性に優れるため，アクリル樹脂と競合し，計器盤カバーなどに採用されているが，耐きず付性を強く要求される場合には，製品表面を他材料によりコートされている例もある．

c. 部品別の材料動向

内装部品の中をインストルメントパネル，シート，天井，フロア，ドアトリム，表皮類に種別し，現状および今後の材料採用の方向性と加工方法についてまとめる．

（i）インストルメントパネル（略：インパネ）
インパネの構造は芯材（コア），基材（スキン），クッション材，表皮材からなり，表皮材で全面が覆われているフルパッドタイプ，部分的に表皮材を付けているハーフパッドタイプ，基材のみで表皮材を用いていないパッドレスタイプの3種に大別される．おおむねフルパッドタイプは中級〜高級車に，ハーフパッドタイプは中級車に，パッドレスタイプは中級〜大衆車にそれぞれ適用されている．

芯材はメータや計器類を保持するため高い剛性やタッピング性能を有する材料が使用され，ガラス繊維強化アクリロニトリル-スチレン樹脂（略：AS-GF），ガラス繊維強化 ABS 樹脂（略：ABS-GF），ガラス繊維強化 PPE（略：PPE-GF），ガラス繊維ミネラル強化ポリプロピレン（略：PP-GMF）が用いられている．また，同時に長尺製品であり，建付け性（$-30 \sim +110$ ℃における寸法安定性，低反り，低収縮性）も重要な要求特性としてあげられる．

基材は構造によって要求特性が異なるが，曲げ弾性率の各自動車メーカー仕様は（約 2 000 〜 4 000 MPa）の範囲にある．さらに，国内安全規格，FMVSS（連邦車両安全規格：Federal Motor Vehicle Safety Standards）や諸外国の各種安全規制を満足させるために高衝撃性が要求されており，アイゾット衝撃強度で 200 J/m 以上の材料が選択されている．その他高耐熱性，表面硬度（耐きず付性），寸法安定性，良外観性も重要な要素である．本部品に採用されている材料は，フィラー充填 PP，ABS 樹脂，変性 PPE である．現時点では低コスト化（車格に応じた品質観），リサイクル性（材料統合，取外しやすい設計など）を勘案したニーズが強く，フィラー充填 PP の伸長が著しい．

各タイプのインパネの製造は，おおむね以下に述べる方法によるものが多い．

（1）フルパッドタイプ：　表皮は軟質塩化ビニルのパウダを原料としたスラッシュ成形によるものが主流である．スラッシュ成形後のシートを芯材といっしょに金型内に挿入し，本表皮と芯材の間にウレタンを注入し，加熱発泡させることによって得られる．このタイプはウレタンがクッション材となり触感にも優れかつ，表皮部分の加飾性能も優れており，高級感のあるインパネである．80年代から高級車に採用され，一時期大きな広がりをみたが，現在は，ハーフパッドやパッドレスの台頭で漸減している．

（2）ハーフパッドタイプ：　表皮はカレンダ加工でつくられ，裏面に発泡体を貼り合わせたラミネート状のシートを真空成形を用い，あらかじめ射出成形で成形された基材と加熱接合する方式が多い．表皮材と発泡体はおもに軟質 PVC である例が多いが，基材にフィラー充填 PP を用いる場合には，表皮材と発泡体をポリオレフィン系の素材にする例も増えてきている．この理由としては，① 発泡体と基材，および表皮と発泡体間の接着性，② リサイクル性（材料統一化），があげられるが，PVC と比較すると割高であり，表皮の真空成形時の熱によるシボ流れ性や耐きず付性も現状では十分でない．したがって，単に構成する材料をポリオレフィン系に変えることはあまり意味をなさないことが多いため，新しい加工方法の開発と絡めて素材の転換を図る試みが各種の形でなされている．ドアトリムの項で後述するが，低圧成形方式による金型内インサート成形の開発の進展によるところが大きいと思われる．

（3）パッドレスタイプ：　通常は射出成形でつくられるが GE 社などにみられる中空成形によるコンセプトも出現してきている．これは中空成形の利点を生かしダクト類も同時に成形しようとの考え方である．このタイプは基材の表面を覆う表皮がないことから，表面の品質がきわめて重要になる（上記ハーフパッドタイプにも当てはまる）．本製品は耐衝撃性と高温耐熱性および剛性を要求されているため，ほかの内装部品と異なり材料の成形流動性を犠牲にせざるをえない現況にあるが，大型成形品のため，一般には多点ゲート方式を採用している．したがって，ウェルドラインや部分的な光沢むらなどが発生しやすく，多くの場合ウレタン系の塗料をトップコートとして塗布している．現在この基材には変性 PPE，ABS 樹脂，フィラー充填 PP が採用されているが，変性 PPE では耐熱性能，霞性能（材料に起因する窓ガラスのくもり），ABS 樹脂では耐熱性能と窓写り性能，霞性能，フィラー充填 PP では霞性能の向上と製品面の"ひけ"の改善が必要とされている．

現在一部のインパネの成形にガスアシスト射出成形

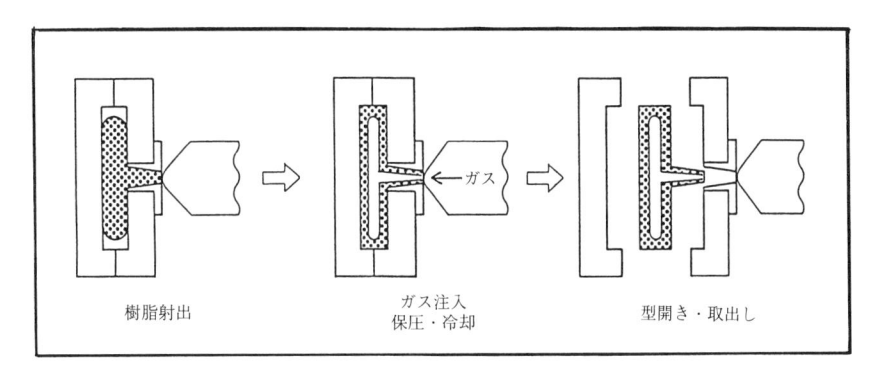

図 2.63 AGI 成形の工程概念図

が採用され注目を集めている．ガスアシスト射出成形は各社の方法が実用化されているが，日本国内では，旭化成 AGI（図 2.63），三菱シンプレス，バッテンフェルトのエアモールド，出光 GAIN が実績を有しており，インパネでは AGI による製品が搭載されている．ガスアシスト射出成形による利点は，"ひけ"防止とガスチャネルと呼ばれる肉厚のリブが樹脂の流動を支援し，一点ゲートで製品を得られる点にある．したがって，ウェルドライン数の発生が少なく，外観性能に優れると同時に，上記リブの設置により製品面剛性を向上できるなどの優位性がみられるが，設備投資を伴うため，部品の一体化や組立て工数の削減を含めた手法をさらに創出できるかが今後の普及の鍵といえる．

（ii）シート　高分子系の材料は，表皮材，クッション材，および一部に芯材として使用されている．表皮材に要求される特性は，風合い，耐久性（摩耗性，毛倒れ性，退変色性）などがあげられ，車格に合わせて，織り形式や素材が選定されている．

繊維系の素材としてはポリエステル系の繊維が国内の場合多く採用されているが，アメリカではナイロン繊維，ヨーロッパではポリエステル，ナイロン，アクリル繊維が採用されている．この理由としては各国における耐候要求特性が異なるためである．

また，快適さを図る目的で電気伝導性を付与した表皮材（図 2.64）[9]や"むれ"防止性を意図した開発も活発である．表皮材としては繊維系以外にも塩化ビニルレザー，人工皮革，天然皮革などが採用されているが，車格や消費者ニーズに対応して多くの品種がある．

クッション（シートパッド）材は乗り心地の向上を目的として種々の検討が試みられている．素材としてはウレタン系が圧倒的であるが，通気性や"むれ"防

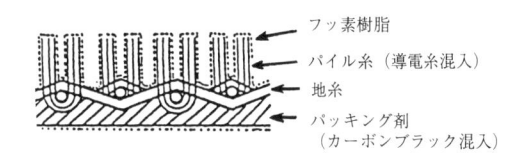

図 2.64 機能複合（静電気防止機能，防汚機能）シート[9]

止を目的として，初代のセルシオではウレタンをバインダとしたポリエステル繊維を，またベンツではゴムをバインダとして椰子の実繊維が採用されている例もある．軟質ウレタンフォームによるクッションの製造方法は，"ホットキュア（ホットモールド）"と"コールドキュア"に大別できる．現在では前者と比較して後者の方法が低温（50～60℃）で熱処理が可能であり，設備投資金額も少なく，アッセンブリラインに近いところで製造可能となるため有利とされている．この背景には材料メーカーの低密度 HR（High Resiliency）フォームの開発成果がある．加工方法にも乗り心地を考慮した手法がとられている．図 2.65[10]に示すよう

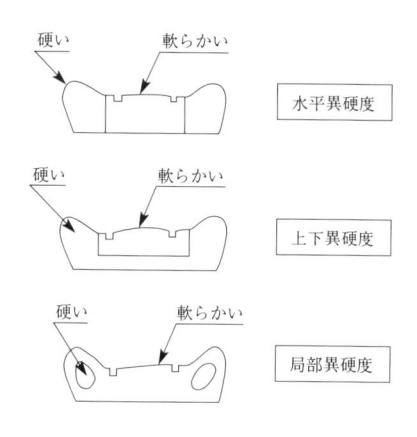

図 2.65 異硬度フォームの形態[10]

に一つのシートの部分で発泡状態を変え密度を変化させることで硬度を調整している．

クッションの素材としてPUの地位は確固たるものがあるが，一部では燃焼時の発生ガスを懸念し難燃性を付与した地下鉄のシートクッション素材を考慮する動きもみられる．シートフレームやシートバックコアは通常金属製であるが，一部樹脂材料が使用されている例もある．マツダでは，シートフレームにガラス繊維強化エポキシ樹脂を適用し50％の軽量化を達成した．トヨタではスプリットタイプ後部シートにPP製中空成形品のシートバックコアを採用した．

将来要求される要件の中で注目すべきは安全，環境，商品性（快適性）であり，安全性については正面バリヤ，側突，後突に対する安全対策においてエアバッグをシート内に設置する可能性をベンツが提案している．また，RV車が伸長している現況の中で，セパレートシートを倒した状態での使用ニーズが高まっているが，この目的にかなうボードとしての役割を果たす部品として先のシートバックコアは一つの具現化策と考えられる．

（iii）天井 天井（ルーフライニング）の種類は，成形天井（プレス成形した天井材をはめ込み固定），貼り天井（天井にクッション材を接着），吊り天井（表皮材を天井に部分的に固定し，吊る）に分けられる．87年の構成比は，成形天井が70％を占めており，現在さらに増加の傾向である（図2.66）[11]．したがって，本項では成形天井について述べる．成形天井は基材と表皮からなり，基材としては発泡PP，発泡PU，グラスウール，ダンボール，樹脂製ハニカム構造体，発泡変性PPEなどが使用され，表皮材としては，織物（ファブリック），不織布，TPO（熱可塑性ポリオレフィン系エラストマー），軟質PVCなどが車格に応じて採用されている．欧米においては基材とし

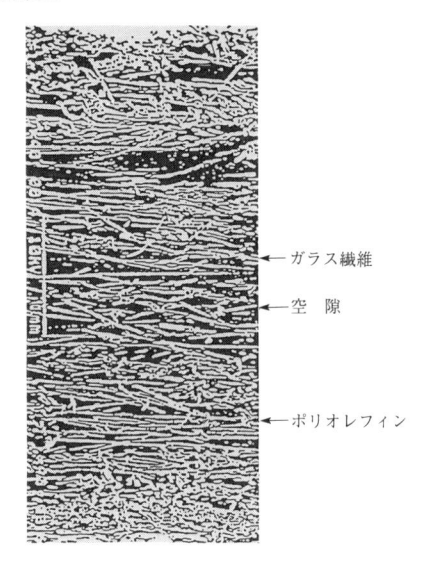

図2.67 熱可塑性軽量複合材料の断面[12]

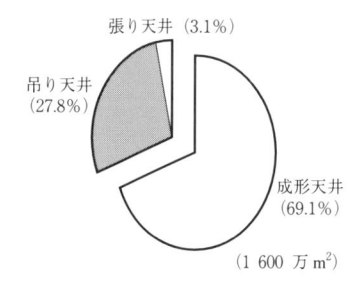

図2.66 自動車用天井材使用比率[11]
張り天井（3.1％）
吊り天井（27.8％）
成形天井（69.1％）
（1 600 万m²）

ては発泡PU，表皮材としては，織物（ファブリック），不織布の採用例が多い．

基材に要求される特性は，軽量化，リサイクル性，成形性（プレス成形時の深絞り性）高剛性，耐熱性，吸音性などである．現在採用例が多い発泡PP基材について触れる．通常本発泡PP基材は，PP中にガラス繊維や有機繊維を複合混入させて発泡状態のシートで得る手法が一般的であり，この後熱プレスにより表皮を積層させ所定の形状に賦形することで成形天井部材が作成される．上記の繊維の分散状態やシートの断面方向の傾斜化（サンドイッチ構造）（図2.67）[12]などに工夫がされている．今後は，さらなる発泡倍率の向上と発泡/表皮同時成形などの提案がなされると推測する．また，ファブリックの材質もナイロン系から耐候性改善を意図し，ポリエステル系に移行すると考えられる．

（iv）ドアトリム ドアトリムの形態は，①平トリム，②一体成形トリム（アームレストを一体化），③分割トリム，に区別されており，平トリムは大衆車，一体成形トリムは中・高級車，分割トリムは高級車に装着される例が多い．トリムは基材/クッション/表皮，基材/表皮，基材/塗装，基材のみ，の組合せで構成されており，インパネと同様なコンセプトで製造されている．基材は，フィラー充填PP，耐衝撃性PP，熱硬化性樹脂（フェノールまたはウレタン/木粉），ABS樹脂が主であり，クッション材は表皮材との組

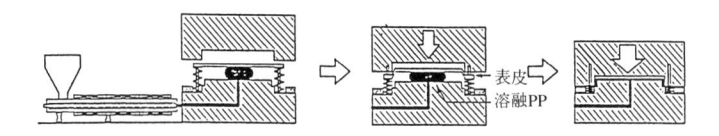

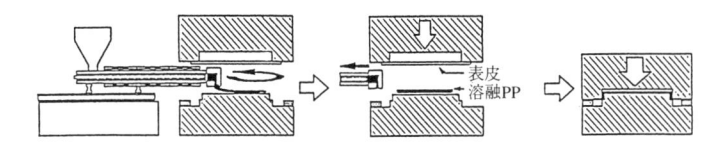

図 2.68 表皮インサート体成形法

合せで変化するが，発泡 PVC（クッション材）と軟質 PVC（表皮材）が多く採用されている．

ドアトリムの樹脂化の歴史をみると ABS 樹脂，熱硬化性樹脂が当初採用され徐々に PP 系の材料に置換されてきている．この流れは，軽量化（薄肉化），低コスト化，材料統合（リサイクル性）の自動車メーカーニーズと材料技術革新が調和したことによる．典型的な一体成形トリムの製造方法は，基材を射出成形で形づくり，カレンダ加工による表皮またはこの表皮に発泡層（クッション材）を貼り合わせた表皮層を基材に真空成形で積層させ実施されている．現在の加工方法を含めたドアトリムの製造方法で注目される技術は，射出圧縮成形による表皮インサート一体成形法である（図 2.68）．一方，側突規制に対応した設計基準の見直し，すなわち，基材で対応するのか，衝撃吸収部材を当てはめるか，形状変更で進むのか今後の動向が注目される．

d．今後の課題

内装材料に要求されている今後の課題を，(ⅰ)材料統合，(ⅱ)国際化，(ⅲ)リサイクル，(ⅳ)材料設計技術の観点から述べる．

(ⅰ) 材料統合 ねらいは，大量生産を前提にした低コスト化であり，後段に述べるリサイクルを意識している．いままで述べてきたように，各自動車メーカー（個々の部品ごと）の要求に対し，材料メーカーがさまざまな材料を創出してきた歴史が今日の自動車産業をつくりあげてきたといっても過言ではないが，一方ではカスタマーメイドグレードが増えすぎて，材料単価が上昇する悪循環もみられる．個々の部品ごとの要求特性の違いを議論するのではなく，いかにして統一的規格を設定して材料種を減らすかが重要な時代になっている．単に設計基準を下げるのではなく，個々の特性を向上させた統一材料を使用者側と供給側が議論をしながら設定し開発を進めることが，両業界が国際的にもリーダー的な地位を保持しながら生き残れる道と考えられる．

(ⅱ) 国際化 自動車メーカーから材料メーカーに対して"国際化の波に乗り遅れている"との指摘が多い昨今であるが，この言葉だけでは真実を語れていない．欧米の材料メーカーの材料開発手法と日本では大きな違いがあり，日本においては"痒いところに手が届く開発，技術サービスを実施してきた"が，結果として経費がかかりすぎ高価な材料を提供せざるをえない状況をつくりだしている．この反省に立脚して材料メーカーとして再構築を図っているのが現在の姿である．一方，自動車メーカーの海外進出に呼応して積極的に日本の樹脂メーカーが海を渡っているのも事実である．材料の消費地に近いところで売れる商品をつくるのが流れであり，否定する識者はいないが，日本の空洞化を防ぐためには材料開発のソフト技術は日本にあるべきであり，いかにすれば実現できるか，今後樹脂メーカーと自動車メーカーの間で調和策を模索する必要がある．

(ⅲ) リサイクル 現実的なマテリアルリサイクルの方法について加工方法で興味あるものを紹介する．一例としてサンドイッチ成形があり，コア材にリサイクル材を用い，スキン材にバージン材を用いたときの物性データを図 2.69 に例示する．この物性バラ

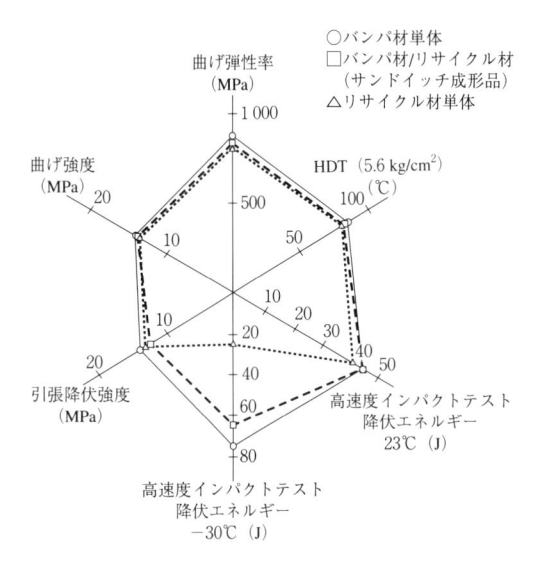

図 2.69 サンドイッチ成形品（リサイクル材使用）の物性

ンスをみると十分に各種部品に適用できることがわかる．しかし本加工方法は，新規設備投資を伴うことと，スキン／コア量の制御が困難な点で課題として残る．材料については，前段で述べた材料統合が有力な手段であると考えられる．

（iv）**材料設計技術** 現在自動車部品に採用されている材料の多くは，広義のポリマーアロイであるとみなせる．このポリマーアロイを"ポリマーブレンド"，"ブロック・グラフトポリマー"，"IPN"と分類してみると，従来の開発は個々の分類の中で着実に進歩はしてきているが，最終的な材料として理想的な形態まで最適化されている例はきわめて少ないと感じている．すなわち，たとえばフィラー充填 PP の素材である耐衝撃性 PP 構造についても，ミクロな結晶，非晶，ゴム分散構造をみる技術はある程度確立しているが，ある剛性と耐衝撃性のバランスを実現させるための最適なミクロ構造を正確に提案し，製造する技術は完成していない．現在，いくつかの試みがなされており，今後の成果が期待される[13〜15]．

2.4.3 外板，外装材料
a．はじめに
自動車部品の樹脂化で最も大きなものはボデー外板といえる．歴史的にはすでに 1984 年には GM のフィエロで本格的な採用が始まり，その後もいくつかの車種で樹脂材料が採用された．しかし，鋼板に比較すると樹脂は，①コスト，②生産性，③塗装仕上り（寸法精度），などの問題があり，未だ本格化していないのが現状である．すなわち，一部，耐熱性，剛性を必要とする外板水平部（フロントフードなど）に不飽和ポリエステル，ユリア樹脂ベースの SMC（シート・モールド・コンパウンド）が，耐熱性，耐衝撃性を必要とする垂直部（フロントフードなど）には PPE/PA，PC/PBT，PC/ABS などのエンプラ系高性能アロイが使用されているにすぎない．

一方，外装部品としてはバンパ，グリル，ガーニッシュ，エアロパーツ，ホイールカバーなどがある．バンパ（バンパフェイシア）は当初鋼製であったが，5 マイル規制などとの対応からウレタン RIM（リアクション・インジェクション・モールディング），R-RIM が主流になった．またヨーロッパではウレタン RIM，SMC，PC/PBT，変性 PP など多様化していたが，現在は変性 PP 化が進んでいる．また，日本ではアメリカ対応，高級イメージという観点から高級車にウレタン RIM が使用されてきたが，最近では高性能バンパ材が開発され，高級車でも PP 化が進んでいる．

b．外板，外装用部品材料動向
（i）**外板部品材料** 樹脂の外板への量産採用は日本においては 1984 年の本田バラード CRX に PC/PBT が採用されたのが最初である．続いて 1987 年から発売された Be-1 にはフロントフェンダに PPE/PA アロイを使用し鋼板との同時焼付塗装を可能にし，個性的なデザインとともに話題になった．その後も日産の PAO，1991 年のフィガロに引き継がれている．マツダも軽自動車 AZ-1 でオール樹脂製の外板を採用した．

一方，アメリカにおいても 1989 年には，GM の APV ミニバンで SMC を大幅に採用し話題になった．さらに，1990 年 10 月に登場した GM のサターンも樹脂外板を多用している．とくに，従来の樹脂外板と異なりすべて熱可塑性エンプラアロイを使用，具体的にはフロントフェンダとリヤクオータパネルは PPE/PA アロイ，ドアパネルは PC/ABS が採用されている[16]．

表 2.20 に樹脂材料の外板への採用例をまとめた．剛性が重視されるフロントフード，ルーフには SMC や鋼板が，耐衝撃性が重視されるフェンダやドアアウタには高性能エンプラアロイの PPE/PA，PC/PBT，PC/ABS が使用されていることがわかる．

外板材料としての要求特性は，①剛性（曲げ弾性），②耐衝撃性，③寸法精度（線膨張係数），④外観仕上

2.4 樹脂材料

表 2.20 外板部品への樹脂採用例

自動車メーカ	車種	開発年	水平部位部品		垂直部位部品	
			フード	ルーフ	フェンダ	ドア
①GM	フィエロ	1984	SMC	SMC	ユリアRIM	ウレタンR-RIM
②本田	バラードCRX	1984	—	—	PC/PBT	—
③日産	Be-1	1987	—	—	PPE/PA	—
④BMW	Z-1	1988	エポキシRTM	エポキシRTM	PC/PBT	PC/PBT
⑤日産	PAO	1989	SMC	—	PPE/PA	—
⑥GM	APVミニバン	1989	SMC	SMC	R-RIM	SMC
⑦GM	サターン	1990	—	—	PPE/PA	PC/ABS
⑧マツダ	AZ-1	1992	SMC	—	ユリアRIM	SMC

り性，⑤生産性，⑥コスト，などがあげられる．現状はそれぞれの材料で内在する問題点を解決しながら開発が進められている．たとえば，SMCについては軽量化（密度低下）や表面外観のほかに，耐衝撃性については剛性を低下させずに不飽和ポリエステルの硬質部分とポリウレタンの軟質成分のブロックコポリマーで改良している[17]．フェンダやバンパフェイシアに使用されるウレタンR-RIMについてもそのものの改良に加えて，低温衝撃性，成形サイクルに優れたユリアRIMが出現して実用化されている．より強度の必要な水平部品はSMCなどの熱硬化性樹脂が使われている．従来，外観，成形性，リサイクルなどから外板用途への将来性について疑問視されていた熱硬化性樹脂も数々の改良によって水平部位については樹脂材料の本命になっている．生産台数，デザイン，スペシャリティなど鋼板に対するメリットを生かし今後とも採用されていくと思われる．

一方，垂直部位についてはさらにエンプラ系アロイが有力な競合材料となってくる．とくに，他材料では成形しにくいユニークな形状をもつ車種での採用が目立つ．今後もユーザーニーズの多様化に伴う個性的な車にはエンプラ系外板が多用されると思われる．しかし，今後さらに量産車種に大幅に用途を伸ばすためには性能を落とさずコストの安いPP系アロイなどの出現が待たれる．

（ⅱ）外装部品材料

（1）バンパ：使用する材料は当初鋼製だったが，最近では軽量化，デザインの自由度，安全性，防錆性の面からプラスチック化が著しく進んでいる．とくにコストと軽量化，リサイクル性の点から，1977年のフィアットやフォルクスワーゲンの採用に始まる変性PPのバンパが増加しているのが特徴的である．さらに最近ではデザインや部品の一体化（エアダムスカートなど）により平均の重量は約3倍になり，成形性をはじめとする物性改良も進んでいる．

バンパは衝撃吸収レベルにより分類すると，北アメリカ向けの高衝撃性タイプと，北アメリカ以外向け（日本，ヨーロッパなど）の低衝撃性タイプとになる．1971年にアメリカで発効した安全基準FMVSS. No. 215に続き，1979年にはPART 581, Phase-Ⅱが発効した．すなわち，時速8km/h（5マイル/h）で衝突時にボデーおよびバンパシステムの損傷を受けずにバンパ表面の凹みが9.5mm以下，永久変形量が19mm以下という5マイル規制である．

以下，5マイルバンパ，2.5マイルバンパの開発動向について述べる．

• 5マイルバンパ

高衝撃エネルギー吸収を必要とするため，バンパシステムの構成は，一般にはバンパフェイシア/衝撃吸収体/リンフォースメントからなる．衝撃吸収体は大別して機械式の油圧ダンパ方式とポリウレタンやPP発泡，ハニカム構造体を衝撃吸収体とするものがある．油圧ダンパ方式は構造が複雑で高価になることと，デザイン上衝撃吸収体を使用しにくい一部のスポーツカーに採用されている．これに対してウレタンやPPの衝撃吸収発泡タイプはバンパフェイシアとリンフォースの間に衝撃吸収ユニットとして発泡体を組み込んだもので，構造が簡単で軽量化され低コストであるため，高衝撃性バンパの主流となっている．

バンパフェイシア材に要求される品質としては，デザイン面からは，①成形収縮，②加熱収縮，③線膨張係数，④ヒートサグ（焼付温度），⑤耐きず付性，⑥表面平滑性，⑦塗装性など，機能の面からは，①デュポン衝撃性，②高速面衝撃，③引張破断伸度，④曲げ弾性，⑤耐熱，耐湿劣化，⑥加工安全性，などがあげられる．とくに高衝撃性，復元性，耐きず付

性が要求されるため，当初5マイルバンパフェイシアに採用されたのはウレタンRIMであった．現在，ポリオレフィン系材料に侵食され減少してはいるものの未だ使用されている．

一方，オレフィン系エラストマーは生産性，軽量化，リサイクル性の点で優れ，材料の改良も進み，ウレタンRIMに代わり採用が増加している．そのきっかけは，1980年代後半から品質向上，生産性の向上，リサイクル性，低コスト化の要請から新世代のオレフィン系エラストマーが開発されたためである．

• 軽衝撃バンパ（または，2.5マイルバンパ）

軽衝撃バンパは日本国内やヨーロッパの乗用車に多く採用されている．一般には衝撃吸収機構（材）を省いて軽度の衝撃に対応可能なバンパである．寸法安定性，剛性などの優れたPC（ポリカーボネート），オンライン塗装をねらったPPE/PAアロイもあるがコスト成形性，リサイクル性などの点から一般的には変性PPが多用されている．とくに，最近ではガスアシスト成形を利用して表皮に高剛性変性PP（曲げ弾性率：1 471 MPa）を用いてリンフォースメントを省略して軽量化と低コスト化を達成している[18]．

(2) ラジエータグリル： ラジエータグリル用材料に要求される特性としては，耐熱性，耐衝撃性，剛性，耐候性，寸法安定性などがある．従来は各種表面処理が容易で成形加工性に優れるABS樹脂が採用されてきたが，最近はデザイン性の点から透明性をもつPMMAやPCも使用されるようになってきた．さらには，エンジンルーム内の温度上昇に対応して耐熱性を向上させたマレイミド変性ABSやPC/ABSが使われ始めている．

(3) サイドガーニッシュ： ボデー側面の下部に使用されボデーのきず付きを防止する部品である．要求特性としては，寸法安定性，耐きず付性であり，鋼板のプレス成形品のきず付防止，デザインの観点から材料としてはウレタンRIM，変性PP，TPO，PC/PBTアロイなどが多い．

(4) リヤスポイラ： 大別して，車体に直接取り付けるフラットタイプと車体から離して取り付けるウイングタイプとがある．当初，半硬質PURが主体であったが，剛性，寸法精度，外観性の点から変性PPE，ABSなどの熱可塑性樹脂やSMC，硬質PURの熱硬化性樹脂へと広がっていった．現在では生産性と軽量化の点でPURやSMCは減り，リサイクル性や少量生産性から変性PPEやABSなどの熱可塑性ブロー成形品が主流になっている．しかし，ブローにもばりや仕上げの問題があり，軽量化したSMCなども根強く残っている．

(5) ホイールカバー： ディスクホイールに装着されるカバーで装着方法，大きさによってフルカバー，ハーフカバーおよびセンタカバーの3種類に大別される．自動車のFF化（前輪駆動）が進み車両前部の重量が増加したため，制動時の発熱量が大きくなり，ホイールカバー部でも局部的に温度上昇し130～150℃程度までの耐熱性を必要とするようになった．そのため，変性PPE，PA 6，PPE/PAアロイなど耐熱性の優れたエンプラが必要とされている．その中でも，主流は変性PPEである．

c．外板，外装材料の将来動向

(i) 外板材料　SMCは欧米を中心に水平外板に最も多く採用されている．その理由は従来のSMCのもつ表面外観性（クラスA），軽量化（低密度化），耐衝撃性など材料メーカーと自動車メーカーにより改良が進められてきたためである．一方，水平部について成形性，リサイクル性，コストなどの観点から熱可塑性材料についても検討が進められている．具体的には，GE社は繊維強化熱可塑性樹脂シートをアルファ-1のような新しい装置で圧縮スタンプ成形することでクラスAの外観をもつ外板の実現を目指している[19]．

一方，デュポンはガラス繊維の不織布にPET樹脂を含浸し，SMCに代わるXTCシートを開発した．この材料はフード，ルーフ，トランクリッドなどの水平部位に適した材料といわれ，リサイクルが可能でSMCに比べ15%の軽量化，クラスAの表面平滑性を備えている．さらに，200℃×30分の耐熱性を備えオンライン塗装が可能としている[20]．

(ii) 外装材料　外装部品にはいろいろあるが，今後使用量も増大し技術革新の影響が大きいと考えられるバンパおよびバンパシステムと材料について述べたい．

バンパの動向に影響を及ぼす因子としては，①衝突規制，②燃費規制（軽量化，空力特性），③地球環境問題（TCE，VOC，リサイクル），④スタイリング（ボデーとの一体化），⑤エンジン冷却条件，⑥耐久性（耐食性），⑦修理費（交換部品代），⑧生産性（省人化），⑨トータルコスト，などが考えられるが，とくに衝突規制，燃費規制，リサイクル性，スタイリ

表2.21 スーパーオレフィンポリマー物性[21]

項 目		スーパーオレフィンポリマー	ゴム変性ポリプロピレン
比 重		0.98	0.97
メルトインデックス (g/10分)		18	9
引張強さ (MPa)	23℃	21	17
引張破断伸び (%)	23℃	500<	500<
曲げ強さ (MPa)	23℃	25	20
	80℃	9	7
曲げ弾性率 (MPa)	23℃	1 500	1 000
	80℃	500	350
アイゾット衝撃強さ (J/m)	23℃	500	500
	−30℃	70	70
加熱変形温度 (℃) 455 kPa		120	100
脆化温度 (℃)		−40	−40
ロックウェル硬さ (R)		65	35
ヒートサグ (mm) 120℃×1 h		6	9

ングなどにより大型化，画一化，面品質向上が進み，ボデー直締タイプソフトフェイシアの採用が増えるであろう．

また材料については，廃棄・リサイクル性，軽量化，面品質などから熱可塑性の材料へシフトする傾向が大きい．TPO中のEPR（エチレンプロピレンゴム）を適切に分子設計するとゴム粒子が微細になり，成形により引き伸ばされたモルフォロジーを示す．この方法により無機フィラーを添加することなく，低線膨張TPOが開発されている．

一方，従来とは異なるアモルファスマトリックス（非晶連続相）のコンセプトのもとに，ナノオーダーで分子構造を制御する高性能スーパーオレフィンポリマーも実用化されている[21]．このように品質の改良されたTPO，高性能変性PPが出現したことから今後オレフィン系TPO，高機能変性PPが主流となるであろう．ただし，欧州では衝撃規制が緩やかなこともあり（2.5マイル/h），軽量化（ビームと一体化，薄肉化），塗装性に優れることから硬質バンパカバー（PC/PBTアロイ）の採用が増えている．近い将来では，リサイクル性，生産性に問題のあるRIMウレタンに代わり，未だ価格的には高いが生産性をアップしたユリアRIMが期待される．またPP系についても軽量化，耐きず付性に優れた5マイル/h対応可能なPP系アロイまたはリアクタメイドのTPOが期待されている．とくにキャタロイプロセスによる直接重合の新規なポリマーアロイの開発や多段混練機による高機能性材料が低コストで生産される方法の開発も期待されている．

一方，1995年の1,1,1-トリクロロエタン（TCE）全廃や溶剤規制に向けて，TCEレスバンパ材料の開発が進められている．トリクロロエタンの蒸気洗浄効果には大別して二つあり，①表面の油分を落とす，②EPRゴムを膨潤，エッチングさせプライマーや塗料が入り込みやすくし塗膜の密着性を向上させることである．

さらに繊維強化材料の最近の進歩として，各種熱可塑性材料をマトリックスとして液晶ポリマーをブレンドした液晶ポリマーFRPが開発され，バンパリンフォースメントなどの開発が進められている．液晶ポリマーとマトリックスのペレットをドライブレンドした二軸同方向押出機で混練しながら連続的に延伸できる特徴がある．未だ改良の余地は多いが今後の新しい複合材料として期待される[22]．

d．今後の課題

外板用材料は，鋼板オンリーから，さまざまな競合材料が出現，ほぼ出そろった感がある．今後，自動車のニーズが，安価な量産車と個性的な車に二極化し，また燃費規制による軽量化，リサイクル，電気自動車の出現，自動運転の現実化などの社会情勢の中で，試行錯誤に外板材料が選ばれる時期が当面続くと思われる．いずれにしても，1種類の材料に集約されることはなく，自動車メーカー，素材メーカーのたゆまぬ努力により，それぞれに，最適な素材が選択されるであろう．

一方，大きい外装部品はいうまでもなくバンパフェイシアであろう．

現在の材料は著しく進歩はしてきているが，必ずし

も満足のいくものではない．とくに将来リサイクル，軽量化，低コスト化が求められると熱可塑性オレフィン系ポリマーへの期待が大きい．シングルサイト（メタロセン）触媒によるPPの高剛性化，EPRのナノオーダーレベルのミクロ構造制御，多段混練技術，さらにはリアクタメイドのTPOなど低コスト，高性能材料の開発が期待される．

さらに加工技術としては，低圧力で低エネルギーが可能な低圧射出成形やブロー成形が期待できる．とくに，ガスアシスト射出成形はガスにより成形性を付与することと，中空体により軽量化と構造補強ができるなどまさに時代の要請に合致した技術といえる．

今後の部品設計にはデザイン設計をベースに材料，加工技術を融合，機能化させ，低コスト，軽量化，高性能化を目指すことが重要である．

2.4.4 機能（構造）部品材料
a．はじめに

この項では，エンジン回り部品，燃料系部品および電装部品向けの材料，およびこれらに多く用いられる繊維強化複合材料の動向について述べる．

エンジン回り部品については，部品配置密度の増大などによる環境温度の上昇などやこれに振動，各種薬品との接触などを加味した厳しい使用条件下での信頼性が要求されるため樹脂化が他部品に比して限られている．また，ばらつきも考慮した高い剛性率，強度が要求される部品が多く，とくに金属材料に比し肉厚増を余儀なくされる場合には経済性が開発の障壁になるケースが多い．

今後樹脂化が期待される大型部品としては，インテークマニホールド，フロントエンドパネル，ダッシュボードサポートなどがあげられ，欧米では経済性や信頼性の高い複合材料が採用されており，日本でも採用が間近いといわれている．

燃料系部品としては，燃料タンク，燃料注入パイプその他があるが，排ガス規制の強化で使用されるアルコール，MTBE含有燃料を含めた新SHED規制に対応できる新しい材料（新規バリヤ材など）や新規加工法（表面処理など）の開発が急がれている．

また，電装部品については，ケーブルプロテクタ，コネクタ（PA，PBT）などでエンジン近くの耐熱性が要求される部位では耐熱性PA系アロイが，エンジンから離れた部位では経済的なPPMF（無機フィラー充填PP）化と二極化が進行中であり，BMC製ヘッドランプリフレクタやリレー極板などは，リサイクルの観点から熱可塑性エンプラへのシフトが検討され一部実用化されている．

以下に繊維強化材料についてまず概観し，次にこれらを含む材料開発の動向について部品別に述べてみたい．

b．繊維強化複合材料

繊維強化複合材料をマトリックスで分類すると熱硬化性樹脂と熱可塑性樹脂とに大別され，前者の代表例としてSMC（Sheet Molding Compound）とBMC（Bulk Molding Compound）があげられる．

しかし最近，環境問題，リサイクル化の高まりにより，フロントエンドパネルやヘッドランプリフレクタなどにみられるようにリサイクル化，廃棄（焼却）処理の困難なSMCやBMCから熱可塑性（主としてエンプラ）樹脂系材料への転換が進行している（熱可塑性樹脂の短い成形サイクル，高靱性などが好まれる場合もある）．

一方，繊維強化複合材料を充填される繊維の種類で分類すると，ガラス繊維（GF）系，炭素繊維（CF）系に大別される．もちろん，これら以外に各種セラミック繊維系，チタン酸カリウム繊維系，ボロン繊維系，アラミド繊維系，他金属繊維系があげられるが，使用量，使用範囲がきわめて限られており，本稿では割愛する．

自動車部品用複合材料としては著しく経済性が要求されるため，現状ではGF系が圧倒的に使用されている．GFにも連続繊維，ガラスマット，長繊維，短繊維などの種類があり，要求特性，成形品形状，成形法などの要因で使い分けられるが，とくに熱可塑性樹脂系の場合，マトリックスのリサイクル性を生かしながら，耐衝撃性や耐クリープ性に代表される耐疲労特性を短繊維比大幅に向上できる長繊維充填系が注目され（図2.70），盛んに開発がされており，一部は採用が始まっている．また，長繊維充填系の特徴を生かすべく，成形時のシェアの低い（GF折損の少ない）圧縮成形や射出・圧縮成形との組合せによる自動車部品開発も鋭意検討が加えられている．

また，GF充填熱可塑性系の欠点は成形性が低下すること，成形品表面の肌荒れによる外観不良やしゅう動特性，2次加工性（めっき，塗装，接着など）の低下があげられ，ポリアミド66/GF系によるトランス

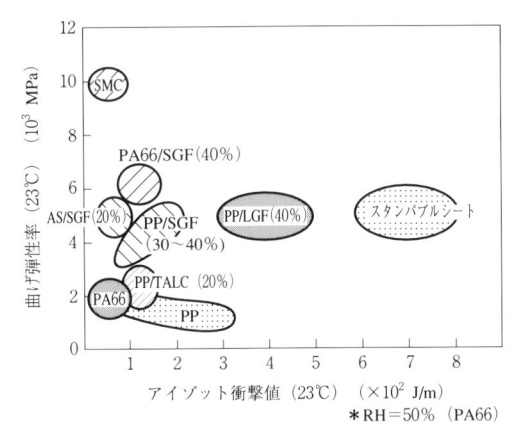

図 2.70 各材料の弾性率と衝撃強度の関係
LGF：ガラス長繊維
SGF：ガラス短繊維

ミッション用リレー極板のように，成形性，表面外観，しゅう動特性に優れた材料が開発されて採用されている．

さらに GF 充填熱可塑性系の他の欠点である異方性についても樹脂組成面，成形金型設計面でかなり改良されるようになった．

このような複合材料を利用して開発が期待されている大型部品としてはドライブシャフト（FRP），インテークマニホールド（PA 66/GF），フロントエンドパネル（PA/GF または PP/GF），ダッシュボードサポート（PP/GF），燃料レール（一部実用化）などがあげられる．

c．エンジン回り部品別材料の動向

エンジンおよびその付帯装置の各部品は多くの場合，熱的，力学的な使用条件が厳しく，また長期にわたって安定した性能が要求され，樹脂材料にとっては苦手な環境である．しかし，樹脂化による種々の効果を期待して新しい発想と緻密な計算により多くの課題を乗り越えあらゆる可能性が真剣に検討され，すでに多くの実用化が行われてきた[23]．

カーデザインのスラントノーズ化，エンジンの高性能化などでエンジンルームの温度上昇が進み樹脂材料には不利な傾向となる一方で多くの開発投資を行い樹脂化を進める理由は，① 樹脂化による燃費改善，② 樹脂材料の成形特性の良さを生かした部品の統合化，一体化，③ デザイン自由度の向上，④ 後加工の省略，工程短縮，⑤ 制振性による騒音防止，⑥ 断熱性による効率向上，などによる多くのメリットがねらえるためである．

今後はスペックについても従来材料を基準とした比較ではなく新しい実用的な観点から見直すとともに，新しい材料の開発と実績の増加，材料評価技術の進歩，CAE を用いたシミュレーションによる設計支援技術の高度化によりますます樹脂化が進展すると予想される．今後エンジン回りに採用される樹脂としては従来より多用されてきた PA 66，PBT などに加え，さらに耐熱レベルの高い芳香族 PA，PA 46，PPS や，コスト，成形性，物性のバランスをとった各種のアロイ系材料が増加すると考えられる[24]（図 2.71）．

以下に主要なエンジン回り部品の樹脂化の状況と動向について述べる．

(i) エンジン本体

(1) シリンダブロック： 1994 年にアメリカのポリモーター・リサーチ社が 260℃ で連続使用が可能な芳香族ポリアミドイミド樹脂を主体として大幅な軽量化を実現したエンジンを開発し，その後 GF 強化フェノール樹脂による試作品を発表しているが，量産化に至るまでにはなお時間を要すると思われる[25,26]．

(2) オイルパン： 騒音低減をねらってポリエステル系樹脂などを 2 枚の鋼板の間に挟んでサンドイッチにし内部損失を増加させて振動，騒音を減衰させる方式[27]のほか，完全な樹脂化製品としては耐熱性，高温剛性，クリープ，耐衝撃性に優れる長繊維 GF 強化 PET のスタンピング成形品が採用された[28]．軽量化に貢献する樹脂化は今後増加するものと予想される．

(3) ロッカーカバー： 大型樹脂化部品としてすでに多くの採用例がある．騒音の低減に効果があると報告され，また軽量化にも貢献しているが一部では金属製に戻るケースもみられる．材料はガラス繊維と鉱物フィラーを併用して剛性と成形時の反り変形防止のバランスをとったポリアミド 66 が主流で特殊な発泡グレードを使用した例もある．単純な材料代替ではアルミダイカストとの価格競争力によってその拡大の成否が左右されるため関連部品の一体化，遮音性の高い材料の開発などの機能向上が必要となろう．

(4) カムシャフトスプロケット： 軽量化は慣性モーメント低減，使用域での共振防止などのメリットがあり，GF 強化フェノール樹脂製が一部の高級車向けエンジンに採用され，今後増加が予想される[29]．

(ii) 吸排気系

(1) インテークマニホールド： 複雑な 3 次元形状を有するため大部分がアルミ合金の鋳物を使用して

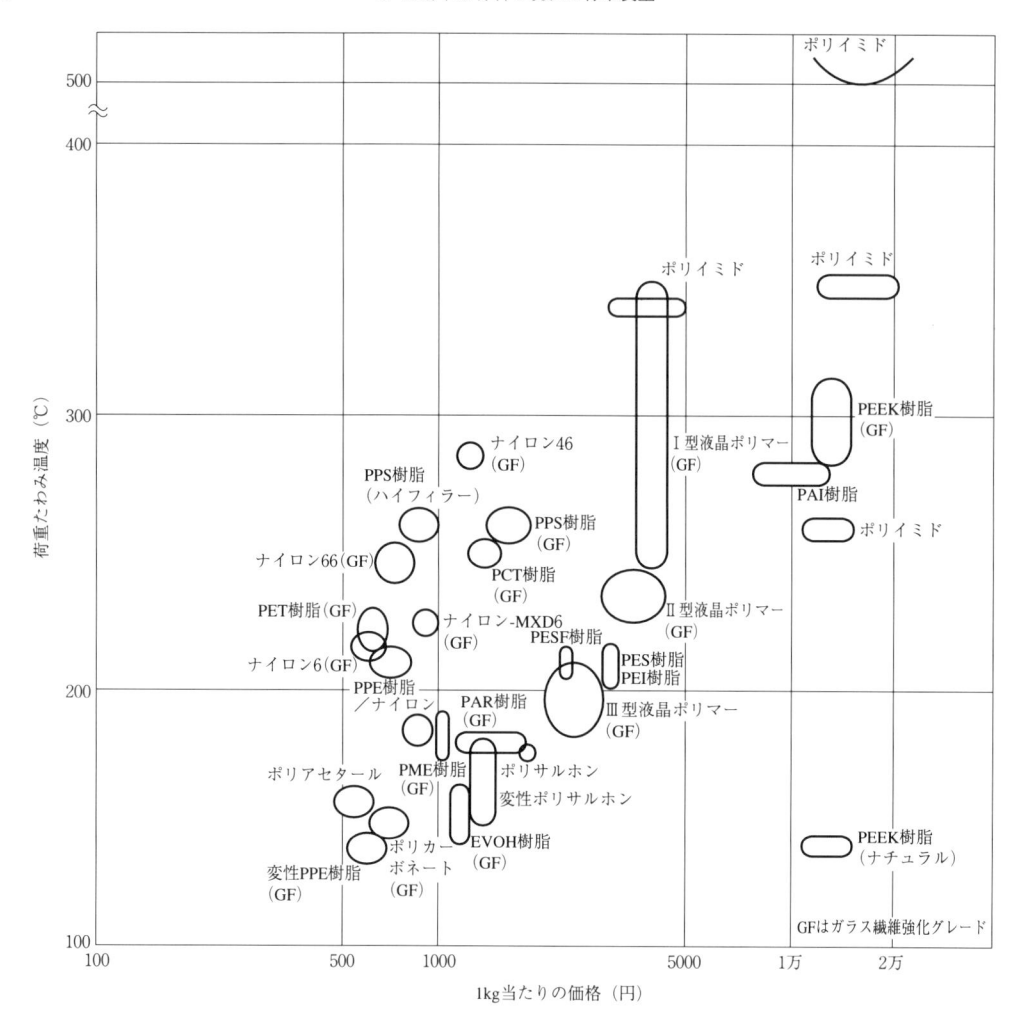

図 2.71 荷重たわみ温度（1.8 MPa 荷重）と価格[24]

いるが，近年ヨーロッパにおいて BMW をはじめとする多くの自動車メーカーにより樹脂製インテークマニホールドが採用または開発されてきた．樹脂化によって内面平滑化による吸入抵抗減少と断熱による容積効率の向上で出力増加および軽量化（アルミに比して40〜50%）の効果があるとされている．しかし加工法はロストコア法またはフュージブルコア法と呼ばれる低融点金属を中子に使用して成形後加熱溶出し中空形状を得る特殊な成形方法で，一般の射出成形より多くの設備投資が必要で，コスト的にはアルミ鋳物と同等という試算もある．

そこで今後はこのプロセスの低コスト化が課題となるが，すでに低融点金属の融点を下げて水系溶出媒体により中子を溶出回収する方法[30]や水溶性樹脂を中子に使用する方法[31]などが提案されており，今後の開発が期待される．またディーゼルエンジン向けのように形状が比較的単純なものについては，2分割に成形し振動溶着法により接合して中空体とする方法がコスト的に最も有利で，すでにヨーロッパで実用化されている．わが国では3次元ブロー成形と射出成形を組み合わせてインテークマニホールドの樹脂化に初めて成功した例[32]があり，今後樹脂化の最大のテーマの一つとして急激に採用が拡大すると予測される．材料としては先行する欧米の実績からガラス繊維強化ポリアミド66が主流であり，良好な成形流動性，表面光沢，耐クリープ性，耐振動疲労性などが要求される．

(2) エアクリーナ：すでに軽量化や部品点数削減のためかなり樹脂化が進んでおり，おもにガラス繊

維またはタルク強化ポリプロピレンが使用されノーズ部には耐熱性を要求されるためガラス繊維強化ポリアミドが使用されている．今後は遮音性の高い材料が要求されると考えられる．

(3) ターボチャージャ： コンプレッサ側は比較的温度条件が緩くエンプラによる樹脂化が期待される部位である．最近，インペラにカーボン繊維強化ポリエーテルケトン/ポリイミド系のアロイを使用して軽量化し，いわゆるターボラグの改善に効果を得た例が報告された[33]．

(4) 排気ガス対策部品： 排気ガスの再循環システムに使用される EGR バルブに耐熱性，耐薬品性を評価されて PPS，PBT が採用された[34]．

(ⅲ) 冷却系

(1) ラジエータタンク：樹脂化率は高くそのほとんどがガラス繊維強化ポリアミド 66 であるが，一部には冬季に道路凍結防止剤として散布される塩化カルシウムに対する耐ストレスクラッキング性を改善するためポリアミド 6・12 や 6・10 を配合したグレードを使用している例もある．成熟した部品として今後は仕様の最適化による材料のコストダウンが課題となろう．

(2) ウォーターポンプ： これまで鉄が使用されてきたインペラを軽量化や防錆性を目的に一部でガラス繊維強化フェノール樹脂製が採用された．今後，熱可塑性樹脂製も含め増加すると予想される[35]．

(3) サーモスタットハウジング： 軽量化，コストダウンで GF 強化 PA 66 が採用されはじめた．

d．燃料系部品別材料の動向

燃料系は燃料を貯蔵する燃料タンク，燃料を輸送するポンプ・ホース，混合気をつくる燃料噴射装置などから構成され，おもな樹脂部品として，燃料タンク，燃料注入パイプ，燃料ホース，燃料レール，キャニスタなどがある．以下これらの部品の材料動向について述べる．

(ⅰ) 燃料タンク　燃料タンクは従来鋼板製であったが，形状自由度向上によるスペースの有効利用，軽量化，耐食性，衝突時の安全性といった面で優れるブロー成形法による樹脂製燃料タンクへの切換えが進んできている．

材料としては耐衝撃性やブロー成形時におけるドローダウン（垂れ下り）などの問題から高分子量の高密度ポリエチレン（HDPE）が使用されている．ただし，ポリエチレンは燃料のガソリンが透過しやすいという問題がある．HDPE 単体ではアメリカの SHED 規制（車両全体からの炭化水素の揮散量を規制）をクリヤすることがむずかしく，各種のバリヤ方法が実用化されてきた（表 2.22）．欧米ではフッ素や SO_3 を使ったガス処理法が中心であるが，国内では作業時の安全

表 2.22 GT 透過防止技術

種　類	処　理　方　法	模　式　図
SO_3 処理	・タンク成形後 SO_3 ガス吹込み． ・スルホン化後 NH_3 で中和．	SO_3 処理層（約 10μ） -SO_3-NH_4- PE層
F_2 処理	・タンク成形時に F_2 ガス吹込み．	F_2 処理層（<0.1μ） -F PE層
多層	・PE と極性ポリマー（ナイロン）を多層にして成形．	←PE層 ←接着層 ←バリヤ層
シーラー	・PE/接着性樹脂/ナイロンのブレンド． ・成形時ナイロン層が偏平に配向．	←ナイロン層 ←PE層
コーティング	・成形後，タンク内面に塗装をコーティング． （前処理必要）	←コーティング層 ←PE層

性などの面からガソリンに対するバリヤ性を有するPA樹脂を中間層とした多層法やPA樹脂を成形時に薄片状にポリエチレン内に分散させるシーラー法などが採用されている．

環境問題への関心の高まりの中で，炭化水素類の大気中への揮散量をさらに厳しく規制する法律が米国で決定された．この規制に適合するためには揮散量を従来に比べ約1/10のレベルにする必要がある．また，排ガス規制の強化に伴いMTBE（メチル-t-ブチルエーテル）やメタノール，エタノールなどをブレンドした含酸素燃料が使用されるようになってきている．MTBEの影響は小さいが，アルコールは従来の透過防止法のバリヤ性を大幅に低下させる．含酸素燃料は，新規制の試験燃料ではないが，これらの燃料を含めて新規制にいかに適合するかが，樹脂製燃料タンクにおける最大の課題になっている．PA樹脂より耐ガソホールに優れるEVOHを使った多層タンクやフッ素処理の改良技術などの検討が行われている．

（ii）**燃料注入パイプ，注入口キャップ**　燃料注入パイプは燃料の注入口と燃料タンク本体をつなぐパイプであり，ゴム部品を介して燃料タンク本体に接続される．現状は表面処理を施した鋼板製のものがおもに使用されているが，軽量化，耐食性の向上，コストダウンなどを目的に樹脂化の検討が行われている．樹脂製燃料タンクでは，コストダウンやゴム部品からの燃料透過を抑えるため注入パイプ部をタンク本体と一体化したものもある．アルコール燃料などの含酸素燃料の使用は金属製フィラーパイプの耐食性に対する要求をより厳しいものにし，樹脂化の促進要因になっている．材料および成形方法としては高密度ポリエチレンのブロー成形製品やPA 12の押出成形によるコルゲートパイプなどが使われている．本用途においても燃料タンクの場合と同様，アメリカにおける新規制に対して燃料透過防止性をいかに確保していくかが課題である．

注入口キャップの樹脂化も進んでいる．注入口の金属部品に直接接触する部分には耐摩耗性に優れたポリアセタール，上部のつかみ部にはPA 6, PA 66などが使用されている．

（iii）**燃料ホース**　従来ゴム製のホースが使われてきたが，燃料噴射システムの普及により高温のガソリンが循環するようになったこと，パーオキサイドなどを含んだ劣化ガソリン（いわゆるサワーガソリン）が生成しやすくなったこと，燃料にブレンドされるアルコールやMTBEがゴムを劣化させやすいことなどから，フッ素系のゴムの使用と同時に，PA系樹脂による樹脂製燃料ホースも使用されるようになってきた．材料としては柔軟性，耐熱性，耐薬品性などの観点からPA 11, PA 12, PA 12・12, PA 6などの材料が選定され使用されている．これらのホースにおいても，アルコール燃料も含めてホースからの燃料の揮散量を極力抑える必要があり，フッ素系樹脂との多層ホースの開発などが行われている．

（iv）**燃料レール**　燃料レールは燃料を燃料噴射装置のインジェクタに分配するパイプ（燃料噴射マニホールドとも呼ばれる）であり，防錆処理したアルミや鉄などがおもに使用されている．コスト，耐腐食性のほか，樹脂製レールは金属に比べ熱伝導率が低くエンジン加熱時のベーパロック現象が起こりにくいなどの特徴から，樹脂製レールの検討が行われている．ガラス強化PA 66のレールが実用化され，液晶ポリマーを用いた樹脂製レールの検討も行われている．

（v）**キャニスタ**　キャニスタは燃料タンクから発生した蒸発ガスを一時的に吸着させる装置である．活性炭をPA 66やPA 6などでつくったハウジングの中に入れた構造になっている．燃料揮散量の規制の強化に伴いキャニスタは大型化する傾向にあり，大型のキャニスタではガラス強化PA 66などの高強度の材料が使われ始めている．

e．電装部品別材料の動向

電装部品については，樹脂の電気絶縁性を生かせるため古くから採用例が多い．たとえば各種の電線被覆（PVC）やコネクタ（PA, PBT），ジャンクションブロック（PA, PP），ディストリビュータキャップ（PBT），各種のクランプやファスナ（PA, PP），ケーブルプロテクタ（PA, PUR, PP），ランプハウジング（PP），ランプ類レンズ（PMMA, PC），バッテリケース（PP）などであるが，自動車の装備の高度化，エレクトロニクス化に伴い配線部品は増加の一途をたどり重量増や組立て工程の複雑化を招いたため，今後は軽量化やコストダウンの要求から数量自体の削減や高集積化，小型化をねらった設計に合わせた低価格，高成形性の材料開発が進む一方，機能部品については金属からの樹脂化を進めて軽量化，コストダウンの要求に応えていくと考えられる．また制御系の複雑化や情報量の増大から光ファイバの採用と各種センサ類の多

様化が予想されるため，高機能樹脂材料の活躍の場がいっそう増加すると見込まれる．

以下に主要な電装部品の樹脂化の状況と動向について述べる．

（i）コネクタ　従来PAが主流であったが吸水時の寸法精度や接続時の嵌合音に問題がありPBTに転換されてきた．しかし近年耐衝撃性，耐熱性からPA系樹脂の検討が進められており，とくに芳香族PAやそのアロイ，PA 66やPPやPPEなどの吸水のない樹脂とのアロイなどさまざまなアプローチがなされ，今後は新しいマーケットが形成されていくと予想される．

（ii）ケーブルプロテクタ　ワイヤハーネスをエンジンの熱や他の部品との摩擦などから保護するために使用され，従来PA 66系超耐衝撃グレードやPPが使用されてきたが，コストダウンの要求からスペックを見直し部品点数の削減やより安価な材料への変更が行われつつある．

（iii）モータ駆動部品　ワイパモータのモータカバーとギヤケース（PBT），パワーウインドウギヤハウジング（フェノール），ドアロックアクチュエータ（POM）など各種の電動部品が標準装備化していく中で，今後も軽量化とコストダウンをねらい金属に代わって樹脂化が大幅に進むと推定される．

（iv）ランプ類　従来よりヘッドランプのハウジングには強化PPなどが，またリフレクタには強化不飽和ポリエステルなどが使用され，金属では不可能であった設計を可能にしてカーデザインのフレキシビリティの向上に貢献してきた．レンズは二輪車で先行してPC樹脂の採用が始まり昭和61年から本格的に乗用車にも搭載されるようになった．耐きず付性は表面にUV硬化系ハードコートなどを行うことにより実用スペックをクリヤし，従来のガラスレンズの欠点であった重量，成形性，レンズカット精度などを解決し主流となりつつある[36]．

また，リフレクタは前述のようにBMCが主流であるが，環境問題への対応や反射面のアルミ蒸着のアンダコートを省略する目的でランプメーカー各社は熱可塑性樹脂の採用を検討しており，ヨーロッパではすでにPAサンドイッチ成形やPPSによる量産が行われ，芳香族PAなど他の高耐熱性熱可塑樹脂の検討も含め今後の動向が注目される．

（v）オルタネータ　すでにヨーロッパでは樹脂化の実績があり，ハウジング，ロータ，ステータコイルボビンなどにPAが採用されているが，わが国でも樹脂化が進むと考えられ，ブラシホルダに従来の熱硬化樹脂に代えてPPSが採用されて生産性の向上とコストダウンに貢献した．

（vi）センサ類　燃料噴射システムのエアフローメータに耐熱性，寸法安定性に優れた無機フィラー強化PBT，クルーズコントロールセンサに低線膨張係数，薄肉成形性を評価されてLCP（液晶ポリマー），排気ガスセンサに耐熱性，耐腐食性でPTFEが採用された．

f．今後の課題

部品別に材料の現状と動向について述べてきたが，国内においては，バブル経済の崩壊，内外価格差に基づく産業の空洞化，アメリカにおける産業，経済の復活化，アジアにおける著しい経済の成長などの激しい変革の時代を迎えており，自動車を取り巻く環境も一変してきている．

そのような状勢下で今後機能部品材料に求められる重要な課題の一つは原価の低減であろう．材料メーカーの努力に加え，成形加工業者，自動車メーカーの広い意味での合理化（成形サイクルの短縮，不良率の低減，過剰品質の見直し，物流の合理化など）が必要とされよう．

また，材料の機能化の面では，経済性，機能性に優れた新規ポリマーの出現は可能性が少なく，むしろ既存の材料間のブレンド，アロイ，変性，およびこれらをベースにした複合化が盛んに検討されるであろう．この例としては，モレキュラーコンポジットがあげられよう．これはポリマーマトリックス中で層状ケイ酸塩が無限膨潤に近い状態に微分散した材料であり，その特徴は少量の添加（たとえば4〜6wt%）すなわちきわめて低比重で，充填剤を30〜40wt%含有した従来材料と同等の曲げ弾性率，熱変形温度などを有することである[37]（表2.23）．PAをベースとしたこのような材料がタイミングベルトカバーに採用された例はあるが，本格的展開はこれからと思われる．材料開発の際には材料の1次構造の制御，2次構造（モルフォロジー）や界面相互作用の解明，材料や部品性能を考慮した新しい成形加工法（圧縮成形，射出圧縮成形，ガスアシストインジェクション成形，ヒュージブルコア射出成形，ハイサイクル射出成形，低圧射出成形など）の開発，および合理的な部品設計や品質設計

表2.23 モレキュラーコンポジットの特性

項　　目	単位	試料-1	試料-2	試料-3	ナイロン6	強化ナイロン6
比重		1.14	1.15	1.16	1.13	1.42
引張強度	MPa	88	93	94	76	73
破断伸び	%	6	4	4	>150	3
曲げ強度	MPa	149	165	169	131	131
曲げ弾性率	MPa	4 050	5 270	5 670	3 070	5 870
熱変形温度（1.8MPa）	℃	131	143	153	70	151

面においても原価低減同様，材料メーカー，成形加工業者，自動車メーカー，三位一体となった開発が不可欠となろう．　　　　　　　　　　　［保田哲男］

参考文献

1) 日本自動車工業会
2) NIKKEI NEW MATERIALS, No.102, p.26-35 (1991)
3) NIKKEI NEW MATERIALS, No.109, p.53-57 (1992)
4) NIKKEI NEW MATERIALS, No.107, p.43-50 (1991)
5) NIKKEI NEW MATERIALS, No.101, p.43-49 (1991)
6) NIKKEI MATERIALS & TECHNOLOGY, No.134, p.24-27 (1993)
7) プラスチックエージ, Nov, p.130-138 (1994)
8) NIKKEI MATERIALS & TECHNOLOGY, No.135, p.44 (1993)
9) 山田, 荒木, 梅本：自動車技術, Vol.45, No.6, p.68 (1991)
10) 「設計技術者のためのやさしい自動車材料」, 日経BP社, p.90 (1993)
11) 山路, 中村, 原：プラスチックスエージ, Mar, p.198 (1992)
12) 山路, 中村, 原：プラスチックスエージ, Mar, p.195 (1992)
13) 田中, 森, 野村, 西尾：Polymer Preprints, Japan, Vol.42, No.11, p.4855-4857 (1993)
14) T. Inoue, et al.：Macromolecules, Vol.25, p.5229 (1992); Polymer Preprints, Japan, Vol.42, p.3839 (1993)
15) 鷲山, 野村, 西尾：Polymer Preprints, Japan, Vol.43, No.9, p.2924-2925 (1994)
16) NIKKEI NEW MATERIALS, No.89, p.73-80 (1990)
17) NIKKEI MATERIALS & TECHNOLOGY, No.134, p.61-67 (1993)
18) NIKKEI MATERIALS & TECHNOLOGY, No.135, p.44-47 (1993)
19) NIKKEI NEW MATERIALS, No.89, p.73-80 (1990)
20) NIKKEI MATERIALS & TECHNOLOGY, No.129, p.58-66 (1993)
21) NIKKEI MATERIALS & TECHNOLOGY, No.125, p.27-31 (1993)
22) NIKKEI MATERIALS & TECHNOLOGY, No.135, p.53-58 (1993)
23) 工業用熱可塑性樹脂技術連絡会編, 新・エンプラの本, p.16 (1993)
24) NIKKEI MATERIALS & TECHNOLOGY BOOKS, やさしい自動車材料, p.209
25) NIKKEI MECHANICAL, p.40 (1985. 1. 14)
26) Automotive Industries, Vol.38, May (1988)
27) NIKKEI MATERIALS & TECHNOLOGY BOOKS, やさしい自動車材料, p.53
28) 工業用熱可塑性樹脂技術連絡会編, 新・エンプラの本, p.60 (1993)
29) NIKKEI MATERIALS & TECHNOLOGY, p.42 (1993. 1)
30) 水尾ほか：プラスチックス, Vol.43, No.7, p.68
31) 三谷：プラスチックエージ, p.149 (1992. 10)
32) 務川ほか：自動車技術, Vol.48, No.5 (1994)
33) 飯尾ほか：自動車技術, Vol.48, No.5 (1994)
34) 工業用熱可塑性樹脂技術連絡会編, エンプラの本, p.66 (1989)
35) NIKKEI MATERIAL & TECHNOLOGY BOOKS, やさしい自動車材料, p.82
36) 東レリサーチセンター編：自動車材料の新展開, p.427 (1988)
37) 安江ほか：成形加工, Vol.7, No.5, p.273 (1995)

2.5 ゴム材料

2.5.1 はじめに

一般にゴム材料は，使用温度領域において 10 MPa 程度の剛性率を示す柔軟な高分子物質で，有機・無機固体材料の中でも最も軟らかい（図 2.72[1]）．この特徴を生かして，自動車においては，気体や液体を密封するシール・パッキン類，気体・液体を移送するホース類，動力エネルギーを伝達するベルト類，制振特性が求められるタイヤや防振材，金属・樹脂・ガラス・セラミックスなどの剛性率の高い材料どうしの接触部位に緩衝材として用いられるパッキンなどに用いられ，自動車全体の重量の約5%をゴムが占めている[2]．実際にゴム材料を選択する場合は，その選択基準は実に多様で，個々の自動車の設計思想や使用環境条件，さらには，潤滑油や燃料油などの変遷とともに変化する，個々の部品の機能の求めに応じた性能が考慮される．

ここでは，自動車部品に用いられているゴム材料の位置づけ，その応用例および先端技術動向について述べる．また，熱可塑性エラストマーについても，ゴムとプラスチックとの中間的な性質を示していることから，項を設けてふれる．

2.5.2 自動車用ゴム材料の分類

各種ゴム素材の名称は，IISRP（国際合成ゴム供給社協会）で化学構造と製造法を基本にルール化されており，ISO 1629 で登録されている．

自動車用ゴム材料の分類は，ゴムの性能の観点から，SAE（米国自動車技術会）J 200 で，耐熱度のタイプと耐油度のクラスという基本性能で分類表示される．この基本性能分類には，ほかに引張強度，伸び，硬さ，圧縮永久ひずみなどがあり，それ以外の性能は，追加項目で分類される．日本でも，同様な分類方法が用いられ，JIS K 6403 で規格化されている．図 2.73 に，SAE J 200 で分類，登録されているポリマーに加え，近い将来登録されるであろうポリマーも追加して示した．NBRやACMなどの共重合体ゴムは，そのモノマー組成，架橋系によって複数の耐熱度タイプや耐油性クラスに登録されている．耐油性のAクラスは，耐油性を問われないゴムで，タイヤや水系に用いられる．EからKクラス相当のゴムは潤滑油系，H～Kクラスのゴムは燃料油用途に用いられる．また，EPDMやIIRなども加硫系や主鎖の二重結合量などによって，とくに耐熱性が複数登録されているが，便宜的に，最高の耐熱度を選んで図示した．

2.5.3 熱可塑性エラストマー

熱可塑性エラストマー（TPE）は，1958 年に，A. V. Tobolsky が理論的にその存在を示唆して以来，さまざまな種類が開発され，ゴムとプラスチックの中間的性質を示す新しいタイプの材料としての概念も定着してきた．最近では，一部ゴム材料にとってかわる動きもみられる[4,5]．主要な TPE を表 2.24[6] に示す．その発展過程は，3段階に分けられる[7]．第1世代は 1958 年～1967 年で，SBS，TPU や TPVC である．第2世代は 1968 年～1978 年で，TPO，TPEE や水素添加 SBS である SEBS があげられる．現在は第3世代に当たり，TPAE，フッ素系や動的加硫 TPO などが開発されている．製法で分けると，スチレン系（SBS，SIS，SEBS），ウレタン系（TPU），エステル系（TPEE），アミド系（TPAE），フッ素系などは，硬い

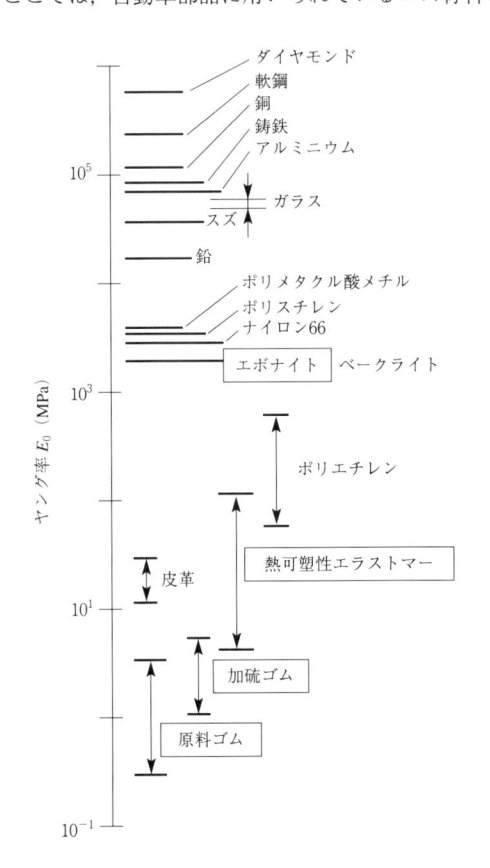

図 2.72 有機・無機材料のヤング率[1]

2. 自動車用材料の現状と将来展望

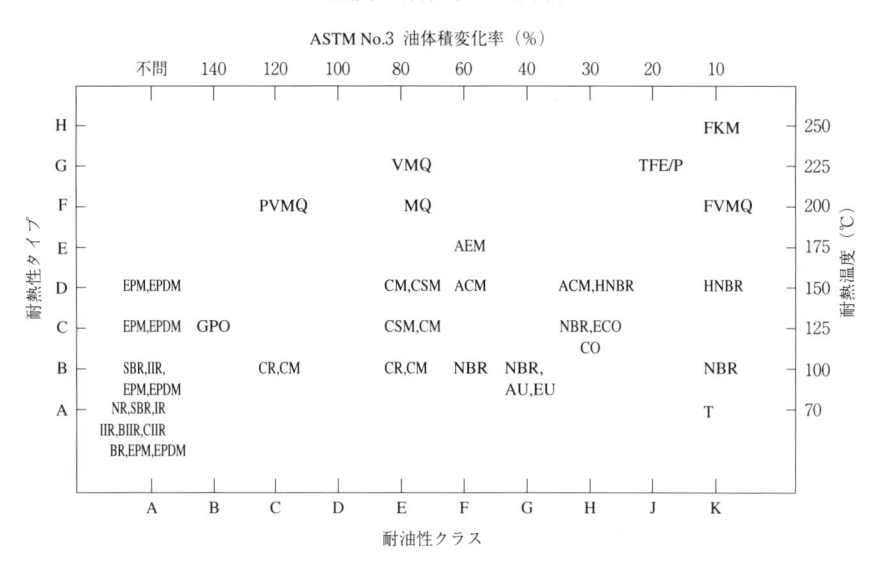

図 2.73 ゴムの耐熱性タイプと耐油性クラス[3]

表 2.24 主要な TPE の種類[6]

分類	拘束様式	硬質相	軟質相	クラス	製造法
スチレン系 (SBC)	凍結相	PS	BR または IR	汎用	アニオン重合
			水素添加 BR 水素添加 IR	準汎用/ エンプラ	ポリマー反応
オレフィン系 (TPO)	結晶相	PE, PP	EPDM EPM	汎用/ 準汎用	ブレンド
塩ビ系 (TPVC)	水素結合および 結晶相	結晶 PVC ほか	非結晶 PVC	汎用	ブレンド
ウレタン系 (TPU)	水素結合および 結晶相	ウレタン構造	ポリエステルまたは ポリエーテル	エンプラ	重付加
エステル系 (TPEE)	結晶相	ポリエステル	ポリエーテルまたは ポリエステル	エンプラ	重結合
アミド系 (TPAE)	水素結合および 結晶相	ポリアミド	ポリエーテルまたは ポリエステル	エンプラ	重結合
RB	結晶相	シンジオタクチック 1,2 BR	非結晶 BR	汎用	配位アニオン重合
IR	結晶相	トランス 1,4 IR	非結晶 IR	汎用	配位アニオン重合
フッ素	結晶相	フッ素樹脂	フッ素ゴム	エンプラ	ラジカル重合

ハードセグメントと軟らかいソフトセグメントとのブロック共重合体のタイプで，オレフィン系（TPO），塩化ビニル系（TPVC）などは，ソフトセグメントとしてのゴムとハードセグメントとして樹脂とのブレンドタイプになる．動的加硫 TPO は，ブレンドタイプの新しい概念[8]として，ゴム分を動的加硫させながらブレンドしてつくられており，ポリマーアロイタイプと呼ばれる．

TPE は，高温で可塑化するためプラスチックの加工機で容易に成形可能だが，常温では加硫ゴムの性質を示す．通常，ゴムの場合，その特性を最大限に生かすためには，架橋（加硫）反応は不可欠で，ほとんどのゴム製品製造工程には，架橋工程が含まれる．近年，一段と厳しさを増している，コストダウンという要請に応える一方策として，架橋工程を省ける TPE 利用技術の開発は重要度を増しており，実際，一部部品で

はゴムからの変換が進んでいるケースもある．また，軽量化の点でも，TPEは加硫ゴムに対して有利である．しかし，TPEは，高温，低温，溶剤雰囲気下，あるいは長期間にわたってゴム弾性を維持することはできない．材料設計に当たっては，どの機能が必要であるかの把握が不可欠で，その結果として，加硫ゴムとTPEとは，それぞれ適材適所に使い分けられることになろう．加硫ゴムと比較しての長所と短所を以下に掲げる[9]．

［長所］
① プラスチック用成形機で迅速な加工が可能で，加硫工程を省ける（ゴム成分を架橋させるタイプは除く）．
② 補強材を加えなくても補強された加硫ゴム同等以上の強度特性が得られるため，製品の軽量化が容易にできる．
③ 製造中に発生するばりの再利用が可能で，また，製品スクラップも，バージン材との混合によって，グレードは落ちるものの，再利用が可能である．
④ 軟らかい加硫ゴムに近いものから硬いプラスチックに近いものまで，素材の化学構造を変化させることによって，さまざまな物性をもつ弾性体を設計できる．

［短所］
① 高温での塑性変化が大きい．
② 温度上昇による物性低下が大きく，耐熱性が劣る．
③ 拘束相が結晶相でない場合，耐溶剤性に劣る．
④ 残留ひずみが大きく，応力緩和やクリープ現象が起きやすい．

2.5.4 自動車部品とゴム素材に対する課題

ゴム材料と自動車とのかかわりは，19世紀後半にJ. B. Dunlopが発明した空気入りタイヤが，自動車へ採用されたことが始まりとされている．以来，ゴム弾性を必要とするさまざまな機能性部品への導入が進んだ．現在，自動車でおもにゴム材料が使われている用途は，タイヤをはじめとして，シール，パッキン，ガスケット，ダイヤフラム，ホース，ベルト，防振材などである．しかし，天然ゴムでは，すべての使用環境でゴム弾性を保持することは不可能で，また，工業部品としての品質の安定化を図るという面もあって，多種多様な合成ゴムが開発されてきている．

ゴム材料は有機化合物であるため，材料として用いる場合，つねに寿命を考慮した製品設計をしなければならない．この寿命予測評価方法が十分でない場合には，ゴム部品のトラブルが起こることもある．アメリカの5万マイル保証など，寿命予測に対する強いニーズを背景としながら，材料技術の進歩によってゴム材料の高機能化が進んだことと相まって，ゴム部品の耐久性は向上している．これからも，より確度の高い寿命予測への取組みが望まれている．また，エミッション規制対応など，ゴムの高機能化によって，自動車部品の高機能化が進み，社会的ニーズに応えられた例もみられる．このように，工業用材料としてのゴムは，自動車工業の発展と密接に関係しながら発展を遂げてきている[10〜15]．

一方，現在の自動車に求められている課題は，大きく「環境問題」，「ニーズの多様化」，「社会環境」の三つに分けられる．「環境問題」では，代替フロン，代替燃料，燃料の低透過性，騒音，リサイクルなどのテーマがあげられる．「ニーズの多様化」については，自動車の高性能化に伴い，耐熱性などのゴムの耐久性や信頼性を向上させることがポイントになる．また，安全性の観点では，とくにタイヤにおいてゴム材料の果たす役割は大きい．「社会環境」でとくに重要なことは，欧米のメーカーが廉価車の開発に成功し，昨今の為替の円高も絡み，日本車の国際競争力が問い直されていることである．この中で，部品の共有化や，過剰品質部品の見直しなど，ゴム材料のコストダウンや適正使用について，さまざまな角度から見直しが行われている．

2.5.5 おもな自動車用ゴム部品の材料動向

表2.25[16〜18]に，おもな自動車用ゴム部品を示した．これらの中から，その先端技術動向を紹介する．

a．タイヤ用材料

タイヤに用いられるゴムは，NR，IR，BR，SBRなどで，図2.73の中で耐油性を問われないタイプである．近年のタイヤの開発動向を表2.26[19]にまとめた．これらの性能は，互いに二律背反の関係にあるものが多く，すべてを満足することはむずかしい．したがって，タイヤ用ゴム材料の開発に際しては，各要求性能レベルの向上と，二律背反関係の克服を両立させなければならない．省燃費タイヤ用ゴム材料の開発では，環境問題に絡んだ省エネルギーの観点からの要求であ

表 2.25 おもな自動車用ゴム部品の材料[16〜18]

部品名		材料
タイヤ	トレッド	E-SBR, S-SBR, NR, IR
	カーカス	NR, BR, IR
外・内装・窓枠	ウェザーストリップ	EPDM, TPEE
	グラスラン	EPDM, PB
空気・水・ブレーキ系	エアダクトホース	PB, CR
	ラジエータホース	EPDM
	ブレーキホース	SBR/NR/CR, SBR/CR, EPDM
潤滑油系	クランクシャフトシール	FKM, ACM, VMQ
	バルブステムシール	FKM
	ヘッドカバーガスケット	NBR, ACM
	A/T オイルクーラホース	ACM, AEM
	ミッションオイルシール	NBR, ACM
	P/S ホース	NBR/CR, HNBR/CSM, ACM, CSM
	P/S オイルシール	NBR, ACM
燃料系	燃料ホース	FKM/NBR/GECO, FKM/ECO/GECO, NBR/CR, PB/CSM
	エミッションコントロールホース	NBR/CR, PB/CSM, ECO, ACM
	インレットフィラーホース	PB, FKM/PB, FKM/ECO
	ダイヤフラム類	FKM, FVMQ, HNBR, ECO, NBR
防振	エンジンマウント	NR (SBR, BR)
	インタンクポンプマウント	PB, HNBR
ブーツ	CVJ ブーツ	CR, TPEE
	ラック＆ピニオンブーツ	CR
エアコンディショニング	A/C ホース	Ny/IIR/EPDM
	A/C シール	HNBR
ベルト	タイミングベルト	HNBR, CR
	補機用ベルト	CR

※ PB は NBR/PVC の略号.

表 2.26 タイヤの課題とゴムに要求される性能[19]

タイヤの課題	ゴム性能
省燃費	低転がり抵抗（高反発弾性）
高速性能・操安性能	高グリップ性能（低反発弾性）
スタッドレスタイヤ性能	低温性能（氷雪性能）
耐久性能	耐摩耗性能
軽量化	耐摩耗性能
安全性能・オールシーズン性能	高ウェット・アイススキッド抵抗
タイヤの UNF 性能	ゴムの加工性能

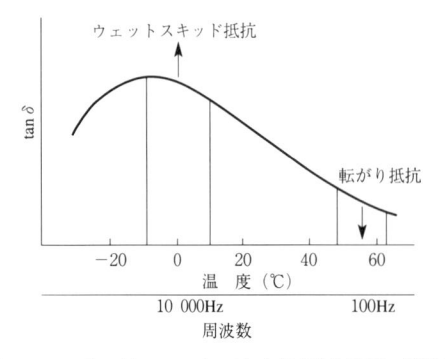

図 2.74 エネルギーロス（tan δ）と温度と周波数の関係[20]

る転がり抵抗の低減とパッシブセイフティという積極的な安全性確保の観点から，とくに要求が強まってきたウェットスキッド性能の向上という，二律背反関係の克服を両立させている．

転がり抵抗が発生するときの振動数は，数十〜100 Hz 程度の低周波数域であり，この周波数を温度変換すると，60℃前後となる．一方，制動時の振動数は，接地面の微小変化による 1 万〜100 万 Hz の高周波数域で，同じく温度換算すると，0℃付近になる．したがって，図 2.74 に示すように，それぞれの要求に応えるためのポリマーは，エネルギーロス（tan δ）を，60℃付近で小さくし，0℃付近を大きくすればよい．エネルギーロスは，反発弾性が代用特性になる．したがって，ポリマー開発コンセプトは，図 2.75 のようになる．タイヤトレッドに用いられる SBR は，このコンセプトに従い，よりミクロ構造の設計が容易な溶液重合法を用いて，ポリマー骨格から 0℃付近の反発弾性を下げ，末端変性手法を用いて[21]，60℃付近の反発弾性を向上させることに成功している．その総合

マーを低圧縮永久ひずみに改良したグレードが盛んに開発されている[22,23]．もう一つの開発方向は，低コスト化で，動的加硫 TPO が使われ出した．この TPE の採用に付随したメリットとして，自由な着色とリサイクル性がある[4]．なお，耐ワックス性，風切り音低減やつや出しなど，一部特殊な外装部品に，耐候性にも優れる NBR/PVC が採用されている．

c．空気・水・ブレーキ系材料

空気には，エアインテーク（ダクト）ホースがあり，装着箇所によって，制振特性，屈曲性，耐負圧性，耐油性が求められる．また自動車の設計によって，耐熱要求が異なり，CR，NBR/PVC，EPDM，ECO，CM，ACM など多種多様ゴム材料が，車種によって選択されてきた．しかし，耐熱性や耐油性を改良した TPO や TPEE の出現により，軽量化や製造コストの削減を図れるため，形状で制振特性を補うなどして，これら材料への転換も試みられている[5]．

水系には，ラジエタホースやヒータホースがあるが，SBR や硫黄加硫タイプの EPDM が多く使われている．しかし，エンジンルームの雰囲気温度や冷却水の温度上昇に伴い，一部でパーオキサイド加硫タイプの EPDM が用いられている[22]．

ブレーキ系では，ホース，シール類ともに，SBR が多く使われてきた．シール類では，一部には特殊なものとして NBR や NR を使うケースもあるが，やはり耐熱性向上の要求に応えるため，EPDM 化が進みつつあり，この流れはさらに拡大しよう[22]．

d．潤滑油系

潤滑油系に使われるゴム材料は，図 2.73 の耐油度で B，C から K クラスまで，接触する潤滑油の種類に応じて広い範囲が用いられるが，中でも，NBR，ACM，VMQ，FKM などが多用される．これらの基本的な物理特性と耐油性を表 2.27 に示す．一方，潤滑油は，最近の使用環境温度の上昇に伴い，酸化防止剤をはじめとする各種添加剤の添加量が増えている．耐油度の高いクラス（H〜K）のゴムへの影響をスクリーニングするために，ASTM #2 油をベース油として代表的な添加剤を 10%，溶解しないものは溶解限度まで添加して，150℃ で，1週間の促進劣化試験後の引張強度が示してある（図 2.77[3]）．

NBR は浸漬前後とも高強度を示し，耐油性は優れているが，一部の酸化防止剤や摩耗防止剤により硬化が起こる．ACM は，元来強度的にそれほど高くない

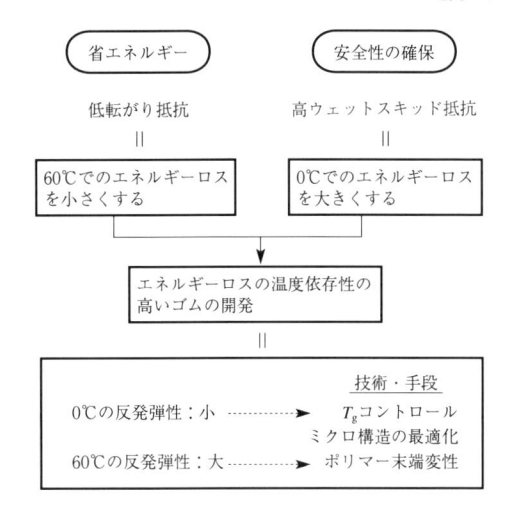

図 2.75　省燃費タイヤ用ゴムの設計コンセプト[19]

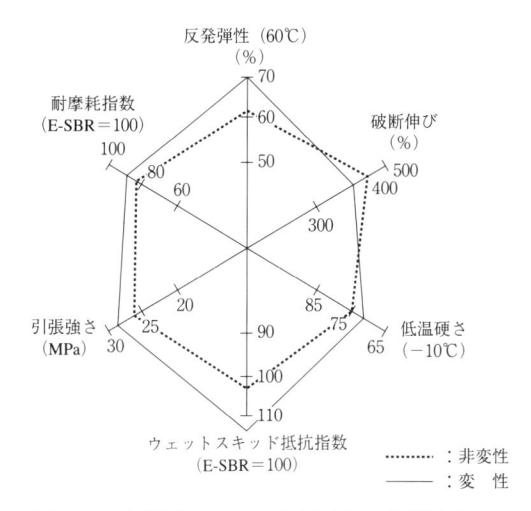

図 2.76　末端変性 S-SBR のタイヤトレッド材料としての総合特性[20]

特性を図 2.76[20] に，現行の E-SBR との比較で示した．このゴムの分子構造の最適化の手法は，季節を問わず使用可能なオールシーズンタイヤや操縦性や高速安定性の問われるハイパフォーマンスタイヤ用材料への応用も可能である[19]．

b．外装・内装・窓枠用材料

外装・内装・窓枠材に用いられているゴムは，耐油性がほとんど必要なく，NR，SBR，CR など幅広い材料が使われている．しかし，そのほとんどに耐オゾン性や耐候性が要求されているため，EPDM が多用されている．外装のウェザーストリップでは，従来よりも高温・長時間での耐へたり性が求められており，ポリ

表 2.27　耐油ゴムの基本特性[2]

		HNBR	FKM	VMQ	ACM	NBR
常態物性						
硬さ	(JIS A)	72	70	71	70	70
引張強さ	(MPa)	26.4	15.8	7.7	12.0	20.1
伸び	(%)	500	220	150	200	350
100％引張応力	(MPa)	3.6	5.6	5.7	6.9	3.4
耐寒性						
ぜい化温度	(℃)	−39	−17	−70	−23	−38
体積変化率						
JIS #1 油		0	0	+4	+1	0
JIS #3 油		+20	+2	+53	+21	+20
エンジン油　5W-30		+4	+1	+25	+6	+5
トランスミッション油		+1	+1	NM	+5	+3
パワーステアリング油		+3	+2	NM	+5	+5
ロングライフクーラント		+1	+5	+2	NM	+1

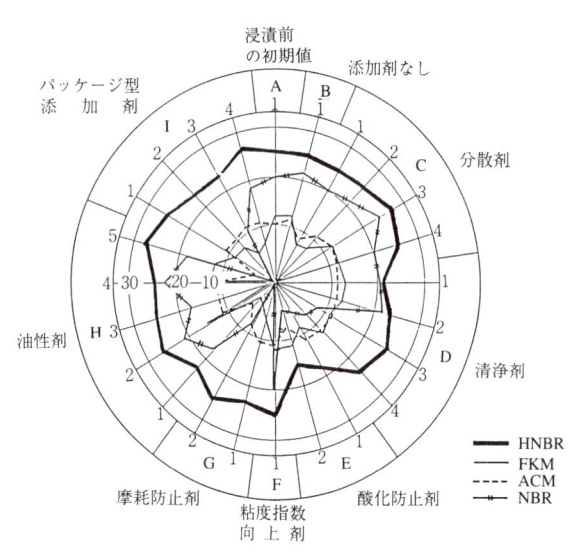

図 2.77　耐潤滑油添加剤性の比較[3]

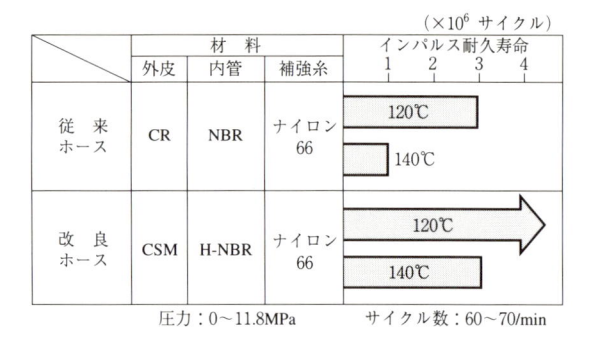

材料			インパルス耐久寿命 (×10⁶ サイクル)
	外皮	内管	補強糸
従来ホース	CR	NBR	ナイロン66　120℃ / 140℃
改良ホース	CSM	H-NBR	ナイロン66　120℃ / 140℃

圧力：0〜11.8 MPa　サイクル数：60〜70/min

図 2.78　パワーステアリングホースの耐熱耐久性[12]

どちらかが選択されている．

　パワーステアリング（PS）装置は油圧ユニットであり，漏れを防ぐシールやシステムを結ぶためにホースが必要である．また，欧米を中心にして，潤滑油（PSF）がより高温に耐えられるよう，添加剤などの変更・変量も進んでいる．従来よりゴム材料はNBRが多く用いられてきており，ホースにはCSMも使われている．使用環境が高温化している車種には，低圧側はACMを用いる場合があり，高圧側はHNBRを用いているケースがある．図2.78[12]に，内層NBR/外層CRのPSホースと，内層HNBR/外層CSMのPSホースのインパルス耐久試験による耐熱耐久性比較の結果を示す．材料変更によって，大幅な寿命アップとなる．

　欧米では，使用環境が高温化していることに対応して，PSFの添加剤の種類が変更されたり増量されており，シールはHNBRへと移行しつつある．

e. 燃　料　系

　燃料系のゴム材料は，図2.73の耐油度でH〜Kクラスに属するものが用いられる．シール類には，エンジンに近く，耐熱性が必要な場合から，ボデー側で，温度環境は高くないが，耐オゾン性が必要な場合まで，ケースによってNBR，NBR/PVC，HNBR，FMVQ，FKMなどが使い分けられる．また，ダイヤフラム式燃料ポンプを使用する場合，長らくNBRやNBR/PVCが使われてきたが，エンジンの熱の影響が強まってきたために，HNBRやFKMが使われるようになってきた[24]．燃料ホースの内層は，電子制御式燃料噴射装置が使われる前は，NBRが一般的に用いられてきた．しかし，電子制御式燃料噴射装置を装着すると，タンクとエンジンとの間をガソリンが循環することになり，ガソリンが酸化（サワー化）される．図2.

が，ごくまれな添加剤を除いて安定した耐添加剤性を示す．FKMは，優れた耐熱・耐油性ゴムであるが，塩基度の高いコハク酸イミドなどのアミン系の分散剤に対して硬化がみられる．HNBRはリン酸亜鉛系の酸化防止剤にわずかな劣化がみられるが，全体的に強度が高く，耐添加剤性に優れたゴム材料とみられる．

　トランスミッションやエンジンのオイルクーラホースは，内管に長年，NBRやCRが使われている．エンジンの軽量化が進み，耐熱性が求められるようになって，高温域での耐潤滑油性から，ACMやAEMが多用されるようになってきた．両者を比較すると，耐熱性はAEMが，耐油性はACMが優れる．補強糸との相性もあり，自動車メーカーの設計思想によって

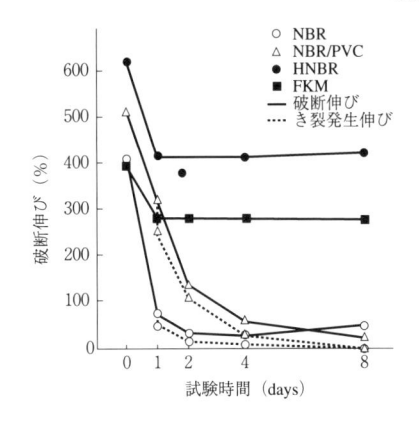

図 2.79 70℃, 0.5 wt%ラウロイルパーオキサイド含有 Fuel C による耐劣化ガソリン性. 劣化ガソリンは毎日交換[25]

79[25]に示すように，このサワーガソリンにも劣化しにくいゴム材料は，FKM と HNBR である．耐サワーガソリン劣化性能とともに耐熱性をも求められる高圧側には，FKM が用いられる．低圧側は，FKM ほどの耐熱性が必要ないため，同等の耐サワーガソリン劣化性能をもち，かつ，材料コストを抑えられる HNBR を用いるケースと，高圧側と同じものを採用するケースがあり，自動車メーカーの設計思想によって使用材料は異なる．キャブレタ装着車は，現在も NBR を用いている場合が多い．

アメリカでは，樹脂製燃料ホースが使われているケースがある．現在実際に採用されているのはナイロンスキンに，NBR をかぶせてフレキシビリティをもたせる構造になっている．後述する燃料透過規制強化の動きの中では，樹脂材料もフッ素系に変換する必要が出てこよう．この場合も，ゴムをかぶせる手法がとられる可能性が高い[26]．

一方で，アメリカでは，カリフォルニア州を筆頭に大都市部で環境問題に積極的に取り組んでおり，自動車から漏出するガソリンの量をより厳しく規制することになっている（新 SHED 法の採用）．この流れは全米に拡大し，また，ヨーロッパや日本にも遅からず波及することが見込まれる．この対策としては，燃料系内管材は，燃料ホースやインレットフィラーホースなど，すべて，最も耐燃料透過性に優れる[27] FKM，中でも三元系 FKM 化することが，有効である．しかし，三元系 FKM は耐寒性が不十分な場合もあり，材料コストも高い．これを薄層化して背面に NBR，NBR/PVC や ECO を付ける積層体が用いられている．

f．防振用材料

エンジンマウントなどの防振ゴムには，長い間 NR が使用されている．その間，耐熱性の改良要求はつねに存在し，EPDM や GPO（プロピレンオキサイドゴム）などを使いこなすべく，検討が重ねられてきた．しかし，目標の耐熱劣化性では優れるものの，動特性や耐久性で NR を陵駕できず，一部代替される程度にとどまり，依然として NR が多用されている．また，乗り心地改善のため，動的損失が大きく，動倍率の低いゴム材料が求められているが，一般的に，高分子のガラス転移点で性能が整理できてしまうため，求める理想材料は得られていない．したがって，このような課題を解決するために，ゴムで振動入力を吸収し，液体の移動による共振現象で，低周波の大きな減衰力や高周波での低い動ばね定数を実現させる，液体封入型のエンジンマウントが開発された[28]．

g．ブーツ用材料

ブーツ用材料には，まず，何よりも耐オゾン性などの耐候性が必要で，それに加えて，使用部位によって，耐屈曲性や耐油性が求められる．CVJ（等速ジョイント）ブーツは，中にグリースが充填されるため耐油性が必要で，また，車の動きに合わせて屈曲を繰り返すため，耐屈曲性とともに蛇腹どうしのこすれに耐える耐摩耗性が求められる．

耐屈曲性や耐摩耗性をもたせるためには，高強度材料が必要であり，CVJ ブーツ材料として強度・耐候性および耐油性のバランスのよいゴムである CR が使われている．しかし，取付け位置がエンジンに近いため，エンジンの高性能化やエンジンルームのコンパクト化に伴う使用温度環境の上昇がある車種を中心に，CR 以上に耐候性，耐油・耐熱性をもつ材料が求められている．欧米や日本の一部では，耐候性や耐摩耗性に優れる CM や薄肉化が可能なため軽量化も望める TPEE が，採用されている[18]．

h．エアコンディショニング系材料

世界中で，地球環境保護の気運が高まり，フロンによるオゾン層破壊問題が注目されている．その結果，現在では，世界的にフロン規制が行われ，特定フロンは 1995 年末には全廃の方向で動いている．これに伴い，エアコンディショニング（AC）用冷媒は，CFC-12 から，HFC-134 a に代替されている．また，コンプレッサ潤滑油も，鉱油からポリアルキレングリコール（PAG）に代替されている．これらの変更に伴い，

表 2.28 各種ゴムの耐油・耐冷媒性[29]

		ニトリル・ブタジエンゴム NBR	水素化ニトリル・ブタジエンゴム HNBR	フッ素ゴム FKM	エチレン・プロピレンゴム EPDM	イソブチレン・イソプレンゴム IIR
HFC-134a システム	耐冷媒性	△	△	×	○	○
	耐油性 (PAG)	○	○	○	○	○
CFC-12 システム	耐冷媒性	○	○	○	×	×
	耐油性 (鉱油)	○	○	○	×	×

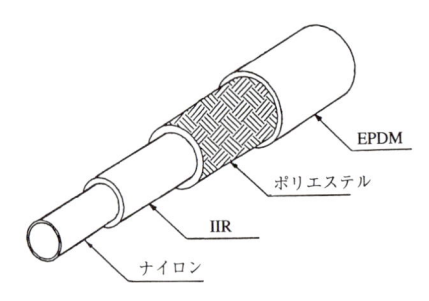

図 2.80 HFC-134a 用エアコンホース[18]
(EPDM／ポリエステル／IIR／ナイロン)

表 2.29 両フロン対応材の特性[29]

			RBR	現CFC-12用 HNBR	NBR
HFC-134a システム	耐冷媒性	膨潤性 (60℃)	8 %	14 %	13 %
		発泡性 (150℃)	○	×	×
	耐油性 (PAG)	膨潤性 (150℃)	5 %	5 %	5 %
CFC-12 システム	耐冷媒性	膨潤性 (60℃)	9 %	9 %	9 %
		発泡性 (150℃)	○	○	○
	耐油性 (鉱油)	膨潤性 (150℃)	5 %	5 %	5 %
耐熱性 (150℃寿命)			250 h	250 h	60 h

ゴム材料も変える必要がある．ホースは，比較的アクリロニトリル量の高いNBRが用いられていたが，フロンの透過性を抑えるために，変性ポリアミド[16]やポリアミド／EPDMブレンド材[29]などが用いられた．また，潤滑油がPAGに変更されると，PAGは水分を吸収しやすいため，水分透過を抑えるIIRを第2層に配置している．ACホースの構造を図2.80に示す．

ACシステムのシール材は，高ニトリルのNBRが長年にわたり使用されてきた．両フロン対策が求められ，表2.28[29]から明らかなように，当初，基準を満たすゴム材料は存在しなかった．しかし，それぞれの冷媒に耐性のあるゴム材料をブレンドすることにより，この問題は解決された．その特性を，表2.29[29]に示す．

i．カバー用材料

ホースなどでは，中を通る流体に対する耐性に優れるゴムの外側に耐候性に優れる材料をかぶせることがよく行われており，その被覆材をカバー材と称する．最近では，より機能の高い材料を用いた場合のコストアップを防ぐために用いたり，FKMやTPEを使った場合によくみられるように，耐流体性の機能のみをもたせ，その他のゴム弾性体としての機能をカバー材にもたせるケースも出てきており[26]，こうしたいわゆる積層体構造をもった部品は増える傾向にある．

カバー材として用いられるゴムは，CR，CM，CSMなど図2.73の耐油度C〜Eクラスのものが多く，その他，とくに耐油性を必要とする場合に，NBR/PVCやGECOなどHクラス以上のものが用いられる．ACMやAEMの場合，そのものに耐オゾン性があるため，カバー材をつけるケースはほとんどない．図2.81に，燃料ホースカバー材として用いられるCR，CSM，GECOの，燃料油浸漬後乾燥した試料の動的オゾン試験の結果を示す．ECOにアリルグリシジルエーテル（AGE）を共重合したGECOは，優れた耐オゾン性を保持している．

一部では，EPDMやTPOが採用されるようになっている．

j．ベルト用材料

ベルト用材料には，CRが，機械的強度，耐候性，耐油性などから長い間使われてきた．しかし，CRは，ポリマー鎖中に二重結合をもつ不飽和型ポリマーであ

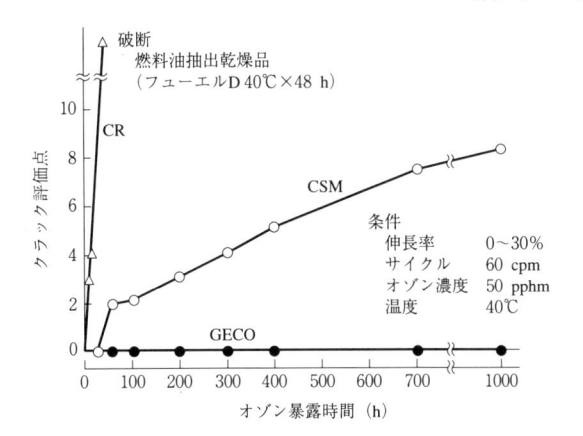

図 2.81 燃料抽出乾燥品試料によるオゾンクラックの経時変化[30]

り，その長期使用における化学的安定性という観点での耐熱性は，110℃当たりに限界がある．とくに，歯付きベルトで要求の強かった耐熱性向上に対して，飽和型ポリマーで125℃耐熱仕様であるCOや，同じく150℃仕様のACMを，ベルト材料として用いる検討は早くからなされていたが，機械的強度の不足により採用に至っていない．NBRの耐熱・耐久性向上のために開発されたHNBRは，CRの次世代の歯付きベルト用材料として，適用が進められている．

図 2.82[31]に，CRとHNBRとを歯付きベルトに求められる重要な材料代用特性で比較して示した．HNBRは，①室温と高温（120℃）での動的弾性率の差が小さい，②動的永久ひずみが小さい，③熱老化後の伸びの変化が小さい，④屈曲き裂成長が遅い，⑤潤滑油に対する膨潤が小さいので，万が一潤滑油がかかっても，機械的強度の低下が小さいなどの点で，歯付きベルト材として適している．ベルトの走行試験での背ゴムでCRと比較すると，HNBRは同じ耐久時間での耐熱性が40℃向上する．また，実車走行試験でも，約10万km以上走行すると報告されているCR製品に比べ，HNBR製は2倍の寿命をもっている．その他，HNBRは，欧米を中心に，補機駆動に使われるVベルトにも採用が始まっている．

2.5.6 ま と め

自動車用ゴム材料がこれから進化する道は，大別すると，三つあげられる．第1は，これまでつねに求められ続けていた，安全性，耐久性，ファッション性，快適性など多様なニーズに応えるために，より高性能化，高機能化する方向である．第2に，近年ニーズの高まっている排気ガス，フロンガス，騒音，リサイクル性などの環境対策という点から，高機能化する方向である．第3は，国際環境からつねに求められている，VAによる廉価材料を指向する方向である．

［中嶋一義・橋本欣郎］

参 考 文 献

1) 日本ゴム協会編集・発行「ゴム技術の基礎」
2) 橋本：内燃機関，Vol. 33, No. 7（1994）
3) 久保：日本ゴム協会誌，Vol. 59, No. 8（1986）
4) ゴムタイムス，Vol. 3, p. 13（1995）
5) 遠藤：日本ゴム協会関東支部アドバンテックセミナー '95講演要旨
6) 日本ゴム協会編：ゴム工業便覧，19章
7) Legge, Rubber Division Acs, Ohio, Oct.（1988）
8) Coran, Rubber Chemistry and Technology, p. 53（1980）
9) 高分子学会編：高分子新素材 One Point（1988）
10) 大脇：ゴムタイムス，Vol. 1, p. 13（1992）

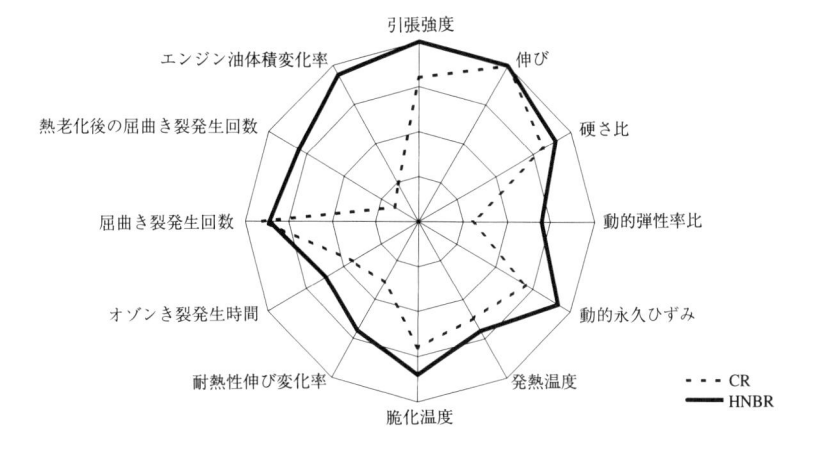

図 2.82 歯付きベルトの材料代用特性における CR, HNBR の実力比較[35]

11) J. R. Dunn : Elastomerics, Vol. 123, No. 1 (1991)
12) 都筑：日本ゴム協会誌, Vol. 62, No. 10 (1989)
13) 大庭：日本ゴム協会夏期講座, Vol. 7, p. 19 (1989)
14) 吉田：日本ゴム協会誌, Vol. 58, No. 3 (1985)
15) 村上：ゴムタイムス, Vol. 5, p. 13 (1991)
16) 森田ら：Rubber Industries, Vol. 30, No. 1 (1994)
17) 大脇：ポリファイル, No. 8 (1992)
18) 明間：ポリファイル, Vol. 29, No. 8 (1992)
19) 稲村：内燃機関, Vol. 33, No. 7 (1994)
20) ゴム技術フォーラム編：ゴム工業における技術予測－自動車タイヤを中心として (1990)
21) Nagata : Rubber Chemistry and Technology, Vol. 60, p. 837 (1987)
22) 森ほか：JETI, Vol. 40, No. 7 (1992)
23) 大脇：日本ゴム協会東海支部秋季講演会資料 4, No. 11, p. 13 (1990)
24) 前田：内燃機関, Vol. 33, No. 7 (1994)
25) 奥本：日本ゴム協会誌, Vol. 60, No. 8 (1987)
26) Vara et al. : Rubber Division, ACS and IRC, Orlando, Paper No. 13, Oct. (1993)
27) Machlachlan, SAE Paper 790657
28) 安部：日本ゴム協会誌, Vol. 64, No. 2 (1991)
29) 相馬ほか：自動車技術, Vol. 47, No. 1 (1993)
30) 奥本：機能材料, Vol. 3, No. 10 (1983)
31) Hashimoto et al. : Rubber Division ACS Ohio, Paper No. 3, Oct. (1988)

2.6 無機材料（ガラス）

2.6.1 自動車用ガラスの変遷

ガラスは硬く光学的に透明であるという特質によって，とくにドライバーと外界とのインタフェイスたる開口部材として最適な材料として広く使用されている．自動車用ガラスは長い間材料開発というよりむしろ加工方法の開発によって，基本的な組成を変えることなく使用部位に適した製品形態を生み出してきた．乗員保護や周囲への安全確保という意味で重大な欠陥をもっていた窓材料の安全性向上対策として，1920～1930年代にかけて合せガラスと強化ガラスが相次いで開発実用化され，もろく危険であるといったガラスの最大の欠点が克服されたが，これらは材料自体には特別な仕掛けはいっさいなく，素材のもつ資質を加工により生かしたものである．

これら自動車用安全ガラスの開発により，ガラスはその固有の優れた耐久性と相まって，車両の安全を維持するうえで不可欠の窓材料としての地位を確固たるものとした．形状面での変化も自動車用ガラス開発の大きな流れであった．小さな平板ガラスを垂直に組み付けたガラスに，空力面とデザイン面からの要請からさまざまな造形が加えられ始め，1940～1950年代にかけて大型の曲面成形ガラスが出現し，1970～1980年代にかけて2次曲面から複雑な3次曲面へと形状は大きく変化した．自動車のスタイリング変化がガラス成形加工技術の進歩を促し，近年流行のフラッシュサーフェイスボディーにも大きく貢献している．

機能面では1960年代のリヤガラスへの防曇機能やフロントガラスへのアンテナ機能付加を皮切りに，1980年代以降フロントガラスやドアガラスへの各種表面処理技術の展開や複合商品化の検討が急速に進んだ．これらに関しては後に具体例で説明する．

2.6.2 自動車用材料としての要求特性とガラスの基本的特性

ガラスは「溶融物を結晶化することなく冷却して得られる無機物」である[1]と定義され，特定の原子配列構造を有しないことを特徴とする．自動車用に使用されるガラスはソーダライム（シリカ）ガラスと呼ばれるもので，Na_2O-CaO-SiO_2 を主成分とする最もポピュラーなガラスである．このうち SiO_2 は組成比率で

○：O原子
●：Si原子

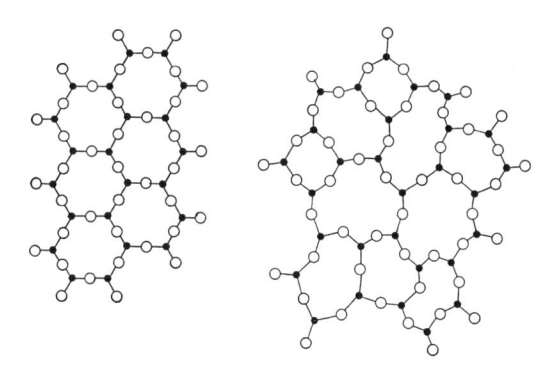

図 **2.83** SiO$_2$ 結晶（左）と SiO$_2$ ガラス（右）の2次元構造モデル

約70％強を占め，ガラスの基本的特性を決定する成分である．

ガラスの構造についてはさまざまな理論があるが，原子レベルの短範囲では SiO$_2$ 結晶と同様の規則性をもつ一方で長範囲では全く無規則な網目構造をもっているとする説[2]が有力である（図2.83）．ソーダライムガラスは基本成分である SiO$_2$ に Na$_2$O や K$_2$O，CaO といった成分を添加することにより，溶融温度，粘度，密度，硬度などの物性値を変化させ加工性を向上させたガラスである．自動車用途として必要なガラスの代表的特性と物性[3]の関連について次に簡単に触れる．

a．透明性

材料の透明性は視界の確保という観点から，最も基本的かつ重要な特性である．ガラスには本来可視領域に固有の吸収はほとんど存在しないが，通常は不純物として鉄分が混入していたり，熱線吸収や着色効果をねらって故意に遷移金属イオンなどを含有させ透過率を低下させている．法規（JIS R 3211-1992）では透過率は可視光線透過率（T_v）として規制され，たとえばフロントガラスについては上辺サンシェード部の除外域を除き，70％以上（ヨーロッパでは75％以上）が要求されている．透過率とは異なる概念であるが，広い意味で窓材料の透明性を示す尺度として，ヘーズ値（全透過光のうちの散乱透過光の比率を示す値）がある．ガラスのヘーズ値は0.1％程度と散乱がきわめて小さく，自動車用窓材料として重要な要素となっている．

b．耐摩耗性（硬度）

ワイパやドア昇降によって年中摩耗を受ける窓の最重要特性の一つである．必ずしも硬度を直接反映する指標ではないが，材料のきず付きやすさを示す評価方法として，法規ではテーパ摩耗試験が用いられている．これは研磨材を混入したゴム製の摩耗輪を500gの荷重をかけて試料上で1000回転させ，摩耗前後のヘーズ値変化をみる試験である．前面の窓（車外面）については変化幅で2％以下であることが必要とされているが，ガラスの実力は1％前後であり，ほかの有機透明材料との比較では圧倒的に優れた値を示す．

c．熱膨張率

ガラスと透明プラスチックの代表であるアクリル樹脂の熱膨張率を比較すると，−40〜100℃までの使用温度域においてガラスはアクリルの約1/9の値を示し，自動車の構成材料である鉄の値に近い．この差は車体の組立基準寸法や精度への影響を考えると，無視できないレベルである．また熱膨張率はガラスの強化加工（後述）にとってきわめて重要な意味をもつ．ソーダライムガラスはアルカリ金属類の存在によって，強化加工に適した値（平均熱膨張係数〜90×10^{-7}/℃：25〜450℃）が得られている．

d．剛性

材料の剛性は，車両への組付け時や，走行時の風圧や陰圧による変形を押さえる意味で重要である．弾性率，板厚，ポアソン比から導かれるガラスの曲げ剛性の値は，同一板厚でアクリル樹脂の約3倍である．ガラスは重量面でプラスチックに対して不利であるといわれるが，同一の剛性を確保した場合での比較では，あまり大きな差は出ない．

e．密度

物質の密度は構成原子の質量と，その配列によって決定されることは周知のとおりである．ガラスの場合は先述のとおり原子配列の規則性に乏しく，かつ金属のように最密充填構造をとりにくいために比較的小さな値を示す．ソーダライムガラスでは約 $2.5\,\mathrm{g/cm^3}$ であり，鉄の密度 $7.87\,\mathrm{g/cm^3}$ の1/3以下であるが，必要な剛性を得るためには厚みが必要であり，実際には決して軽いとはいえない．ボデー剛性を確保するうえでガラスにも重要な役割が期待される現代の自動車においては，ガラスの軽量化はやはり大きな課題である．

2.6.3 部位別分類と工法，商品展開

a．フロントガラス

現在日本および欧米ではすべての自動車に対して合

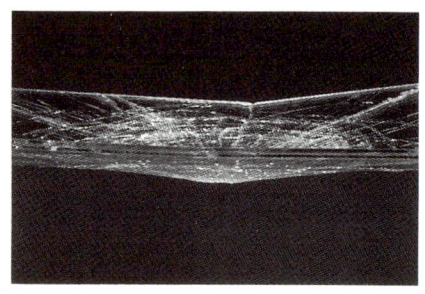

図 2.84 合せガラスの構造と割れパターン

せガラスの使用が義務づけられている．合せガラスはガラス2枚と有機フィルム1枚からなる3層構成の安全ガラスで，万一ガラスが衝撃で割れても中間に挟み込んだフィルムによってガラスが接着保持されているため，衝撃物が容易に貫通したりガラス破片が周囲に飛散せず人体への損傷が少ない（図2.84）．また衝撃は柔軟な中間膜によって吸収されるため，頭部がぶつかった際の脳へのダメージが比較的軽くすむという特徴を有する．合せガラスの中間膜としてはPVB（ポリビニルブチラール）が使用されるが，その厚みとしては15 mil（0.38 mm）と30 mil（0.76 mm）の2種類がある．フロント用としては耐貫通性を向上させた後者が使用され，HPR（High Penetration Resistance）合せと呼ばれる．

合せガラスの製法は，展開形状に切面取りした平板ガラスをボデーに合わせた周辺形状をもつ焼型の上に載せ，電気もしくはガスにより600℃程度にまで加熱軟化し，重力の作用によって周辺形状を焼型に馴染ませて成形する技術が一般的である．フロントガラスの取付角度は小さく，透視ひずみなどの光学品質が法規でも厳しく規制されているので，強制的に面形状をつくる成形法の適用はきわめてむずかしいが，より複雑

な形状への対応を目指した炉内での部分プレス成形や，コンピュータシミュレーションを応用した面内の微妙な温度分布制御などの試みが近年展開されている．

成形後のガラスは一定環境に調温調湿されたクリーンルーム内でPVBにより積層され，オートクレーブで加熱圧着されて完成する．PVBの接着力は，ガラス表面との水素結合とガラス表面の微細な凹凸面へのアンカー効果によって得られる．現在のフロントガラス板厚は，乗用車では4.7 mm（2 mm + 2 mm）が一般的であるが，近年車両の軽量化対策としてガラスの薄板化が進み，一部の乗用車では4.3 mm（1.8 mm + 1.8 mm）の合せガラスも実用化されている．フロントガラスは法規で最も厳しい規制を受ける一方，合せガラスという複合商品としての特質から各種の機能付加が容易であるという一面ももっており，高機能化への応用性には最も富む部位である．

b．ドア/サイドガラス

ドアもしくはサイドガラスには，開閉時と車両組付け時に発生する応力に耐える必要性から強化ガラスの使用が一般的であり，自動車用強化ガラスというと通常，物理（風冷）強化ガラスを意味する．

強化ガラスは，電気もしくはガスの加熱炉で700℃近い軟化点付近にまでガラスを加熱し，所定形状に成形後エアジェットで急冷することにより，ガラス表面に板厚の約1/6の厚みの残留圧縮応力層を形成するものである．ガラスは圧縮力に対して900〜1 000 MPaとかなり大きな強度を示す一方，引張りに対しては50〜100 MPa程度の実用強度しかもたない．

ガラスの破壊は表面を起点として発生するため，表面に破壊に達する引張力と反する圧縮応力（100〜150 MPa）を残しておくことによって，見掛け上大きな強度を得ることができる．物理強化の原理は粘弾性理論によって説明される[4]（図2.85）．軟化点付近にまで加熱されたガラスが表面から急冷されると，冷却初期には表面層の温度が急降下して収縮し，温度降下の小さい内部との収縮量の差によって一時的に表面に引張応力が発生する．しかし温度が高い間は，表面の引張応力は内部の粘性流動により応力緩和される．さらに温度降下が続き粘性流動が起こらないひずみ点以下に達すると表面層は固化するが，内部温度の降下は表面より遅れるため収縮量が表面層よりも大きくなり，表面層には内部収縮に引張られて圧縮応力が，内部にはそれを打ち消す引張応力が永久ひずみとして残る．

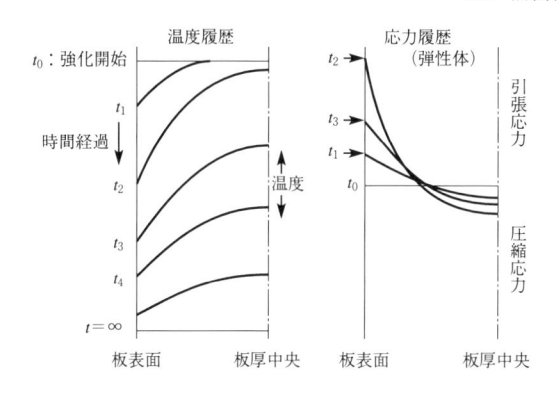

図 2.85 粘弾性理論に基づくガラスの強化

強化ガラスは破壊された際に，内部の弾性エネルギーが瞬時に開放されるため，その破片は鋭角のない細かい破片となる．したがって，破砕した場合の飛散エネルギーが小さく，人体への損傷が少ない．ドア/サイドガラスの工法としては，合せと同様の焼型上での重力成形法，垂直吊り搬送後の引上げプレス法，セラミックスハース上を高熱のガスで浮かせながら重力でハース形状に馴染ませるガス炉法など多岐にわたり，成形形状や生産性などを考慮して工法が決定される．

ドアガラスの板厚は現在最も薄いもので 3.1 mm，厚いもので 5 mm 程度であるが，軽量化対応のため全般的に薄板化の傾向にある．ただし，強化加工の原理からも明らかなように，板厚を薄くする方向は強化そのものを困難とするうえに，遮音性能や剛性面での劣化も起こるため注意を要する．ドアガラスは機械的摩耗（昇降）を伴うので永らく機能の付加は困難であったが，最近各種の機能商品が検討され実用化に至っている．遮音性と断熱性を高める目的から，強化のペアガラス（ガラス 2 枚の間に乾燥空気層を形成したもの）がヨーロッパの高級車に採用された例があるが，超高級車のための特殊例といえる．

c．リヤガラス

強化ガラスが一般的であるが，一部の高級車では合せガラスも使われる．リヤガラスについては，複雑形状化や各種の機能（デフォッガ，アンテナ，センサ，接着剤劣化防止用セラミックスなど）の付加が比較的古くから行われ，高機能化という意味では先進的な存在である．これはリヤガラスが基本的に固定式の窓であり，フロントガラスほど透視性などの光学性能が厳しく問われていないため，各種の加工が比較的容易で

あったためと考えられる．

工法としてはガス炉法を除きドア/サイドガラスと同様である．一般にサイズが大きく 3 次曲面の複雑形状が多いため，1980 年代前半までは垂直引き上げ式プレス法が一般的であったが，最近ではローラハース上を水平搬送し，モールド吸着と重力を利用して複雑形状を成形する技術が主流となり，吊り跡のない外観品質の優れたリヤガラスが提供できるようになった．強化タイプの板厚としては通常のセダンであれば 3.5 mm 前後であるが，開閉式のハッチバック車用大型リヤガラスなどでは開閉時の応力に耐える高強度と剛性確保のため，より厚い板厚が必要である．合せタイプでは，熱線反射機能やアンテナ機能の付与，中間膜の染色によるシェードバンド，ヨーロッパの高級車にみられるタングステンワイヤを中間膜に埋め込んで通電体とした防曇ガラスなどさまざまな商品展開がみられるが，コスト面から今後量的な拡大はあまり見込めないものと予想される．

d．ルーフガラスほか

開口部として比較的新しい部位であり，強化ガラスまたは合せガラスが使われる．製法についてはそれぞれ上述したものに準じ，熱線遮断や可視光低透過によるプライバシー確保などがおもな要求機能である．

熱線遮断機能としては，遷移金属またはその酸化物薄膜をコーティングしたガラスがアメリカや日本で開発されており，プライバシー機能に関してはガラスバルク自体の濃色化，中間膜の着色などにより対応している．太陽光の直射を受けやすい部位であるルーフ独自の商品として，太陽電池モジュールを組み込み，駐車時の車内換気ファンの駆動やバッテリ充電を行う事例が特筆される．将来の電気自動車対応をにらんだ興味深い商品であるが，多分に実験的な応用展開にとどまっている．

ルーフ以外の部位としては，高級ミッドシップカーのバックドアガラスと車室の仕切り窓として，エンジンルームの熱気でガラスが曇らないようにするため，強化ペアガラスが使われている例がある．

2.6.4 最近の技術開発展開

a．新しいガラス材料および乾式表面処理技術による断熱機能の向上

自動車におけるガラス面積が 4 m^2 を越えるまでに拡大している現在，車室内に流入する太陽エネルギー

通常の熱線吸収ガラス（ブルー）　　　　高性能熱線吸収ガラス

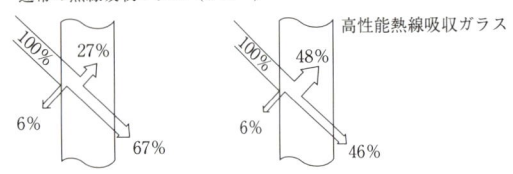

太陽エネルギー透過の比較（3.5 mm厚）

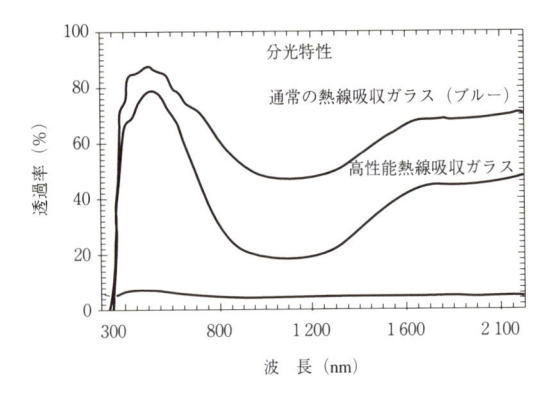

図2.86 熱線吸収ガラスの分光特性例

の70%以上がガラスからである[5]といわれ，熱線透過量の少ないガラスの開発は最重要開発テーマの一つである．

　近年は空調のパワーも限界に近づきつつあり，できるだけ空調の負荷を軽くしひいては燃費の改善に寄与するガラスへの期待が大きい．技術的にはガラス素材自体に熱線吸収効果をもたせる方法と，ガラス表面に熱線反射膜をコーティングする方法の2種類があり，目的と必要機能によって手法や材料，製法が使い分けされている．熱線吸収ガラスとしては，国内では長い間ブルーやブロンズガラスなどが用いられてきたが，最近従来のガラスよりも熱線吸収効果を大幅に改善したガラス素材が開発され，量産車への採用が拡大している．これは素材中のFe^{2+}イオンが近赤外域に強い吸収帯をもつ[6]ことに着眼し，バルク中の鉄分含有量を高めたガラスである．近赤外領域を中心に太陽エネルギー透過率を従来のガラスより30%近く低下させることにより，直射光によるジリジリ感の低減と走行中の冷房負荷軽減が期待できる（図2.86）．

　熱線吸収ガラスは太陽エネルギーの多くを吸収してしまうので，ガラスに吸収された熱は通常走行中は車外側に多くが再放射されるが，駐車時や市街地での超低速走行時には車内側への再放射による影響が避けられない．これに対する対策としてガラス表面に金属薄

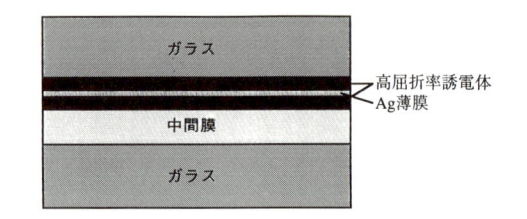

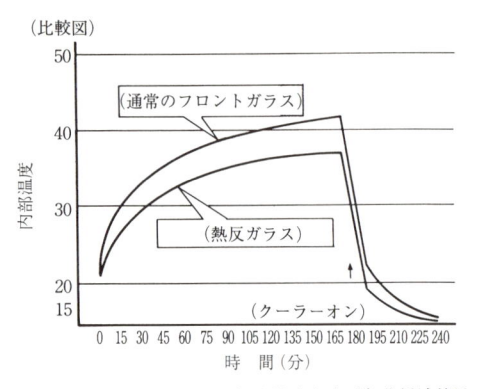

図2.87 合せ用熱線反射膜構成と冷房負荷軽減効果
外気温 22.5℃
湿度 50%
風速 0.4 m/s
光度 75°
（ボデー色白）
（ダッシュボード色ダークレッド）
（シート色ダークレッド）

膜をコートした熱線反射ガラスが1970年代より開発され始め，大型のインラインマグネトロンスパッタリング装置の実用化とともに，1980年代に量産車への本格的展開が実現した．

　熱線（近赤外線）反射用金属材料としては可視域での吸収が少ないAgが選択され，高い可視光線透過率を要求されるフロントなどに対しては，10 nm前後のAg薄膜を高屈折率の誘電体でサンドイッチして，可視域での反射率を抑えた干渉膜構成がとられる（図2.87）．Agの薄膜は化学的/機械的耐久性に難があり，通常は合せガラスの接着面側にコーティング[7]して外部から保護された状態で使われる．強化ガラスのように単板仕様の部位については，耐久性に優れたTiなどの遷移金属の窒化物が利用されている．性能的には銀を用いたタイプよりも低下するが，物理的な強度が要求される用途には緻密な酸化物の保護層との組合せ[8]で使用され，車の全周をすべて熱線反射ガラスでつくることも可能である．

　熱線反射膜は電波の遮へい効果も高く，携帯電話などの電波機器の使用に支障をきたしたり，ガラスアンテナ（後述）の性能に影響を及ぼすため，低電導性

コーティング膜も開発されているが，熱線反射機能としては大幅に低下してしまうという問題がある．

一方，導電性の熱線反射膜を透明導電膜としてオルタネータなどで昇圧した電圧を印加し，面発熱により融氷融雪機能や防曇機能を付加したフロントガラスも開発中であり，電気自動車のデフロスタ機能の代替として注目されている．

b．湿式表面処理技術の展開

環境問題への関心が高まる中，人体あるいは内装材にとって有害な紫外線の制御機能をガラスに求める声が高まり，ドアガラスを透過した紫外線による腕部の日焼け防止や，高級車に使用される天然内装材の退色防止がニーズとして高い．

合せガラスは中間膜の劣化防止のためPVB自体に有機の紫外線吸収材を含有しており，必要十分な紫外線カット機能を有した商品であるが，強度，重量，コスト面での強化ガラスに対して不利であり，紫外線カット機能をもつ強化ガラスの開発が望まれていた．先述の高性能熱線吸収ガラスでは紫外線吸収効果を有する成分添加も行っており，紫外線カット機能を大幅に高めてはいるが，カラーバリエーションという意味では選択の余地がない．また後処理で紫外線カット機能を付与するコート液は，紫外線カット機能としては問題ないが，膜の硬度や耐擦傷性などの機械的耐久性において自動車用としては役不足である．

機械的耐久性を要求される自動車用途には，ZnO，CeO_2，TiO_2などの無機コーティングが有効であり，機能を満たすためには数百nm程度の厚みのコーティング膜厚を必要とするが，スパッタリング法のような真空法では成膜速度と加工コスト面から量産は困難である．ガラス表面に金属酸化物を形成する別の手段としては，有機金属材料を出発源とするゾルゲル法がある．これはたとえば，金属アルコキシド（金属のアルコール反応体）溶液をガラス表面に塗布した後に，加水分解および高温酸化焼成工程を経て緻密な酸化物を形成する[9]方法である（図2.88）．この手法をベースとして，耐久性と塗布作業性に優れ強化工程への影響の少ない紫外線吸収材料と，大面積のガラスに均一にコートする生産技術が最近開発された．

ゾルゲル法による表面処理商品としては，HUD（Head-Up Display）用のコンバイナ[10]も代表的な応用例である．可視域での高反射率を必要とするこのアプリケーションでは，高屈折率の金属酸化物薄膜の材

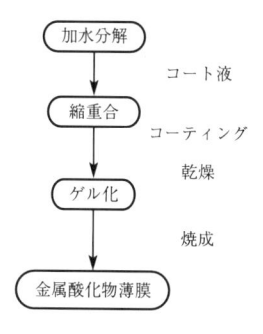

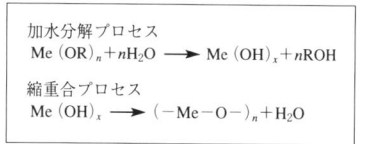

```
加水分解
  ↓        コート液
縮重合
  ↓        コーティング
ゲル化       乾燥
  ↓        焼成
金属酸化物薄膜
```

加水分解プロセス
$Me(OR)_n + nH_2O \longrightarrow Me(OH)_x + nROH$

縮重合プロセス
$Me(OH)_x \longrightarrow (-Me-O-)_n + H_2O$

図 2.88 ゾルゲル法による薄膜形成プロセス

料および部分コーティング工法の開発がポイントである．湿式表面処理技術の新しい展開としては，このほかにも表面に高耐久性のフッ素系コートを施したはっ水ガラスなどがすでに実用化段階にある．

c．他機能とのインテグレーション

ガラスにガラス本来の機能とは全く異質の機能を付加する試みは，比較的古くから行われているが，実際に広く商品化された代表例がガラスアンテナである．

自動車の進化に伴い，各種の情報機能は必要不可欠となったが，移動体である自動車にとって情報を得る媒体は電波がメインであり，アンテナ機能のガラスへの付与はガラスが自動車に占める面積からしても当然の帰結とも考えられる．ガラスにアンテナを組み込んだ商品は，1960年代のワイヤ封入フロントガラスに始まったが，エンジンノイズなどを避ける目的から1970年代以降はおもにリヤガラスへと展開され，銀ペーストを導体としてデフォッガ自体を利用したものや，リヤガラス上部や下部のスペースを利用したプリントアンテナが一般的である．

ガラスアンテナはポールアンテナに対して，突起物がないために外観デザインを阻害せず破損の心配が少ない，パワーアンテナのような駆動機構を必要としないために重量とコストの低減が図れるといった大きなメリットを有している．アンテナの基本的要求機能として高ゲインであることが第一にあげられるが，移動式のアンテナという特殊な環境を考慮すると，無指向性もきわめて重要な特性である．また自動車のボデーは

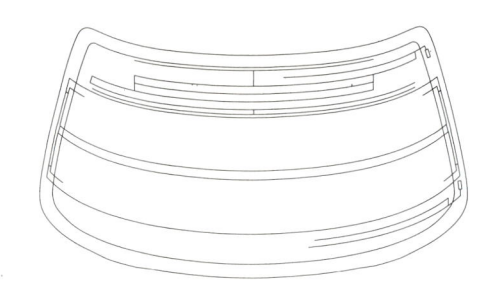

図 2.89 ガラスアンテナ（パターン例）

導体であるために，受けた電波がボデー側に逃げないように伝達ロスをできる限り少なくする工夫が重要である．

自動車用ガラスアンテナは，AM/FM 帯から TV，電話帯へとしだいに高周波数帯にまで拡張してきている．将来は GPS などのナビゲーション用アンテナといった領域にまで拡張し，またアンテナ機能の複合化も急速に進展していくことになるだろう．

2.6.5 今後の自動車用ガラスの方向性

自動車用ガラスに対するニーズは時代とともに多様化/高度化してきたが，潜在的ニーズが整理され課題が明確になった現在，下記の四つのキーワードから今後の方向性について整理してみたい．

a．モジュール化（部品統合化）

ガラス周辺部に塩ビプラスチックなどのアッセンブリ部品を一体成形する技術や，ドアガラスのホルダを接着して出荷する形態がもはや一般化しているが，今後はこの流れがさらに加速進展し，より集積度の高い構成への変化が予想される．

b．複合技術化

電子部品との組合せや各種有機材料との複合化は，依然として高機能化の大きな柱であることに変わりはない．究極のガラスといわれる調光ガラスや，高度の安全を指向するバイレヤーガラス，ホログラム光学素子の利用などが代表例である．

c．バルクとしての高機能化

素材自体を変えずに機能を付与するという開発の流れがある一方，基本的ニーズの高い機能については材料自体のポテンシャルアップも重要である．バルク性能の改善は高い信頼性と低コスト化のためには必須の技術であり，従来のガラス特性に安住することなく技術開発を進める必要がある．

d．材料のリサイクル化

環境問題への対応としてリサイクルは避けて通れない．ガラス自体はリサイクルが以前から行われているが，自動車用ガラスに関してはようやく方法論が検討され始めた段階であり，各種の付加機能を前提にした効率的な方法について，関係領域にまたがった横断的議論が今後必要となろう．　　　　　　　　　　［平野　明］

参 考 文 献

1) R. H. Doremus：Glass Science, New York, John Wiley & Sons (1973)
2) W. H. Zachariasen：J. Am. Chem. Soc., Vol. 54, p. 3841 (1932)
3) たとえば，作花済夫編：ガラスの事典，東京，朝倉書店 (1985)
4) K. Akeyoshi et al.：Reports Res. Lab. ASAHI GLASS Co.LTD., Vol. 17, p. 23 (1967)
5) 川崎英二ほか：日産技報，第 20 号, p. 217 (1984)
6) 成瀬省：ガラス工学, p. 313, 325, 東京, 共立出版 (1958)
7) R. W. Skeddle："Technology Setting The Pace In Automotive Safety Glass", GLASS, August p. 309 (1988)
8) E. Ando et al.：SAE Paper 910541 (1991)
9) 作花済夫：ゾルゲル法の科学，東京，アグネ承風社 (1988)
10) S. Okabayashi et al.：SAE Paper 890559 (1989)

2.7 油脂, 燃料

2.7.1 自動車用燃料

自動車用の燃料として使用されている石油製品としては, 自動車用ガソリンとディーゼルエンジン用軽油が代表的である.

a. 自動車ガソリン

（i）わが国におけるガソリンの変遷　ガソリンは, 自動車, 小型農業機械, ボートなどのガソリンエンジン用燃料として年間で約 4 800 万 kl（平成 5 年度実績）使用されている.

近年のガソリンに関するトピックスの一つとしては, 無鉛化があげられる. 1970 年に東京の牛込柳町で鉛公害問題がクローズアップされて以来, オクタン価向上剤として使用されてきたアルキル鉛の添加量が低減され, ガソリン中の鉛含有量は 0.84 g/l から 0.32 g/l に低下した. その後, レギュラーガソリンは 1975 年から, プレミアムガソリンは 1983 年から完全無鉛化が行われ, その結果ガソリン車の触媒浄化システムが導入可能となり大気汚染の防止に多大な成果をあげている. また, もう一つのトピックであるプレミアムガソリンのオクタン価については, 従来 98 程度であったものが, 1987 年に大部分の石油会社から 100 オクタンガソリンが発売され今日に至っている. このように, わが国のガソリンは性能向上のみならず, 環境対策などその時々の社会的要請に応えるべくつねに変化している.

（ii）ガソリンの品質性状　ガソリンエンジンに用いられる燃料は, 炭素数が 4～10, 沸点範囲は約 30～200℃ の炭化水素の混合物である. ガソリンの種類としては, オクタン価によってプレミアムガソリン（オクタン価 98～100）とレギュラーガソリン（オクタン価 90 前後）の 2 種類があり, 日本工業規格の製品規格（JIS K 2202）にその主要性状が規定されている.

（iii）ガソリンに要求される実用性能と品質　自動車ガソリンに要求される性能としては, 国内のあらゆる気象条件下でも容易にエンジンがかかり（始動性）, アクセルペダルを踏んだときに適度な加速感が得られ（加速性）, 坂道や高速走行での急激な加速時にもノッキングが起きず（アンチノック性）, 長時間の運転でも快適な運転性（ドライバビリティ）が得られることがあげられる. また, 排気ガスが環境に大きな影響を与えないことや, 低燃費であることも考慮する必要がある.

（1）アンチノック性：　急加速や登坂の際にアクセルを踏み込んだりすると, エンジン内の未燃ガスの自己着火によってカリカリといった金属音が発生することがあり, この現象をノッキングという. アンチノック性とはこのノッキングの起こりにくさをさし, オクタン価が高いほどアンチノック性に優れたガソリンであるといえる.

オクタン価を高めるためには, オクタン価の高い炭化水素（側鎖の多い飽和分, オレフィン分や芳香族分を多く含む炭化水素）を使用してガソリンを製造する方法と, ガソリンにオクタン価向上剤を添加する方法がある. オクタン価向上剤としては, 過去にはアルキル鉛が使用されていたが, 現在は排気ガス対策のために使用されておらず, その代替としてオクタン価の高い含酸素化合物であるエーテル類やアルコール類を用いることが主流となっている. わが国においてもプレミアムガソリンに限り, 1991 年 11 月からオクタン価向上剤としてメチル-t-ブチルエーテル（MTBE, オクタン価 118）が使用されている.

（2）始動性：　始動時のエンジンのかかりやすさはガソリンの蒸発しやすさに依存し, 蒸気圧がその目安となる. ガソリンは, あらゆる使用条件下でも良好な始動性を確保するよう, 冬期や寒冷地では蒸気圧を比較的高くするなどの方策をとっている.

（3）その他の実用性能：　上記以外の実用性能については, 図 2.90 に示すようなガソリンの蒸留性状

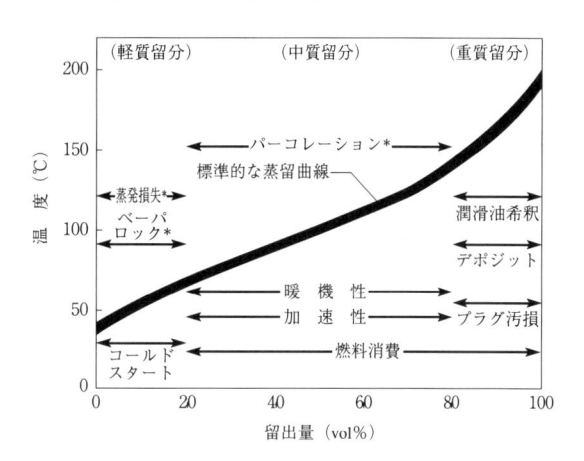

図 2.90　ガソリンの揮発性と実用性能との関係
＊揮発性が高いと問題になる項目

との関連がある．加速性や冬期の暖機性は20～80%留出温度の低いほうがよく，燃料消費量は50%以上の留出温度の高いほうが少ない傾向にある．

また，最近では，運転性の向上や排ガス浄化を目的に，吸気系デポジットの堆積防止効果のある清浄剤をガソリンに添加している例もある．

b．ディーゼル軽油

（ⅰ）わが国における軽油の変遷 軽油は，トラックやバスなどの自動車，大型の農業機械や建設機械，船舶などのディーゼルエンジン用燃料として，年間4200万kl（平成5年度実績）程度が使用されており，今後もディーゼル車保有台数や輸送トン数の増加により，その需要は堅調に伸びるものと予想されている．しかし一方では，ディーゼル車に対する排出ガス（とりわけ窒素酸化物や粒子状物質）低減の要求は厳しくなる傾向にあり，その対策として，エンジン自体での対応はもとより，排気ガス浄化装置の導入を容易にするための燃料の低硫黄化も実施されている．これにより，軽油中の硫黄含有量は1992年10月から従来の0.5重量%から0.2重量%に低減されており，1997年からはさらに0.05重量%までの低硫黄化がなされる予定である．

（ⅱ）軽油の品質性状 ディーゼル燃料として用いられる軽油は，炭素数が10～20程度，沸点範囲が170～370℃程度の炭化水素混合物で構成されている．JISの製品規格（JIS K 2204）では，低温における流動特性の違いにより特1号，1号，2号，3号および特3号の5種類に分類されており，使用の際には季節や地域によって使い分けるようガイドラインが設定されている．

（ⅲ）軽油に要求される実用性能の品質 ディーゼルエンジンに使用する燃料として要求される性質としては，着火性がよいこと，適切な粘度であること，低温流動性がよいこと，ならびに硫黄分が少ないことなどがあげられる．

（1）着火性： ディーゼルエンジンでは，圧縮過程で噴射された燃料が速やかに自己着火し，燃焼が滑らかに進行することが望ましく，この性能をセタン価として表す．セタン価の数値が大きいほど燃料の着火性がよい．

（2）粘度： 粘度が低いほど，燃料噴射装置で霧化しやすく良好な燃焼が可能となるが，低すぎると燃料ポンプなどの摩耗を増大させる原因となるので，適正な範囲にする必要がある．

（3）低温流動性： 低温下では軽油中に含まれるパラフィン分が析出するため，寒冷地では燃料供給系統フィルタの閉塞や軽油の凝固などの不具合がときどき発生する．このため，使用する季節や地域に適合した低温流動性が要求される．

（4）硫黄分： 軽油中の硫黄分は，エンジンの腐食，摩耗および潤滑油の劣化や排出ガス中の硫黄化合物生成などの原因となるため，極力低減することが望まれる．

c．自動車用燃料の将来展望

最近の地球環境保全意識の高まりや，大都市およびその近郊における大気汚染の進行に対し，従来は自動車サイドでの対策が主体であったが，アメリカの修正大気浄化法（1990年）によるリフォーミュレイテッドガソリン（RFG）や低硫黄軽油の導入を契機に，欧米を中心として燃料の品質規制を行おうとする動きがある．今後，わが国においても同様な傾向が予想され，環境負荷低減を考慮した自動車燃料が要求されるものと考えられる．しかし，このような環境対応型燃料の実現には，製造・流通過程で新規設備投資を伴うなどの経済的な問題や，運転性能など自動車に与える影響をはじめとした技術的な課題が考えられ，国民経済的な視点にたった関係者の合意形成が必要であると思われる．

〔柳田　茂〕

2.7.2 内燃機関用潤滑油

a．4サイクルエンジン油

エンジンの高性能化，高出力化，排気対策，省燃費化あるいは油交換距離の延長などに伴い，エンジン油に要求される性能は年々高くなってきている．エンジン油の品質はAPI（American Petroleum Institute）のサービス分類[1]によってランク付けされている．規格試験用エンジンが変更されることや，より優れた性能が要求されることに伴い，試験方法や合格基準の見直しが行われ，新しいサービス分類規格が設定される．日本においては，こうしたAPI規格の品質に加えて自動車メーカーが独自に自社生産エンジンに適合するエンジン油性能を求めてきた歴史がある．以下に性能面からみたエンジン油の変遷について簡単に述べる．

（ⅰ）SE～SFの時代 1970～1975年ごろは，排気規制対応車に酸化触媒が装着されることからエンジン油組成の影響について検討が行われた．リンその

ものは被毒性を有するが，清浄剤などと組み合わさったエンジン油では実用上問題ないことがわかった．しかし1972年に誕生したSE油に関しては0.06質量%P，0.7質量%硫酸灰分程度の低リン低灰処方が市場の主流となった．またカム，ロッカアームなど動弁系摩耗が添加剤組成に影響されることが明らかにされ，油からの摩耗防止対策が検討された．摩耗防止剤であるジチオリン酸亜鉛（ZDTP）としてはセカンダリー（sec.）アルキルタイプが有効であることがわかり，当時主流であったプライマリー（pri.）タイプから，SE以降セカンダリータイプに代わり，この傾向は今日も続いている．

エンジンの高性能化（動弁系のOHC化など）が進むとSE性能では耐熱性や高温安定性が不足したため，1980年にSF規格が誕生した．すなわちZDTPや金属系清浄剤の絶対量が足りないと判断されたため，SF油では0.1～0.13質量%P，1～1.2質量%硫酸灰分の処方が主流となった．触媒性能の向上が高リン高灰油の使用を可能にしたものと考えられる．

一方，1973年の石油ショックを契機として，省エネルギーの観点から自動車の燃料経済性を改善しようとする動きが活発になった．1975年にアメリカでエネルギー政策保存法が制定され，CAFE（Corporate Average Fuel Economy）が導入されることが決まってからは，低燃費（低摩擦）油の開発に拍車がかかった．1975～1978年に集中して，燃費に及ぼすエンジン油の粘度および摩擦調整剤（FM）の影響が検討された．同時にアメリカではASTMが中心となり燃費評価試験が検討され，5台の車を使ったシャシダイナモ試験が1980年3月に提案された．その後改定が行われ，1983年に試験法の確立がなされ，燃費改善の基準が設けられた（基準油20W-30油に比べ1.5%以上の改善に大して省燃費性が与えられ，APIによって容器に付けられることになったドーナツマークの下半分にEnergy Conservingとして表示される）．

こうした動きをいち早く日本の自動車メーカーは自社の工場充填油や純正油に取り込み，FMを添加した10W-30油を1979年に発売している．油メーカーもFM入り製品を1980年，81年に発売しているが，7.5W（または10W）-40が主流であった．

ターボ車の出現に伴ってターボチャージャ内のデポジットおよびフローティングメタル摩耗が問題となり，これらを防止するターボ車専用油の開発が開始され，日本では1982年以降商品化された．粘度指数向上剤のポリマー量がデポジット量と関係することがわかり，省燃費性の要求と相まって粘度グレードは10W-40から10W-30に変わっていく契機となった．

（ii）**SGの時代**　ガソリンエンジンの省燃費化，高出力化，小型化などの改良は，油に対しては厳しい要件となった．すなわち燃焼圧力の増大，希薄燃焼システムの導入，オイルパン容量の減少などのエンジン仕様の変化は，ブローバイガス中のNO_x濃度の増加を招き，油量当たりの熱負荷を増大させ，油劣化を促進することになった．1982年に西ドイツでブラックスラッジ（バルブデッキ部やロッカアームカバーなどに発生する黒色のスラッジで，従来の褐色のスラッジと区別された）の発生が問題にされ，ほぼ同時期にアメリカ，日本でも類似のスラッジ生成によるエンジントラブル（油循環不良によるエンジン損傷）が発生し，油性能の見直しが叫ばれるようになった．SF規格が設定されてから9年後の1989年3月にSG規格が設定されたが，スラッジ対策すなわちナイトレーション防止性と酸化防止性の強化に主眼がおかれたことはいうまでもない．

エンジン油組成としては，フェノール系やアミン系などの無灰酸化防止剤の添加が必須となった．無灰分散剤はスラッジプリカーサの段階での酸化抑制に貢献することから，添加量の増量が図られ，またスラッジ防止に有効な新規な高分子量分散剤が添加されるようになった．さらに粘度指数向上剤もスラッジ抑制機能を兼ね備えた分散型のものに変更されるようになった．排気浄化の三元触媒耐久性への配慮から，油のリン量が0.08～0.10質量%に，また硫酸灰分量は0.8～1質量%に下げられた．

燃費改善の要求はますます高まり，ASTMでは5カー試験の費用削減と信頼性向上のため，GMのBuick V-6（OHC），3.8 lエンジンを用いた台上試験（ASTM Seq. VI）を1985年に開発し，この試験で得られた20W-30油との燃費改善率を以前の5カーテストの燃費改善率に換算（EFEI：Equivalent Fuel Economy Improvement）して表すことになった．省燃費性も1988年からは2.7%以上のEC-IIが要求されるようになった．

（iii）**SHとILSAC規格の登場**　アメリカでは，市場のSG油には規格に合致しないものが販売され，エンジン損傷を起こすことが指摘された．アメリカ自

動車工業会は API の自己認証システムでは品質保持に十分でないこと，および自動車メーカーの希望した時期に規格の改定がなされていないとして，1987 年に日本自動車工業会と合同の国際潤滑油標準化委員会（ILSAC：International Lubricant Standardization and Approval Committee）を設立した．ILSAC は 1990 年 10 月に乗用車用ガソリンエンジン油の GF-1 規格を発表し（92 年 10 月改定），API と協議のうえ，新しい認証システムとして EOLCS（Engine Oil Licensing and Certification System）を 1993 年 1 月にまとめた．

SH は SG から Cat. 1 H-2 試験が削除されたもので，その他のエンジン試験内容は変わっていないが，CMA（Chemical Manufacturing Association）認証試験実施要領に従って試験の受付や試験油の内容登録がなされ，試験の合格基準にも MTAC（Multiple Test Acceptance Criteria）が採用された．開発費用を削減するため（数少ない試験数で合格させるため），従来の SG 油よりも無灰系の酸化防止剤，分散剤の添加量を増やし，性能を必然的に上げる必要があった．また GF-1 は SH とほぼ同一内容であるが，省燃費性の EC-II を規格に取り入れており，粘度グレードも 0 W，5 W，10 W-で高温高せん断（HTHS）粘度が 2.9 mPa·s 以上の油に限定されている．また油中リン濃度の上限（0.12 質量％）をはじめ，泡立ち性，蒸発性，フィルタビリティなどの物理化学性状や実験室試験が規定された．こうした EOLCS の運用は API が行うことになり，1993 年 8 月から SH および GF-1 規格の認証マークを缶に表示したエンジン油の発売が認可された．

ILSAC 活動に合わせる形で，1988 年頃から日本の

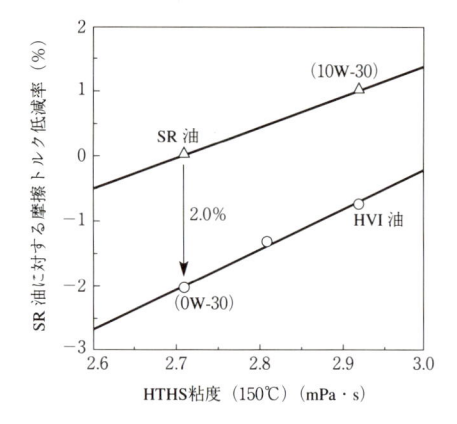

図 2.91　エンジン摩擦トルクに及ぼす高粘度指数基油の影響[2]
　SR 油：溶剤精製基油
　HVI 油：水素化分解高粘度指数基油

一部の自動車メーカーが省燃費性に優れた低揮発性 5 W-30 油（ILSAC 規格より厳しい）を要求したことから，低揮発性で粘度指数の高い基油が必要となった．粘度指数が 120 以上の水素化分解基油は（通常の溶剤精製油は約 100），芳香族分をほとんど含まないイソパラフィンを主体とした組成であり，ポリ-α-オレフィンと同様に境界潤滑領域の高圧下においては粘度が溶剤精製鉱油より低くなるため図 2.91 に示すように低摩擦に貢献できる[2]．また油劣化しにくいことから，FM の持続性が高まる．こうした高粘度指数基油は省燃費型エンジン油の基油として最適である[3]ため，日本では 1992 年以降使用されるようになった．また省燃費性の要求がますます高くなる中で，FM としては図 2.92 に示すように有機モリブデン化合物（MoDTC，MoDTP など）が最も低摩擦効果が大きい[4]ことから，

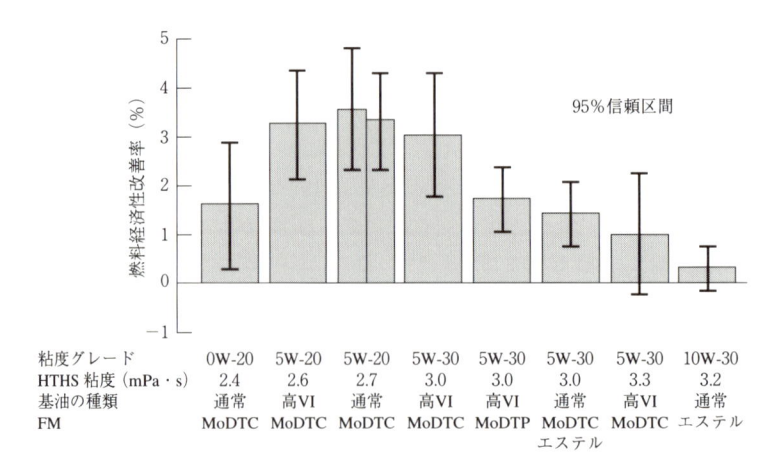

図 2.92　EPA モードにおけるエンジン油の省燃費性比較[4]

その挙動についての基礎的な検討結果が数多く報告されるようになり，GF-1油に採用する油メーカーも出現した．

(iv) 将来動向 地球温暖化や大気汚染などの環境問題への対応はますます重要になり，自動車メーカーからのエンジン油への要求はいっそう厳しくなる．具体的にはILSACの規格変更への取組みに現れているが，新規格の認定取得油の販売時期としては，GF-2が1996年10月，GF-3が2000年1月に予定されている．GF-2では，蒸発性，フィルタビリティ，泡立ち性が厳しくなり，高温堆積物の実験室評価が新たに加わり，またリン含量が最大0.1％に変更されている．

また省燃費試験がOHV型動弁系エンジンからローラフォロワ型動弁系エンジン（Ford 4.6 l, V-8）を用いたSeq. VI Aになり，標準油の見直しをはじめ省燃費性の基準が粘度グレード別に設定され，EC-IIIが制定される予定である．省燃費性への強い要求から，0 W-20，5 W-20（HTHS粘度2.6 mPa・s以上）のような低粘度油が認可されたこともGF-2規格の特徴である．GF-3では，Seq.エンジンの変更や排気浄化触媒やセンサへの適合性評価，日本提案の動弁系摩耗試験の採用，油交換期間の延長への対応が検討されている．

こうしたエンジン油の要求（低蒸発性，省燃費性，熱・酸化安定性のいっそうの性能改善）を満たすためには，添加剤技術では対応できない要素があるため高粘度指数基油の採用に期待がかかっている．1995年には日本のほとんどの油メーカーが高粘度指数基油の製造を始めており，時代を先取るように主として省燃費型5 W-30油に使用している．

一方，アメリカの油メーカーも将来のILSAC規格エンジン油や低粘度で低揮発性を必要とする油種に対応するため，一部油メーカーはすでに高粘度指数基油の製造を始めており，他の油メーカーも近い将来製造を開始する予定である．したがって，乗用車用エンジン油としては高粘度指数基油を用い，Mo系FMを添加した低粘度油が省燃費油の主流になると予想される．

b．ディーゼルエンジン油

ディーゼルエンジン油の分野においてもAPIコマーシャル分類の変遷が続いている[1]．とくにアメリカの排出ガス規制対応エンジンに適合する油として見直されている．

1955年にCDが誕生してから1987年にCEが規格化されるまで，添加剤組成には大きな変化はなかった．この間，日本においてはガソリンエンジン油同様1980年ごろから省燃費化への取組みが行われ，日本のディーゼルエンジンメーカーはFMを添加したCD級10 W-30のようなマルチグレード油を1982年から1983年にかけて工場充填油，純正油として採用するに至った．FMとしては，摩擦力低減に有効な被膜が油中すすの研削作用によって消失されやすいため，すすの影響を受けにくいボレート（ホウ酸カリウム）やエンジンのブレークイン効果を期待して油溶性モリブデン化合物が添加されている．日本の油メーカーはディーゼル乗用車の普及に合わせて自社製品にもこうした省燃費油を投入したが，アメリカやヨーロッパでは摩耗への懸念から，依然として15 W-40が主流のままであり，FMは添加されていない．

CEはターボチャージャ装着など高出力化や排出ガス規制対策のエンジンに一部のCD油が適合できなくなったのが引き金になっている．排気をよくするためにタイトトップランドピストンにしたことで，ランドに付着した硬いデポジット（すすおよびエンジン油の灰分）によりシリンダライナの表面が鏡面状に摩耗し（ボアポリッシング），油消費増加が問題となったためである．このため油組成としては金属系清浄剤の添加量を減らす低灰化指向が生まれた．エンジン試験も従来のCaterpillarの単気筒エンジンに加えマルチシリンダエンジンによる評価が加わったことが特徴的であり，1987年4月に規格が成立した．

しかしCE油でも油消費増加の問題が解消できないとして，1990年9月にはCaterpillar 1-G 2試験が1 K試験に変わり，この試験に合格させるためにいっそうの低灰化（硫酸灰分量が1.2質量％程度）が進められた．さらにアメリカでは路上走行用の自動車燃料硫黄分が1993年10月から0.05質量％以下に引き下げられたことを受けて，1994年排出ガス規制対策車に適合する新しいCG-4規格が制定され1995年1月から認証油の販売が認められた．このCG-4に合格する標準油は，ZDTPが0.1％P，硫酸灰分量が0.9％の15 W-40の低灰油（日本の代表的なCD油の硫酸灰分量は1.8％）であり，分散性を高くした処方になっている．

一方，従来のCDに代わる新規格がCFであり，1994年8月から認証が開始された．高硫黄燃料が用いられる建設機械用エンジンや従来型の副燃焼室エンジン向けに適用され高リン高灰油が要求される．

日本においては，こうしたアメリカの規格の変化に素直に追従できない事情がある．わが国においても排気規制対応が最大の課題であるが，規制物質の対象が同じウエートでないため（アメリカは粒子状物質，日本はNO_x低減を重視），エンジンの設計思想や仕様が異なる．NO_x低減のためEGRの装着が検討されているが，このシステムでは酸中和性に優れた高塩基価の高灰油が望ましい．また日本においては使用油の性状管理が行われており（APIの規格試験では，ある試験で粘度増加だけが規定されている），とくに塩基価維持性と酸価増加抑制が要求され，これらの測定値をもとに油交換期間が自動車メーカーから指定されている．

低灰化は塩基価が低くなることから，ロングドレイン化指向に逆行することになる．またCG-4のような低灰油が日本のエンジン試験では必ずしも清浄性や摩耗防止性においてCD油に比べて良い結果を示すわけでない．こうした背景により，日本市場では依然として高灰のCD油，CE油が主流を占めている．技術的に低灰油を必要とする要件としては，超長期排出ガス規制対策としてディーゼルパティキュレートフィルタ（DPF）が装着された場合である．油の硫酸灰分量に比例してDPFへの灰分蓄積が起こり圧損失を招くため，低灰油が必要とされる．

このように現時点ではCF-4やCG-4のような低灰油は必ずしも日本においては要求されないが，軽油硫黄分が1992年10月から0.5質量％以下から0.2質量％以下に，さらに1997年には0.05質量％以下に引き下げられることや，排出ガス規制対応のエンジン改良システムがアメリカのシステムと似かよってくることも考えられるため，高灰油であることの必然性が薄らぐことも事実である．ILSACに代表されるようなグローバル規格化の動きがあるため，今後のディーゼルエンジン油の品質動向が注目される．

［加賀谷峰夫］

2.7.3 ギヤ油と自動変速機油
a．ギヤ油

ギヤ油には，手動変速機油，終減速機油がある．ギヤ油を選定する基本は粘度および性能であり，これらはSAE粘度分類[5]，APIサービス分類[6]，あるいはアメリカ軍規格（MIL-L-2105 D）などで規定されている．

ハイポイドギヤを使用した終減速機の進歩に伴い，ギヤ油の性能は耐焼付性を中心に改良されてきた．これは極圧剤の開発に負うところが大きく，終減速機油は硫化オレフィンと亜リン酸エステル，リン酸エステル，リン酸エステルのアミン塩のいずれかを組み合わせた硫黄-リン（SP）系極圧剤を使用したものが主流となっている．粘度および性能分類ではSAE 90，GL-5のギヤ油が中心であり，低温流動性や燃費を考慮したマルチグレード油（SAE 80 W-90など）も使用されている．また滑り制限差動装置を装着した終減速機用ギヤ油には，チャタリングと呼ばれるスティックスリップによる振動防止のために，SP系極圧剤にホスファイトなどの摩擦調整剤を併用している．

一方，手動変速機油にはSP系極圧剤を減量したギヤ油やエンジン油が使用されてきたが，1980年ごろから低温時におけるシフト操作力を低減するため低温粘度の低いマルチグレード油（SAE 75 W-90，SAE 75 W-85 Wなど）が使用されるようになってきた．マルチグレード油には機械的せん断による粘度低下を抑えるため比較的分子量の低い粘度指数向上剤（主としてポリメタクリレート）が使用されている．低温粘度を下げるため従来の溶剤脱ろう基油に代わる新しい接触脱ろう基油が導入されたのも1985年ごろである．またマルチグレード油は，中低温における粘度が従来のモノグレード油に比べて低いため攪拌抵抗が少なく燃費改善に効果があるという利点もある．

快適性の追求が自動車の高性能化の大きな課題になると，手動変速機油にシフトフィーリングの向上という要求が加えられた．シフトフィーリングはシンクロメッシュ機構におけるシンクロナイザリングとギヤコーン間のトライボロジーの問題である．同期過程における動摩擦係数が低いとチャンファどうしの衝突によるギヤ鳴りが発生し，シンクロナイザリングをギヤコーンから離す際の摩擦係数が高いと引っかかり（二段入り）が生じる．

SP系極圧剤を使用したギヤ油の場合，これらの問

題が生じるケースが多い．このため動摩擦係数が安定して高く，静摩擦係数の低いギヤ油の開発が進められ，1980年代後半からジチオリン酸亜鉛（ZDTP）に金属系清浄剤（Caスルホネートなど）と摩擦調整剤などを併用した新しいタイプのギヤ油が使用されるようになった．ロングドレイン化や油温の上昇に対処するため，耐熱性を向上させる検討もほぼ同時期に行われ，従来の溶剤精製基油に代わり，芳香族分や硫黄，窒素の少ない水素化分解基油が使用されるようになった．またSP系極圧剤に比べてこのZDTP-金属系清浄剤の組合せは耐熱性の点でも優れている．

このギヤ油の問題点は耐焼付性がSP系ギヤ油に比べて若干劣ることである．このためSP系極圧剤を併用したタイプも市場に出ているが，この場合は耐熱性の低下という問題がある．したがって，耐熱性やシフトフィーリングを損なわずに耐焼付性を向上させることが今後の課題といえる．また終減速機油の今後の課題は耐熱性や省燃費性能の向上である．これらの点で注目されるのが固体潤滑剤であるボレート系極圧剤である．

最近，APIではトラックなどの大型車を対象に耐熱性やオイルシールとの適合性を重視した新しいギヤ油のサービス分類を制定しようとしている．PG-1はノンシンクロタイプの手動変速機用で，耐摩耗性が付加されており，API MT-1として1995年中に制定される見通しである．MT-1はアメリカ軍規格に組み込まれMIL-L-2105 Eが登場する予定である．PG-2は高荷重終減速機用で，歯車の疲労寿命に対する影響が加味されている．疲労寿命を評価する試験法に問題があるため，PG-2が制定されるのは1996年以降になりそうである．

b．自動変速機油（ATF）

ATFを選定する基準は性能であり，GMやFordの規格などで規定されている．ATFの性能は湿式クラッチにおける摩擦特性，酸化安定性，低温流動性を中心に改善されてきた．これらは規格の変遷という形で示されている．摩擦特性は，実際の湿式クラッチを使用したSAE No.2摩擦試験機で動摩擦係数（μ_d），最終動摩擦係数（μ_o）および静摩擦係数（μ_s）を測定して判断する．1970年代前半に，GMがμ_dの低下によるシフト時間の延びを抑制するために摩擦調整剤（FM）を減量したDEXRON IIを，Fordがクランクノイズを防止するためにFMを添加したM 2 C 138 CJを制定したことにより，摩擦調整剤入りのATFが一般化した．

このDEXRON IIタイプのATFには無灰分散剤，リン系摩耗防止剤，酸化防止剤のほかにエステル系やアミン系の摩擦調整剤などを含む無灰系と摩擦特性を安定化させるためにこれらにCaスルホネートを配合した金属系がある．

また摩耗防止剤としてZDTPを使用した金属系ATFも使用されている．国内では1980年代前半にDEXRON IIタイプのATFが使用されるようになり，μ_sの高いタイプと低いタイプに分かれたもののATFの主流を占めるに至った．1980年代後半になると国内ではDEXRON II規格にとらわれない新しいATFが登場するようになった．このATFの特徴はせん断安定性，低温流動性および摩擦特性に優れていることである．ATFにはポリメタクリレートなどの粘度指数向上剤が配合されており，これが使用中にせん断され粘度が低下する．

粘度低下が大きいとバルブ，シールなど油圧回路から油漏れが生じライン圧をはじめとする油圧の低下をきたす．また低温時の粘度が高いと始動不良や変速不良などの不具合が発生することがある．これらの問題を解決するために水素化分解基油や接触脱ろう基油が採用されるようになった．

また，新しい基油に適した比較的低分子量で粘度指数向上効果だけでなく，流動点降下剤としての機能にも優れたポリメタクリレートが開発された．その結果，−40℃の粘度が20 Pa·s以下というATFが使用されるようになった．これらに加え，快適性の追求の一環として変速ショックの低減や省燃費対策として導入されたロックアップクラッチへの対応も課題となり，粘度温度特性などを改善したATFはさらに$\mu_o/\mu_d \leq 1$，μ_d，μ_sを含めた摩擦特性の維持という要求に応えた高性能なものになっている．これはFMなどの適切な選択により達成されている．

ベルト式のCVTが登場したのも1980年代後半である．このCVTではベルトとプーリ間の摩耗や潤滑油のせん断を考慮する必要があり，耐摩耗性やせん断安定性に優れたATFが採用されるようになった．

一方，GMは1991年にDEXRON II Eを，Fordは1992年に修正MERCONを制定し，−40℃の粘度を20 Pa·s以下にしている．DEXRON II Eではこのほか，泡立ち防止性，酸化安定性の向上が図られ，バンドク

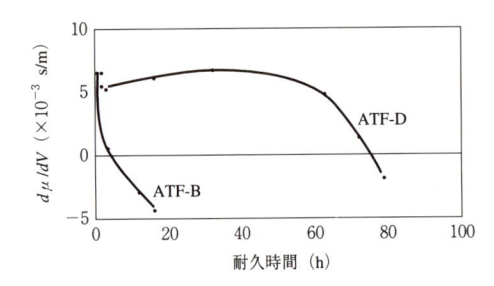

図 2.93　低速滑り摩擦試験機によるスリップ耐久寿命の測定

ラッチ試験が追加されている．また1993年にはDEXRON Ⅲ が制定され，酸化安定性の改善やバンドクラッチ試験における高 μ_d 化が進められている．

1990年代になると国内では振動の低減，変速特性や燃費の改善を目的としたスリップ制御ロックアップクラッチの検討が行われた．これは高速域だけでなく低速域での燃費改善を図ったもので，ATF側からはスリップ制御の際に生じるシャダー（ジャダー）と呼ばれる振動音をいかに抑制するかが重要課題になる．シャダー防止には低速域での μ_d と滑り速度 (V) の関係，いわゆる μ-V 特性における勾配 ($d\mu/dV$) を正にすることが必要であり，その性能を維持するためにはスリップ時の摩擦面の温度上昇が100℃を超える場合があるため熱酸化安定性に優れたFMなどの選定が必要となる．

図2.93に示すように，実車において比較的短距離でシャダーの発生が認められた市販ATF-Bは低速滑り摩擦試験機を使用した μ-V 特性の評価において短時間で負勾配になるが，実車でも寿命の長いATF-Dは比較的長い時間正勾配を維持している[7]．

日本自動車工業会ではATFの性能を管理するため伝達トルク容量，せん断安定性のほかに，このシャダー防止性能に関する規格を盛り込んだ新しい規格を制定し，国際規格としてILSACに提案する方向で検討を続けている．また新しいMERCON Vにもこの性能が加えられる見込みである．

一方，燃費改善のもう一つの手段として，高温における粘度を従来のATF並みに維持し，使用温度領域におけるATFの粘度を下げ攪拌抵抗やひきずり抵抗を低減させる検討も行われた．この目的を達成するために粘度指数の高い鉱油系高性能基油が開発された．この基油を使用した高粘度指数ATFの場合，従来のATFに比べて図2.94に示すように，ATを使用したモータリング試験において摩擦トルクが明らかに低減

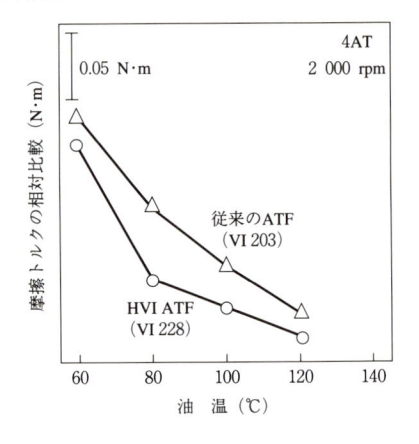

図 2.94　高粘度指数ATFによる摩擦トルクの低減
（ATモータリング試験）

している[8]．

このような状況を考えると，これからのATFは粘度温度特性に優れ，スリップ制御ロックアップクラッチの性能を最大限に発揮できるより信頼性の高いものになっていくと考えられる．また，μ_d，μ_s の高いATFは湿式クラッチの伝達トルク容量を高め，その結果湿式クラッチの枚数を減らしたり，径を小さくすることを可能にする．これは他の要素における効率低下がなければ燃費改善につながる．今後，高 μ ATFの開発も耐熱性の向上を図りながら進められるものと推察される．

［池本雄次］

2.7.4　等速ジョイント用グリース

等速ジョイント（CVJ）には1980年ごろはアウトボードもインボードも極圧剤や MoS_2 を添加したLi石けんグリースが使用されていた．しかし，CVJの使用条件が過酷になるにつれて，また快適性の追求も加わってCVJグリースには多くの性能が要求されるようになった．アウトボード用グリースの場合，高速化やCVJのサイズダウンなどによる高トルク化に対処するため，耐フレーキング性や耐摩耗性の向上が重要課題となっている．このため，従来広く用いられてきたナフテン酸鉛に加えZDTPやSP系極圧剤も使用されるようになってきた．今後もこれらの性能向上やコストダウンが主要な課題となると考えられる．

インボードに用いられるスライド型CVJは角度をとった状態で回転すると誘起スラスト力と呼ばれる軸力が発生する．この誘起スラスト力により生じる振動がエンジンなどの振動と共振し，ビート音やこもり音

さらには発進時の車体の横揺れの原因となる場合がある．誘起スラスト力はインボード用グリースの適切な選択により低減させることが可能であり，ウレア系グリースに有機モリブデン系添加剤などの摩擦調整剤を配合した摩擦係数の低いグリースの開発が進められている．

また外部からの伝熱やCVJの取付角度の増大などによる内部発熱の増加に対応するため，耐熱性に優れたインボード用グリースが必要になってきた．この観点からもLi石けんより耐熱性に優れたウレアを増ちょう剤とするウレア系グリースが使用されるようになってきた．今後，インボード用グリースの主要テーマは車の静粛性の追求という観点から誘起スラスト力のさらなる低減であることは間違いない．このほかCVJグリースに共通する重要な性能にゴムブーツとの適合性がある．極圧剤などの選定を誤るとブーツが膨潤したりゆがみを生じたり，最悪の場合破損に至ることがあるため，適合性には十分配慮する必要がある．

[池本雄次]

参考文献

1) ASTM Standard D 4485-94.
2) J. Igarashi et al.：High Viscosity Index Petroleum Base Stocks-The High Potential Base Stocks for Fuel Economy Automotive Lubricants, SAE Paper 920659.
3) T. Nagashima et al.：Research on Low-Friction Properties of High Viscosity Index Pertroleum Base Stock and Development of Upgraded Engine Oil, SAE Paper 951036.
4) K. Akiyama et al.：Fuel Economy Performance of the Highly Efficient Fuel Economy Oils Using Chassis Dynamometer Test, SAE Paper 932690.
5) SAE J 306：1994 SAE HANDBOOK, Vol. 1, 12. 37
6) SAE J 308：1994 SAE HANDBOOK, Vol. 1, 12. 36
7) 中田高義ほか：スリップ制御用ATF，自動車技術，Vol. 49, No. 5, p. 84-88（1995）
8) T. Sasaki et al.：Development of Automotive Lubricants Based on High-Viscosity Index Base Stock, SAE Paper 951028

2.8 新　素　材

2.8.1 はじめに

新素材は一時期大きな話題になり，いろいろな産業分野で特徴を生かした応用の研究開発がなされた．しかし，実用化においてはコストや製品品質の問題で実用化に至った材料は多くはない．

ここでは，自動車用新素材として，一部で使用されているものの現在まだ広くは使用されておらず，今後の開発や技術状況によって実用化が開始または使用拡大される可能性があって，比較的歴史の浅い下記の各材料について，現在までの使用実用例と今後の展望を述べることとする．下記の材料以外で新しい素材については，各材料分野で述べられているため，ここでは言及しないこととする．

- セラミックス
- 金属間化合物
- 金属基複合材料
- チタン合金
- アモルファス金属
- 高機能表面処理

2.8.2 セラミックス

セラミックスは昔より陶磁器やガラスなど身近な材料として利用されてきたが，1970年代から特性を大幅に向上させたファインセラミックスが注目され，研究開発が行われた．このセラミックスには機械強度特性を主眼とする構造用ファインセラミックスと電気や磁気特性を主眼とする機能ファインセラミックスの二つに分類される．

以下にこれらの二つのセラミックスのおもな特性と実用化例および今後の課題について概要を記す．

a．構造用セラミックス

構造用セラミックスは，とくに1980年ごろから数年間，新材料として注目され研究開発が盛んに行われた．ブーム時にいろいろな部品応用が考えられたが，コストや製品品質の問題から実用化された例は少ない．現在では特徴を生かせる領域での地道な開発が継続されている．

おもな競合材料である金属材料に対する特徴として，比較的軽量で硬く熱膨張率が小さく，ヤング率・強度が高い．しかし，もろく加工しにくいなどの欠点もあ

る．これらの性質は，セラミックスの化学結合がおもに結合力の強い共有結合であることに起因している．金属材料のような金属結合では原子が移動しやすいため変形しやすく高い延性を示す．実際のセラミックスでは共有結合とイオン結合が混在した状態となっている．

　セラミックスはこの高ヤング率と低い延性のため一般的に切欠感受性が高く，使用に当たっては十分な注意が必要となる．さらに，高い強度と硬い性質のため，機械加工性が悪く部品成形に当たってはニアネットシェイプとなる成形が望まれる．また，一般には粉末成形後の焼成により素材がつくられるが，焼成時収縮することや製品内の場所によっての収縮量が異なるため，十分なデータをとって粉末成形体の形状を決定しなければならない．

　材料開発は材料の特徴を生かすため，高強度化・高靱性化の研究が行われている[1,2]．高強度化は，おもに材料組織の微細化と欠陥の大きさの減少で行われる．とくに，自動車用エンジン部品などの高温構造材料としては，高純度原料の使用・焼結助剤量の低減・ガラス相の結晶化や助剤の結晶相への固溶などにより，高温強度を改善する方法が提案されている．また，ナノメータレベルでの炭化ケイ素粒子の添加効果なども報告されている．一方，強靱化は組織を粗大化し，大きな長柱状の粒子を生成させる方法が一般的である．この強化メカニズムは，き裂先端のマルテンサイト型相変態による圧縮残留応力や柱状粒子によるウィスカ強化の場合と同じような破面に沿って発達するクラックブリッジングが支配的であると考えられている．

　自動車へのセラミックスの実用例としては，代表的なものとして透光性を利用した窓ガラス，ヘッドライトなどや絶縁性・耐熱性を利用したスパークプラグがあり，さらに1970年代の排ガス規制対策時に触媒担持体にセラミックスが用いられた．

　しかし，本格的に構造用材料として研究開発されたのは，その後の先に述べたセラミックスブームのときであった．検討された材料は，窒化ケイ素（Si_3N_4），炭化ケイ素（SiC），窒化アルミニウム，サイアロン，ジルコニア（ZrO_2），アルミナ（Al_2O_3），チタン酸アルミニウムなどであった．これらのセラミックス材料のおもな特性の一例を表2.30に示す．これらの材料の中で実用化されたのは窒化ケイ素材料がほとんどであり，これはこの材料の耐熱強度・耐熱衝撃性・比重のためと考えられる．

　今後の自動車部品への応用としては，①エンジンの高性能化などのための高面圧しゅう動部をもつ部品，たとえばバルブなどへの応用[3〜5]，②高熱負荷部品への断熱性や高温強度特性を利用した応用[6]，たとえば副燃焼室や断熱エンジンなど，が期待される．ただし，素材・加工・成形における価格上昇を防止するため，各工程でのコスト低減の努力が必要で，現在地道に開発が続けられているものの，まだ他の材料に比べて広く使用される価格帯まで達していない．

　最近では，いっそうの特性改良を行うためセラミックス基複合材料（Ceramics Reinforced Ceramics：CRC）の研究[7]が先端技術として実施されている．しかし，現在のところ自動車分野では，これらの高機能な材料開発より従来のセラミックス材料のコストダウンが最重要課題である．

b．機能性セラミックス

　1975年ごろから排出ガス規制対策のために酸素センサ，排気温センサが用いられ，その後燃費向上・快適性向上・安全性向上のため，ノックセンサをはじめとする各種センサが機能性セラミックスを用いて実用化されている．現在では構造用セラミックス材料に比べて，機能性セラミックスは自動車の各分野で広く使用されている．

　自動車用としては，電気的機能をもつセラミックスが多く，温度センサ・酸素センサなどのセンサ部品への応用が多い．今後，省資源，省エネルギー，快適性向上，安全性・環境破壊防止がますます求められてくると考えられる．そのためエンジンの燃焼効率向上のためのエンジンの高精度制御化やナビゲーションシステムなどの人の五感に適応し車での移動を楽しめる快適性を与える通信機器，また車の安全性を向上させるエアバッグなどのための加速度センサがより多く採用されると予想される．したがって，ますますセンサの高性能化や集積化が求められるようになり，機能性セラミックスもいっそうの材料開発や薄膜技術が求められている．最近では，光学的機能をもったセラミックスもジャイロなど自動車関連の周辺分野で適用が検討されている．

2.8.3 金属間化合物

　金属間化合物は構成成分が金属元素でありながら，その特性はセラミックスと金属の中間を示すものであ

2.8 新素材

表 2.30 構造用セラミックスの特性

材質	窒化ケイ素 (Si₃N₄)				炭化ケイ素 (SiC)	部分安定化ジルコニア (ZrO₂)		アルミナ-ジルコニア (Al₂O₃-ZrO₂)	アルミナ (Al₂O₃)
おもな特徴	高強度 高靭性 耐熱衝撃性 耐熱性				高温強度 高熱伝導率 耐摩耗性 耐食性	低熱伝導率 高強度 高熱膨張		高硬度 耐摩耗性	高硬度 低コスト
商品名	SN-55	SN-63	SN-73	SN-84	SC-20	CZ-31	CZ-51	AZ-11	A-96
特徴		耐食性 高強度	高靭性 高強度	高温高強度		耐食性	高靭性		
かさ比重 (g/cm³)	3.2	3.2	3.2	3.2	3.1	5.9	5.9	4.1	3.7
曲げ強度 (4点曲げ, JIS R 1607) RT (MPa)	850	1 100	1 150	860	600	1 020	1 100	600	300
800℃	750	900	950	800	580			400	
1 000℃	400	650	600	750	570			360	
1 200℃		500	400	750	570				
ヤング率 (GPa)	260	310	290	280	390	210	210	300	340
ポアソン比	0.27	0.27	0.27	0.27	0.14	0.3	0.3	0.27	0.26
破壊靭性値 (JIS R 1607) (MPam 1/2)	7	7	7.5	6*	2.5*	4.5	7.5	4.5	3.5
ヌープ硬度 荷重 300g (GPa)	15	17	14	15	28	12	12	17	15 (ビッカース500g)
熱膨張係数 40〜800℃ (×10⁻⁶/℃)	3.4	3	3.4	3.7	4.3	10.5	10.5	8	7.7
熱伝導率 R.T. (W/m・K)	35	45	45	40	60	3	3	30	20
比熱 (kJ/kg・K)	0.7	0.7	0.7	0.7	0.7	0.5	0.5	0.7	0.8
耐熱衝撃性** (℃)	800	1 000	1 000	1 000	370	350	350	200	200
耐酸化性 1 000℃, 1 000h (mg/cm²)	0.2	0.1以下	0.2	0.1以下	0.1以下				

* シェブロンノッチ法
** 水中投下法 (クラック発生がない温度差：水温←→加熱温度)

日本ガイシ㈱資料より

り，構成成分や構造により金属に近い性質を示すものやセラミックスに近い性質を示すものがある．おもな金属間化合物としては，チタン-アルミ系の TiAl，Ti₃Al などとニッケル-アルミ系の NiAl，Ni₃Al などがある．最近の研究開発はチタン-アルミ系で多く行われ，その中でも TiAl が主流となっている．ニッケル-アルミ系の NiAl，Ni₃Al は比重が 6〜7.5 g/cm³ と重く，自動車部品として応用を考えたとき価値が出しにくい．また，材料特性としても結晶粒径が小さくクリープ強度が低いことも応用に当たっては問題となっている．これらのことから，以下ではチタン-アルミ系金属間化合物にしぼって記すこととする．

チタン-アルミ系はチタン合金の実用化に合わせて 1950 年代に金属状態図の研究が開始された．この材料はクリープ強度・耐酸化性に優れるものの，延性・衝撃性に劣るため，研究は一時中断された．1970 年代にアメリカの空軍で材料研究が再開された．80 年代になって，その軽量・耐熱性が注目されアメリカ・日本・ヨーロッパ・中国で活発に研究が開始された．日本では，(財)次世代金属・複合材料研究開発協会で「超耐環境性先進材料の研究開発」が 89 年から 8 か年計画で実施されており，現在使用温度域 750℃ まで使用が可能と報告されている．また，この材料を用いたターボチャージャロータでの過給タイムラグの短縮効果の報告がなされた[13]．

チタン-アルミ系は，Ti₃Al，TiAl，Al₃Ti の 3 種類のものが存在する．Ti₃Al は密度が 5 g/cm³ と比較的大きく，耐熱温度も約 970 K と低いため耐熱チタン合金に対して優位性はほとんどない．Al₃Ti は密度が 3.3 g/cm³ と魅力的であるものの，結晶構造が複雑なため変形しにくく加工性の問題があり実用化が困難である．

TiAl は，単純な結晶構造をもち高温まで安定で，

耐熱構造用材料として金属間化合物の中では最も期待されている．しかし，それでも金属材料に比べて延性に乏しく，約 1 000 K 以上の高温では高延性を示すものの，通常の金属圧延加工のような高ひずみ速度領域での加工はできないため，特性改良のため熱処理・熱間加工による組織制御[8,9]・添加元素の研究[10]や恒温鍛造のような低ひずみ速度での加工法の開発[11]が行われている．

TiAl の自動車部品への応用としては，排気バルブ[12]，ターボチャージャロータ[13]，ブレーキディスクなどの部品があげられる．この材料の応用においても，セラミックスと同様にコスト競争力のある製造加工技術・耐久性や信頼性の証明・安価な表面処理などが課題となっている．

2.8.4 複合材料

複合材料は，1940 年代初めに樹脂中にガラス繊維を分散させた材料が強度，弾性ともに向上したことから始まった．その後，ガラスをはじめとするセラミックス材などの強化材とゴム，樹脂，金属，セラミックスなどの母材との各種組合せが研究開発されている．この中で繊維強化プラスチック（Fiber Reinforced Plastics：FRP）は広く実用化され，航空宇宙機器材料・レジャー分野材料として一般的に用いられている．繊維強化プラスチックについては，2.4 節の樹脂材料の中で述べられているためここでは省略する．一方，金属基複合材料（Metal Matrix Composite：MMC）は，母相（構成材料のうち強化材以外の一般部を母相と呼ぶ）が金属であるため，繊維強化プラスチックに比べて耐熱性があり熱伝導率も高いことから，自動車などの工業機器分野での使用が期待できる．以下では，一般的性質ととくに使用拡大の鍵となる製造プロセスについて述べる．

a．一般的性質

金属基複合材料は，従来使用されていた鉄・アルミニウム・チタン・マグネシウムなどの単一材料に対して，これらの材料を母相にして強度・弾性率の高い材料と組み合わせることにより，比弾性・比強度や耐摩耗性を大幅に向上させようとするものである[14]．これらの特性変化は，下記に示す複合則（Rule of Mixture：ROM）で代表されるが，長繊維複合材料は比較的この式で特性が評価できるが，短繊維や粒子複合材料では下記の複合則では十分でなく，いろいろな計算式が提案されている．

$$S_c = S_m V_m + S_f V_f$$

ここに，S_c：複合材料の特性，S_m：母相の特性，V_m：母相の体積率，S_f：強化材（繊維，粒子）の特性，V_f：強化材の体積率．

この金属基複合材料の母相としては，軽量性・ある程度の強度・製造のしやすさからアルミニウム合金やマグネシウム合金が使用される場合が多い．また，強化材料としては，強度・弾性率・母相との反応性よりセラミックス材料が多く，その形態は長繊維・短繊維・ウィスカ・粒子が使用されている．材質は，炭化物・酸化物・窒化物・ホウ化物が使用されている．長繊維は繊維軸方向で良好な特性が得られるものの，軸

表2.31 自動車部品への複合材の応用例

部品	目的	製法	構成材料	
			強化材	母材
ピストン	ディーゼル用ピストンにおいて，トップリング溝部の耐摩耗性，耐焼付き性向上	スクイズキャスト	アルミナ・シリカ短繊維，アルミナ繊維 $V_f=5\sim10\%$	アルミ合金 AC8A
コネクティングロッド	コネクティングロッドの軽量化とそれによる燃費向上，かん部の剛性向上	中圧鋳造	ステンレス繊維 $V_f=50\%$（中央部）	耐熱アルミ合金
スプリングリテーナ	バルブスプリング荷重低減により，動弁系フリクションの低下，高回転域拡大	急冷凝固粉末を用いた焼結押出し	セラミックス粒子 $V_f=4\%$	急冷凝固粉末合金
シリンダブロック	軽量化，ボア隔壁厚縮小によるコンパクト化	中圧鋳造	アルミナ繊維，炭素繊維 $V_f=21\%$	アルミ合金 ADC12
ダンパプーリ	軽量化，ボス部締結部耐変形性向上	スクイズキャスト	アルミナ・シリカ繊維 $V_f=10\%$	アルミ合金 AC8A

に垂直な方向の強度が問題となることや繊維が高価で製造コストが高くなることから，一部の例[15]を除き実用例は少ない．

短繊維・粒子を用いた複合材料は，鍛造・押出しなどの2次加工ができ製造が容易で，またコスト的にも有利なことから，実用化されたものはこれらの強化材を用いている[16,17]．ウィスカについては，均一分散がむずかしく製造中の繊維破断などで期待するほどの強度が得られないこと，ウィスカを取り扱ううえで人の健康面への問題も心配されており，今後の実用化はむずかしいと予想される．粒子は一般に安価で等方性材料が得られることから応用が期待されるが，粒子の均一分散性・粒子界面の反応・粒径や表面の反応状態によって材料の特性が変化することから，これらについての研究開発が多く行われている．

自動車部品への実用化例を表2.31に示す．

繊維価格や複雑な製法に起因するコストアップに対応するため，廉価繊維の使用・繊維製造工程改良によるコストダウン・複合材製造プロセスの簡略化・製造効率向上の努力が行われており，今後の金属基複合材料においては，これらの技術の確立が使用拡大の鍵となる．

また，最近では，従来の高性能繊維や粒子を母相の中に分散させて特性向上を行っている複合材料に対して，材料内部で反応させた強化物により複合強化するインサイチュ（in situ）複合材の研究が行われている．

表2.32 複合材製造プロセス

手法		プロセス概要	特徴
鋳造法	加圧鋳造	・強化材の予備成形体を金型内にセット． ・アルミ合金溶湯を加圧浸透させて，50〜100MPaの圧力を加えて鋳造凝固．	・ぬれ性の悪いセラミックス強化材にも応用できる． ・溶湯との接触時間が短いため，界面反応を最小限に抑えられる． ・必要部のみに強化部を設けられる．
	溶湯添加法	・セラミックス粒子をアルミ溶湯へ攪拌しながら添加し，均一化する． この溶湯を直接または間接（一度インゴット化）的に，金型に鋳込んで製品化する．	・セラミック添加工程を除き，従来のアルミ部品製造工程と変わらない工程で製造できるため既存設備が利用できる．大規模生産と低コストが期待できる． ・長時間強化材とアルミ溶湯が接触するため，アルミ合金母相と強化材の組合せが限定される． ・セラミックス粒子のアルミ溶湯とのぬれ性が悪いため，溶湯への歩留りの良い添加と強化材の均一分散がむずかしい．
	コンポキャスティング法	・母相の溶湯を固液共存状態で攪拌し，粒子の混合分散力を高めて均一化する．この溶湯を直接成形または，一度凝固して後，加熱して成形する．	・均一な複合材が得られる． ・メカニカルアロイングなどの粉末冶金法の代替技術として可能性がある．
	PRIMEX™プロセス（PRIMEX CAST™）	・セラミックスのプリフォーム中に雰囲気制御しながら，アルミニウムを非加圧で浸透させて，高体積率の複合材を製造する． また，それを希釈して，鋳造製品をつくる．	・製造に時間がかかり，生産性が低い． ・使用できる強化材が制限される．
	in-situ法	・強化材となる材料を溶湯中で反応生成（たとえば $2B+Ti+Al \rightarrow TiB_2+Al$）させ，複合材を製造する．	・溶湯中で強化材がつくられるため，母相と粒子の界面は汚染されておらず，強固な界面強度が得られる． ・また，粒子が微細なことから高特性が得られる．
粉末冶金法		・金属合金粉末と強化材（多くはセラミックス）を混合した後，通常の粉末冶金と同じような工程で複合材を製造する．	・この粉末冶金法は，鋳造法に比べて，さらに工程が複雑となるため，製造コストが高くなる．また，ホットプレスや押出しを用いるため，形状，寸法に制約があり最終製品とするための加工が多く必要であるため，材料歩留りも悪く，製造コストアップ傾向にある．
スプレーフォーミング		・金属粉末からホットプレスなどで1次成形体をつくるのではなく，金属溶湯を半溶融状態で堆積させ急冷凝固プリフォームをつくるスプレーフォーミングを利用し，強化物をこのスプレー時，添加や反応生成により分散させて，複合材インゴットをつくる．これを成形加工し製品を製造する．	・基本的には粉末冶金法と同等で，粉末冶金法に比べて，製造工程が簡略化できることから，今後の開発や発展が期待される．

この方法では，粒子が材料内部で素材と反応して生成するため，熱力学的に安定で微細な粒子を分散させることができ，コストが低減できる可能性をもっている．おもな強化粒子として SiC/Al-Ti 合金溶湯反応による TiC 粒子などがある．ただし，この手法の問題点として，反応の均一化をどのように行うか，すなわち偏析の問題が実用化に当たっての課題になると思われる．

b．製造プロセス

複合材料の製造プロセスは，表 2.32 に示すように大別される．繊維強化複合材料については，本格的に量産実用化されているのは鋳造法のみであり，粒子強化複合材については鋳造・粉末冶金・スプレーフォーミングがごく一部で実用化されているものの，ほとんどが研究開発中の状況にある[18,19]．今後の使用拡大については上に述べたようにこれらの製造法の改良が成否の大きな一つの鍵となる．

2.8.5 チタン合金

(社)チタニウム協会によれば，わが国のチタンインゴット生産量は約 1 万 t/年で，そのうち 80% 以上が純チタンでその多くは建材やプラントなどに使用されている．自動車への使用は，添加材料を含めきわめてわずかである．合金鋼に比べてチタン合金は約 40% 軽く，比強度は合金鋼の約 2 倍，アルミ合金の約 3 倍に達する．このように，チタンは自動車の軽量化のための材料として魅力的であるにもかかわらず使用がされない原因は価格にある．

このチタンの高価格の理由として，精錬工程が電力消費型で連続化が困難なこと，金属チタンを再溶解してインゴットを製造する工程で真空溶解が必要なこと，通常プロセスではスクラップを原料とするリサイクル溶解が不可能なことなどをあげることができる．今後の技術開発の中で上記の課題が解決されれば，使用が拡大する可能性があるものの，これらの技術解決は困難で，ここ当分自動車材料としてのチタンはレースなどの特別な用途に限定されるものと考えられる．以下にチタン合金の種類と用途例について現状を述べることとする．

a．純チタン

純チタンは結晶構造が稠密六方晶で，これを α 相と称する．純チタンの機械的性質は酸素と鉄の含有量によって変化するため，JIS H 4600 では 3 種類に分類されている．純チタンは耐食性にたいへん優れるものの，引張強さは 500 MPa 程度であり，自動車用材料としてはさらに強度が要求されるため，一般には合金化されて使用される．

b．α+β型チタン合金

チタン合金の中で，機械構造用として最も一般的なのは Ti-6 Al-4 V 合金である．この合金は上で述べた α 相と体心立方晶の β 相との混合組織を有し，機械的性質・成形性・溶接性などのバランスに優れた合金である．この合金は，一部のレーサー車やスポーツカーのエンジン用バルブ，バルブリテーナ，コネクティングロッドに使用されている．また，この合金の機械的性質を維持しつつ被削性を向上させた Ti-3 Al-2 V-0.1 S が開発され，スポーツカー用コネクティングロッドとして実用化されている[20]．

c．β型チタン合金

Mo，V，Nb，Fe，C，Ni などの合金元素を添加すると，その添加量に応じて β 相の量が増加し，β 相単相の合金を得ることができる．β 相は加工性に優れ，また，その後の時効処理によって高い強度を得ることができるため，機械構造用として種々の合金が開発されている．たとえば，Ti-3 Al-8 V-6 Cr-4 Mo-4 Zr (商品名 Beta C：RMI 社) を用いてバルブスプリングの試作試験を行い，90% の冷間線引きが可能で，その後の時効処理によって約 500 Hv の硬さが得られたとの報告がなされている[21]．β 合金は冷間鍛造も可能であり，バルブリテーナの試作例も報告されている．

2.8.6 アモルファス金属

現在，自動車をはじめとする工業分野で使用されている主要材料の一つが金属材料であるが，この金属材料の構成相は結晶・アモルファス・準結晶の 3 種類が存在している．アモルファス・準結晶は自然状態では存在せず，人工的につくりだされる状態である．アモルファス状態をつくりだしやすい合金相が数十年前に見出されてから，材料・特性の研究が行われ，いろいろな優れた特性が見出され，一部工業材料として使用されている．以下に，アモルファス合金の性質と製造法の概要を述べる．

アモルファス合金には，二元系として，① 遷移金属 (Ni, Fe, Co など) と非金属 (P, B, Si など) との組合せ (Ni-P, Fe-B, Co-B, Nb-Si)，② 遷移金属どうし (Fe-Zr, Co-Zr, Cu-Zr)，③ 金属どうし (Mg-Zn, Ca-Al)，三元系としては，① Fe-Si-B など

の遷移金属-半金属系合金,②Fe-Co-Gd などの遷移金属どうしの合金,③Al-Ni-Mn などの典型金属‐遷移金属系などがある.鉄系合金は高強靱性材料,Fe,Co,Ni 系材料は磁性材料,Fe-Cr 系は高耐食材,Ti,Zr 系合金は水素貯蔵材,Nb,Mo 系合金は超伝導材料として使用されている.製造方法としては,急冷法,ガスより生成する方法,その他の三つがある.急冷法は冷却されたドラムやディスクに金属溶湯を当てて急冷しアモルファスを得るものである.製造形状は製法よりテープや細線に制限される.ガスより生成する方法は真空蒸着法,スパッタ法がある.その他としては,無電解めっき法があげられる.最近では,アモルファス相を一部結晶化することにより,ナノ粒径の結晶相と残留アモルファス相からなるナノ混合相が得られることが明らかになり,これがアモルファス単一材や結晶材では得られない優れた特性を示すことが確認され研究が進められている[22].アモルファス合金は,強度,耐食性,磁気特性,その他を生かした実用化例や検討例がある.いずれも製造上の制約から小さな部材に応用が限定されている.

2.8.7 高機能表面処理

従来の表面処理は鉄鋼の浸炭・窒化に代表される熱処理やめっきに代表される表面への化学的密着が主流であった.これらの手法は使用基材の材料が制限されたり,硬化層が厚くできないなどの問題があった.しかし,最近電子ビームやレーザビームなどで高密度エネルギーを用いて母材を部分的に改質する方法が検討され実用化されている.以下に,それらの実用例を紹介する.

ディーゼル用ピストンのリング溝の耐摩耗性向上のため,母材のアルミ合金 AC 8 A を再溶融加工し銅を添加することで $CuAl_2$ の硬質粒子を晶出させて耐摩耗性を向上させている[23].この手法により,従来ニレジスト製耐摩環鋳込み法に比べ,同等の耐摩耗性が得られるだけでなく熱伝導が良くなって性能向上に寄与している.また,エンジンのシリンダヘッドのバルブシート間にこの再溶融技術を用いて組織の微細化を行うことにより燃焼室表面にクラックが発生するのを防止することも行われた[24,25].しかし,いずれの手法も真空中やガス中の処理であり,コストの問題から大幅な適用拡大は現在のところ行われていない.今後のコスト低減の技術が開発されれば,適用が拡大され

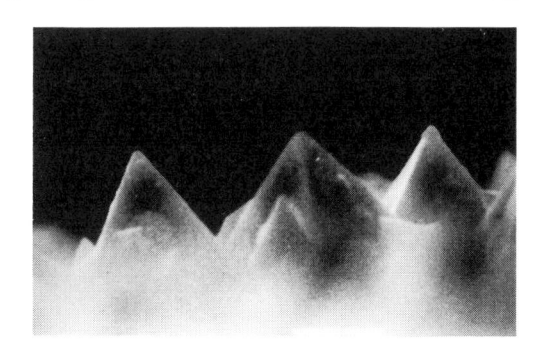

図 2.95 メタルの表面形状

る可能性がある.

一方,めっき技術においても,電析条件を制御することにより析出層の結晶配向性を制御できることが確認され(図 2.95),このことによりトライボロジー特性とくに耐焼付性が向上することが確認された[26].この結晶配向制御技術はトライボロジー特性を向上できる可能性があるため,今後の応用展開を注目してゆきたい.

[牛尾英明]

参考文献

1) Y. Tajima:Mat. Res. Soc. Symp. Proc., 287, p. 189 (1993)
2) 平尾喜代司:名工研研究発表会予稿集,p. 5 (1995)
3) Y. Ogawa et al.:Ceramic Rocker Arm Insert for Internal Combustion Engine, SAE Pper 869397 (1986)
4) 原洋夫:セラミックスタペットの耐摩耗特性,自動車技術,Vol. 45, No. 4, p. 33-38 (1991)
5) Y. Hori et al.:Si_3N_4 Ceramic Valves for Internal Combustion Engines, SAE Paper 890175 (1989)
6) Y. Ogawa et al.:Complete Ceramics Swirl Chamber for Passenger Car Diesel Engine, SAE Paper 870650 (1987)
7) 新原皓一:New Design Concept of Structural Ceramics − Ceramic Nanocomposites−,日本セラミックス協会学術論文誌,Vol. 99, No. 10, p. 974-982 (1991)
8) S. C. Huang et al.:Metall. Trans., 22 A, p. 427 (1991)
9) N. Fujitsuna et al.:ISI International, 31, p. 1147 (1991)
10) 橋本健紀ほか:TiAl 基合金の常温延性に及ぼす Mn 添加の影響,日本金属学会誌,54, p. 539 (1990)
11) 前田尚志:金属間化合物の恒温鍛造法,金属,Vol. 62, No. 10, p. 54-59 (1992)
12) W. E. Dowling et al.:Titanium '92, Science and Technology, ed. R. Darolia et al., TMS, p. 2681 (1993)
13) 南方俊一ほか:軽量・耐熱材料としての TiAl 金属間化合物に関する研究,川崎重工技報,No. 111, p. 37-44 (1991)
14) 糀谷幸:FRM の現状と将来,自動車技術,Vol. 40, No. 8 (1986)
15) 林直義ほか:繊維強化アルミコンロッドの開発,日本金属学会会報,Vol. 25, No. 6, p. 565-567 (1986)
16) T. Donomoto et al.:Ceramic Fiber Reinforced Piston, SAE Paper 830252 (1983)
17) 牛尾英明ほか:自動車用アルミニウム複合材の開発,軽金属,Vol. 41, No. 11, p. 778-786 (1991)

18) 福永秀春：スクイズキャストによる軽金属基複合材料の作製，軽金属，Vol. 38, No. 11（1988）
19) 渡辺晶：コンポキャスティング法による粒子分散型アルミニウム合金複合材料の製造および諸特性，軽金属，Vol. 38, No. 10, p. 626-632（1988）
20) A. Kimura et al.：A free machining titanium alloy for connecting rods, SAE Paper 890470（1989）
21) A. Murakami et al.：Enhancement of automotive engines with β-Ti valve springs, SAE Paper 910425（1991）
22) 井上明久：アモルファス合金の結晶化によるナノ組織制御，金属，Vol. 61, No. 10, p. 62-67（1991）
23) 山本英継：リング溝に銅の電子ビーム溶融拡散を適用したピストンの開発，No. 11, p. 103-109（1988）
24) 金沢孝明ほか：TIG再溶融による弁間強化アルミ合金シリンダヘッドの開発，トヨタ技報，Vol. 37, No. 2, p. 112-119（1987）
25) 西原正治ほか：高強度アルミシリンダヘッドの開発，いすず技報，Vol. 85, p. 60-62（1991）
26) 藤沢義和ほか：軸受材料としての結晶配向性電析鉛合金，日本金属学会会報，Vol. 32, No. 4（1993）

3

材料と環境問題

3.1 排気ガス対策

3.1.1 はじめに

アメリカおよび日本での自動車排ガス規制の実施に伴い,触媒が排ガス浄化装置の一部品として採用されてから早や20年が過ぎようとしている.自動車排ガス浄化触媒が採用された当初,市場ではさまざまな性能劣化の要因が存在したこともあって,耐久性の点で不安要素があった.しかしながら,無鉛ガソリンの普及やエンジンの燃焼技術の改良努力もあって,触媒の市場での性能劣化は改善され,排ガス規制をクリヤするための機能性部品として信頼性は着実に増していった.

しかしながら,排ガス対策の点からみれば,触媒としてその役割が十分に発揮されているのはガソリン車のみであって,ディーゼル車や二輪車などに対して触媒は一部で使用されてはいるもののその機能は技術的な問題もあって必ずしも十分とはいえない.地球温暖化問題を契機として環境保全の見直しの必要性が議論されている中で,触媒に対する期待は今後ますます増えることが予想される.ここでは,自動車排ガス触媒の基本的な特性を述べるとともに,今後の触媒に対するさまざまな課題について最新の技術を中心に紹介する.

3.1.2 排ガス規制と触媒

a. アメリカでの排ガス規制と自動車触媒の開発

触媒による排ガス浄化が最初に検討されたのは,1920〜30年ごろのアメリカで交通渋滞による大気汚染が深刻化したためであった.1960年代にはロサンゼルスでの深刻化するスモッグを契機に,カリフォルニア州でCOとHCの大幅な排出量削減要求が出され,触媒による排ガス浄化の研究開発が活発に行われた.

触媒使用の引き金となったのは1967年にカリフォルニア州で法案化されたClean Air Act(大気浄化決議)で,CO,HCは1975年から,NO_xについては1976年から厳しい規制が実施されることとなり,1975年モデルから触媒が使用されることとなった.

初期のころに自動車触媒として採用されたのはPt/Pd酸化触媒で,NO_xについては酸化雰囲気では低減できないためEGRによる低減などが検討された.その中で,最も注目すべき技術革新は,1973年の理論空燃比制御を可能にするジルコニア酸素センサの開発である.これにより,Pt/Rh三元触媒が選択されるとともに,1977年モデルより酸素センサを用いたフィードバック制御による排ガス浄化システムが実用化された.

b. 日本での排ガス規制の実施

日本ではアメリカでの排ガス規制強化に対応する形で規制への動きが具体化した.昭和47年(1972年)に日本版マスキー法が成立し,ガソリンの無鉛化の実施を前提にCO,HCは3年後の昭和50年に,NO_xは4年後の昭和51年(その後53年に延期)に実施することが決定された.

日本での排ガス規制対策は,当初ホンダのCVCCエンジンにみられるような,触媒なしでの対応も実施されたが,昭和53年以降に始まるNO_xの規制強化については,アメリカで開発された触媒方式が採用された.

c. 排ガス規制の動向

最近の排ガス規制動向の中で触媒にとって注目すべき問題は,アメリカでのOBD-2(On Board Diagnostics)規制とテスト走行モードの変更(supplemental federal test procedure)である.

OBD-2規制は触媒の劣化の検知が車上でできるシステムを義務づけるものである.具体的には触媒の性能と酸素吸着能に対応があることを利用し,酸素セン

サによる触媒前後のO_2の濃度の変化により触媒の劣化状況を判断する．したがって，触媒性能として高い浄化性能および性能に比例した酸素吸着能が必要となる．テスト走行モードの変更については，現行の走行モードに市場走行の実態を反映させた評価条件を補足・追加したものである．おもなものは，①エアコンの作動，②ソーキング時間の延長，③急加速・高速モードの追加で，従来より複雑な評価法となっている．

3.1.3 触媒の基本特性
a．触媒担体
触媒担体の主流は，コーディエライト（$2MgO \cdot 2Al_2O_3 \cdot 5SiO_2$）からなるセラミックス製モノリス担体で，$300 \sim 400 \, cell/in^2$のさまざまな形状の物が使用されている．排ガス規制の当初に使用されていたペレット担体は摩耗による性能低下や搭載性，高排圧といった問題もあって現在使用されていない．セラミックスに対してFe-Cr-Al系合金からなるメタル担体が使用され始めたのは1988年ごろである．メタル担体の特徴は，①壁厚が$50 \, \mu m$と薄く，幾何学表面積・開口率が大きい，②熱伝導率が良く，かつ熱容量が小さい，③破壊強度が大きい，④パイプなどとの溶接が可能でスペースをとらない，などである[1]．

メタル担体は低排圧および搭載の容易さの点で有利なためエンジン出力向上にとって魅力があり，ヨーロッパではスポーツカーを中心として使用されているが，メタル担体はセラミックス担体に比べコスト面で不利な点を十分に補えきれておらず，日本・アメリカ市場ではあまり普及していない．

b．貴金属
触媒の基本構成は，Pt，Pd，Rhの貴金属であり，Pt/Rh，Pd/Rh，Pt/Pd/Rh系触媒など，各種の貴金属の特性を組み合わせて三元触媒として使用されている．図3.1にPt，Pd，Rh単独触媒の性能比較をCO，HC，NO_xについて示す．Rhは少量で3成分の浄化に高い活性を示し，しかもNO_x浄化性能に優れているため，三元触媒においては不可欠の構成元素となっている．PtとPdについては，3成分とも浄化率はPdのほうが優れる（fresh）．しかしながら，実際に三元触媒として使用されてきたのは主としてPtである．PdがPtに劣る理由としては，①鉛・硫黄被毒に弱い，②高い浄化率が得られる空燃比幅が狭い，③Rhとの合金化により，Rhの活性を低下させる，などであった．Pt/Rhの組合せ理由は，PtがPdに比べ上記の理由で優れることと，RhのみではHC活性が十分でないことによる．

しかしながら，市場での被毒物質の低減，Rhとの相互作用防止技術，Pd触媒の大幅な性能改良，などのさまざまな要因によって，触媒の主流はPt/Rh系から徐々にPdを組み込んだ系に変わりつつある．たとえば，HC規制の厳しいアメリカ市場では，HC浄化に有効なPd中心のPt/Pd/RhやPd/Rh触媒が使われはじめている[2,3]．国内では，Pd単独の三元触媒も実用化されている[4]．

c．助触媒
三元触媒がCO，HC，NO_xの3成分を同時に浄化することができる理論空燃比付近での反応は，いわゆる

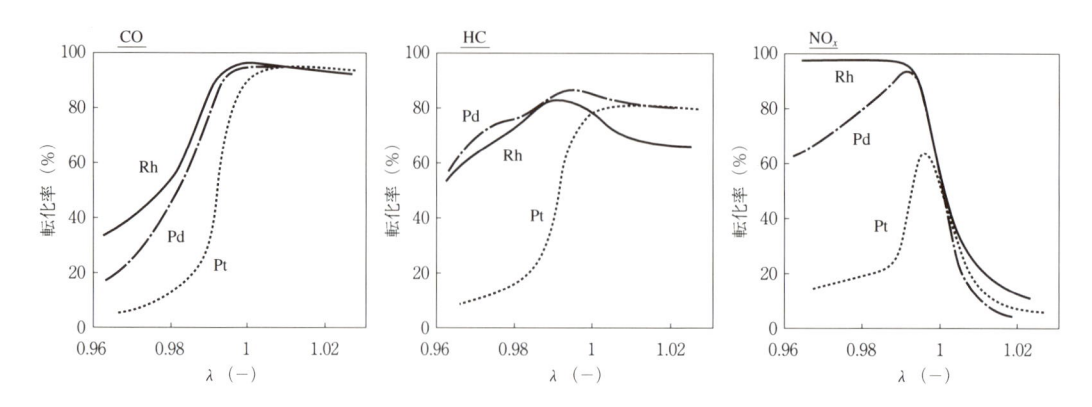

図3.1 Pt，Pd，Rh触媒の三元特性の比較（Fresh）
Pt，Pd：1.0 g/l
Rh　　：0.2 g/l
評価条件：400℃，SV＝122 000/h

3.1 排気ガス対策

酸素を貯蔵できることを示唆している.

図3.3にPt触媒の三元特性におけるCeO₂の添加効果を示す. CeO₂の添加によって，3成分の浄化性能に大幅な向上がみられる. これは，CeO₂によるPtの活性化およびPtによるCeO₂の活性化の二つが同時に起こった複合効果と考えられている. また，CeO₂は酸素の貯蔵・放出だけでなく，助触媒として水性ガスシフト反応を促進させる能力を有しており，還元性ガス雰囲気ではCOをH_2OによりCO_2に変換すると同時に，生成するH_2によりNO_xを還元除去できる. また，PdおよびRhについてもCeO_2と共存した場合，同様な効果がみられる.

d. 触媒の劣化

触媒の性能劣化は，エンジンの不完全燃焼による一時的なコーキング被毒やサーマルショック・振動による触媒成分のはく離といった物理的劣化，Pb，P，Sなどの付着物による被毒劣化，および貴金属のシンタリングなどの熱劣化の三つに分類される. ここでは触媒の被毒劣化および熱劣化とその防止技術について述べる.

(i) 被毒劣化

(1) Pb被毒: Pb被毒は図3.4[6]に示すように，①粒子状の酸化鉛として排出され触媒表面上に付着するもの，②蒸気化したハロゲン化鉛として排出され触媒層（ウォッシュコート層）全体に拡散・浸透するもの，の二つの形態が考えられている. いずれも排ガス中のSO_2と反応して不揮発性の硫酸鉛として触媒層に沈着する. Pbはガソリン中のPb量および走行距離に比例して蓄積される. 数ミリグラム/ガロンといった少量のPb量でも性能に影響を与え，Pbの付着量に比例して大きく低下する. 被毒劣化を防止する方法は，ガソリンの無鉛化しかない.

Pbの被毒劣化のメカニズムについては，不揮発性の硫酸鉛によって各種貴金属の活性点が被覆される，Pbが貴金属と合金をつくる，またはPbと貴金属との相互作用によって不活性物質を形成することによって活性を低下させる[7]といわれている. Pbのそれぞれの貴金属に対する活性化への影響の大きさの序列は，Pd＞Rh＞Ptの順である.

(2) P被毒: P被毒劣化は，エンジンオイル添加材のPを含む有機Zn化合物が燃焼してできるPを主成分とした複合酸化物が触媒に付着して，貴金属と相互作用，またはガラス化して触媒を被覆することに

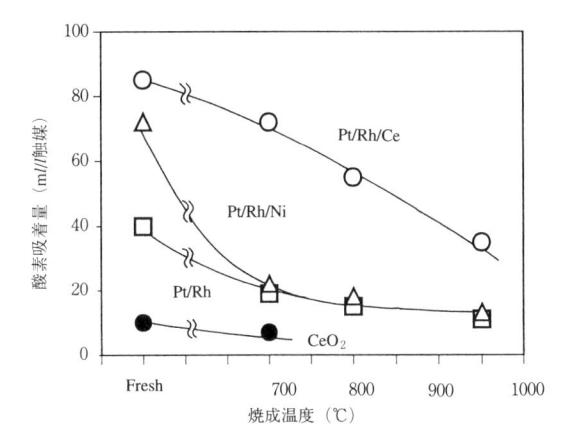

図3.2 Pt/Rh/CeO₂触媒における酸素吸着量
触媒：Pt/Rh＝10/1，40 g/cft
焼成：空気中1時間

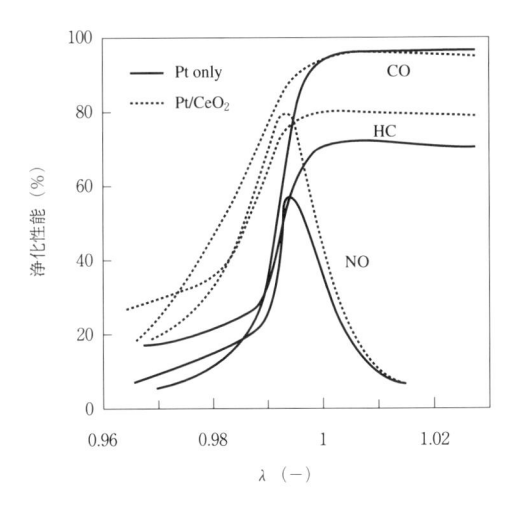

図3.3 触媒の三元特性におけるセリアの添加効果
Pt：1.0 g/l
評価条件：400℃，SV＝122 000/h

酸化還元反応（redox）であり，空燃比の変動を吸収させるために助触媒として酸素貯蔵物質（oxygen storage component）が添加されている. 初期のころの三元触媒にはOSCとしてNiが使用されていたが，現在ではCeO_2およびその複合酸化物が使用されている. 図3.2にPt/Rh触媒におけるO_2吸着量についてNiとCeO_2とを比較した[5]. Niはfreshの状態ではO_2吸着能力をもつが，700℃以上のagingでその能力を失う. これに対し，CeO_2は単独ではほとんどO_2吸着能をもたないが，Pt/Rhの貴金属と共存するとその吸着量はPt/RhとCeO_2単独の合計以上となる. これはO_2がPt/RhをとおしてCeO_2上へスピルオーバーし，

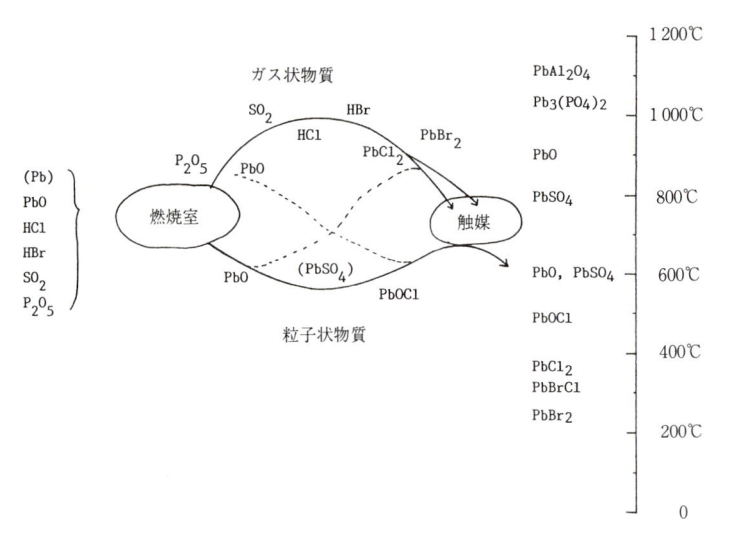

図3.4 自動車触媒に及ぼす鉛の形態

よって起こる．Pb 被毒劣化が貴金属との相互作用に基づく不活性化であるのに対して，P 被毒劣化は主としてガラス状物質の被覆による反応ガスの拡散阻害によって起こる．

P 被毒を防止する対策として，エンジンオイル中の P の添加量の低減，エンジンの耐久性向上によるオイル消費量の低減などのほかに，オイル添加材の組成を最適化し触媒上に P 化合物が付着してもガラス化しないような工夫[8]などがなされている．

(3) S 被毒: S 被毒はガソリン中の S 化合物の燃焼によって生成する数十 ppm の SO_2 が貴金属に対する反応成分である HC，CO，NO_x，O_2 の吸着を阻害することによって発生する[9]．

S 被毒は Pd に対してその影響の度合いが顕著である．これは Pd への SO_2 の吸着が Pt，Rh より強いためである．また，S 被毒は SO_2 の吸着による一時被毒であるが，低温では S が蓄積され 500〜600℃ 以上の高温でないと SO_2 が脱離して被毒が解除されない．

(ii) 熱劣化　触媒の熱劣化の要因は，熱および雰囲気による触媒成分のシンタリングである．図3.5 に Pt/Rh 触媒における熱劣化の例として，耐久温度による CO 活性の立ち上がり温度の変化を示した．耐久温度が 800℃ を越えると立ち上がり温度は著しく高温にシフトし，熱劣化が急速に進む．

図3.6 に理論空燃比の "steady" な条件と極端な酸化雰囲気と理論空燃比を組み合わせた "dynamic" な条件（燃焼カットモード）下で耐久した同一触媒の性

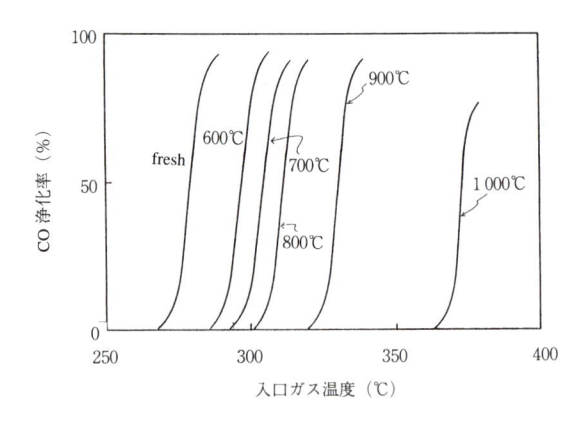

図3.5　Pt/Rt 触媒における CO 浄化性能と耐久温度の関係
Pt/Rh=5/1, 1.0 g/l, SV=33 000/h,
15℃/min (A/F=14.65)

能比較を示す．三元触媒の劣化は雰囲気によって影響を受け，とくに酸化雰囲気下での劣化は理論空燃比下に比べて大きい．

(iii) 熱劣化の防止技術　劣化のメカニズムについては，一般的にアルミナ，貴金属，助触媒のシンタリング（結晶成長）の三つに分類される．

(1) アルミナの結晶成長の抑制: 図3.7 に耐久温度による $Pt/Rh/CeO_2/Al_2O_3$ 三元触媒の比表面積の変化を示す．一般に比表面積の低下の主要因は母材として用いられているアルミナの熱収縮によるものであり，その際にミクロ細孔・メソ細孔容積の著しい減少を伴う．触媒活性の低下は，これらの細孔の消失による活性点の埋没や，貴金属のシンタリングの加速によ

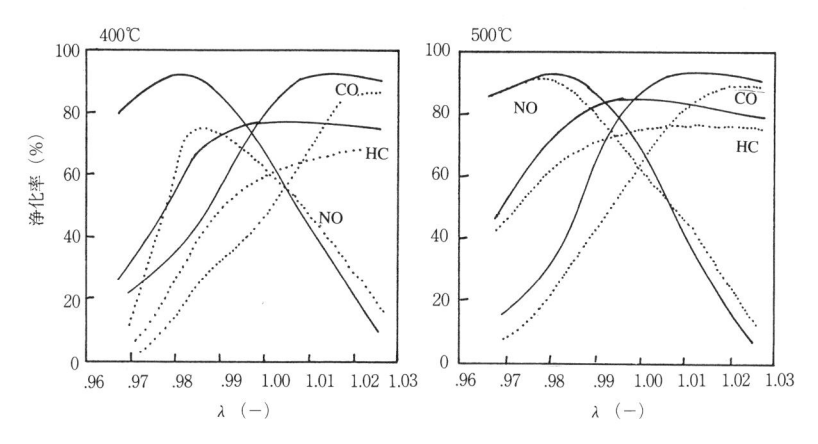

図 3.6 Pt/Rh 触媒における浄化性能と耐久雰囲気の関係
Pt/Rh＝5/1, 1.4 g/l, 耐久温度 900℃
—— Steady 条件　---- Dynamic 条件

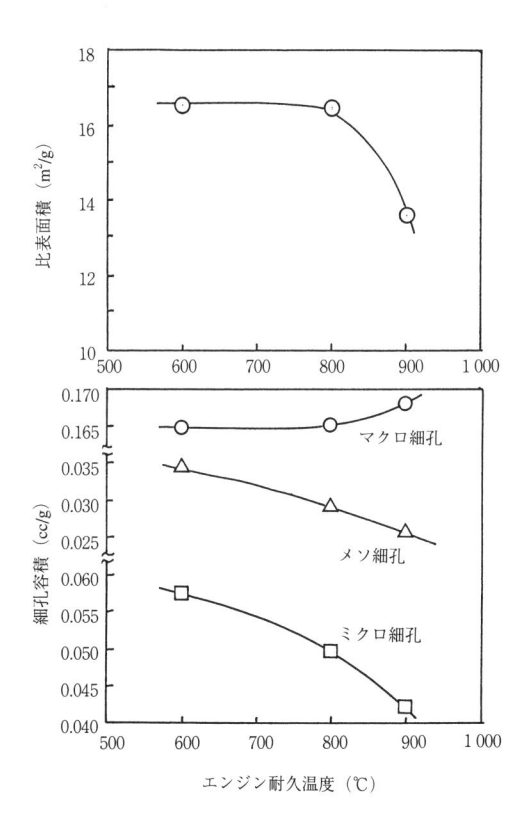

図 3.7 Pt/Rh/Ce 触媒における比表面積，細孔容積と耐久温度の関係
Pt/Rh＝5/1, 1.5 g/l

(2) 貴金属のシンタリングの抑制： 貴金属のシンタリングの程度は温度・雰囲気に大きく左右される．Pt の場合，シンタリングは還元雰囲気下では進みにくいが，酸化雰囲気下で加速される．Pd の場合，酸化雰囲気下では PdO 皮膜の形成によりシンタリングは進みにくいが，800 ℃以上では PdO が Pd に解離してシンタリングが進む．また，Pt とは逆に還元雰囲気下でシンタリングが加速される．Pt, Pd のシンタリングを抑制する手法としては，表 3.1 に示すように Ba, Sr などのアルカリ土類金属の添加が有効である[10]．

一方，Rh については，触媒中の Rh の量が微量のため十分な解析がなされていないが，高温酸化雰囲気下で Rh-アルミナの相互作用により不活性なスピネル化合物（$RhAl_2O_4$）を形成することによって起こる[11]といわれている．この劣化を防ぐために，Rh との相互作用がない ZrO_2 が担体として一部使用されている．また，CeO_2 による酸化・シンタリングの促進，またはマイナスの相互作用が考えられるが，そのメカニズムについてはまだ明確にされていない．この対策の一って起こるものと考えられる．アルミナの耐熱性の改良に対しては，アルカリ土類（Ba, Sr），および希土類元素（Ce, La, Nd）の添加が効果的であり，添加によりアルミナの α 化を抑制できる．

表 3.1 貴金属シンタリング抑制の効果

触媒タイプ	粒子径（Å）
Ce（STD）	1 700
Ce/Sr	563
Ce/Zr	800
Ce/Zr/Sr	325
Ce/Zr/Ba	350

触媒：Pd/Rh＝10/1, 1.6 g/l
耐久：エンジンベンチリーン　850℃

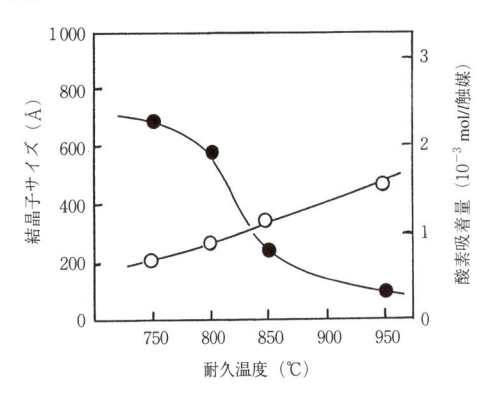

図 3.8 それぞれの耐久温度における Pt の結晶子サイズ
触媒：Pt/Rh＝5/1, 1.4 g/l
測定：CeO$_2$ 結晶子サイズ-XRD
酸素吸着量 400℃

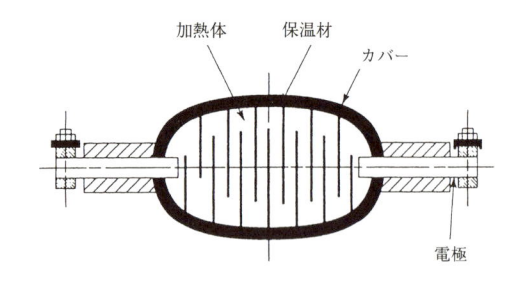

(a) メタル焼結タイプ

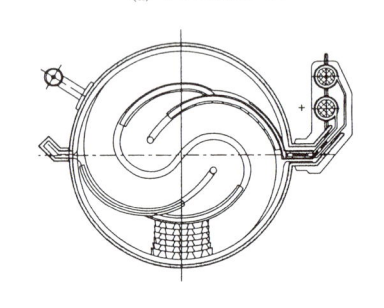

(b) メタル箔巻き込みタイプ

図 3.9 EHC (Electrically Heated Catalyst) の種類

つとして，触媒設計上，両者を別々の層に配置した多層コート触媒[12]が一部使用されている．

(3) 助触媒 CeO$_2$ の結晶成長の抑制： 図 3.8 に示すように，CeO$_2$ の結晶子径は耐久温度により増大し，これに伴い酸素の吸着能は著しく減少し，酸素貯蔵物質としての機能が低下する．この CeO$_2$ の結晶成長の抑制対策として Ba, Zr, La[13] などの添加が効果的であるとされている．

3.1.4 触媒を取り巻く諸問題
a．ULEV 規制への対応

アメリカのカリフォルニア州で 1998 年以降に一部導入が計画されているのが，LEV・ULEV (Ultra Low Emission Vehicle) 規制である．この規制に対応するために新技術として検討されている，①マニホールド触媒，②EHC (Electrically Heated Catalyst)，③HC トラップ (Hydrocarbon Trap)，④EGI (Exhaust Gas Ignition) について紹介する．

(i) **マニホールド触媒** LEV・ULEV 規制に対応するために，マニホールド触媒に要求される重要な要件は，高温耐久後，いかに早く触媒をライトオフさせるかである．最近の報告では，現行の触媒技術を最適化し，高濃度 Pd 触媒または Pd を基本とした三元触媒をマニホールドで使用することによって規制に対応できるといわれている[14,15]．ULEV 規制をクリアするためには，さらに触媒のライトオフ活性を最大限に引き出すシステムとのマッチングが不可欠であり，たとえば，ホンダは，①Pt/Pd/Rh 系マニホールド/アンダフロア触媒と，②コールドスタート時のリーンバーン燃焼と，③空燃比コントロールの高精度化とを組み合わせることによって，ULEV 規制に対応した排気システムを実用化させている[16]．

(ii) **EHC** EHC は，触媒化したメタル抵抗体をバッテリ電源を用いて通電・加熱 (300℃) し，コールドスタート時の触媒を活性化して HC を浄化低減しようとするものである．

現在，テストに用いられている担体は図 3.9 に示すように，導電性メタル箔をコルゲート状に巻いた形状のもの[17]と，焼結金属を押し出してモノリスに成形したもの[18]の 2 種類がある．これまでの通電加熱テスト結果では，ULEV レベルまで HC の低減が可能と報告されたが，EHC 自身のもつ耐久性の問題のほかに大量の電力消費の問題を抱えている[19]．

(iii) **HC トラップ** HC トラップの基本概念は，コールドスタート時に排出される HC を吸着材上に一時的に捕捉し（＜200℃），暖気後に脱離する（＞200℃）HC を主触媒で浄化させるものである．吸着材としては，ゼオライト系および活性炭系の 2 種が考えられており，ともにコールドスタート時の 60％以上の HC を吸着材上に捕捉できることが確認されているが，主触媒の前においた場合，主触媒が暖気されて

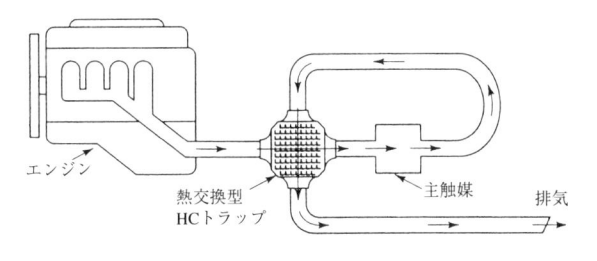

図3.10 熱交換型HCトラップシステム

機能する前にHCの脱離が起こり，HCが浄化できないため，捕捉したHCを効果的に浄化するシステムが必要となる．

現在，図3.10に示すような吸着材と熱交換型触媒を組み合わせたシステムでHCが脱離する前に主触媒を暖気しHCを浄化する方法[20]と，バルブの開閉により吸着材側と主触媒側へ切換えを行う方法[21]の二つが提案されている．いずれも，システムの複雑かつ大型化，高背圧，高コストなどの問題を抱えている．

(iv) EGI　EGIはコールドスタート時の排ガス中の高濃度HC，COに対して，2次空気を添加し火花点火により燃焼させる方法である[22]．この燃焼により，15〜20秒の短時間で主触媒を暖気させることができる．燃焼のためには，エンジン始動時にエネルギーを使用する必要もあり，また非常に極端なチョークコントロールが必要となるため，エンジン制御の面からも問題である．

b．触媒への新しい要求

地球規模の環境問題は，ガソリン自動車とその触媒の範囲にとどまらず，さまざまな分野での排ガス低減の可能性を議論の対象に巻き込んでいる．ここでは，触媒への新しい要求として大きな関心がもたれている，①代替燃料問題，②リーンNO_x触媒，③ディーゼル車用触媒，④二輪車用触媒，の問題点について述べる．

(i) 代替燃料問題

(1) 天然ガス：　天然ガスを燃料とするエンジンでの燃焼には，ガソリンエンジンのような化学量論比燃焼と，ディーゼルのような希薄燃焼の二つがある．化学量論比燃焼の場合の排ガス浄化は，メタンとNO_xの低減であり，自動車触媒と同じくPt/Rh触媒またはPd/Rh触媒が使用できる．メタンの燃焼は400℃以上の温度が必要で，PdのほうがPtよりも酸化活性が高いが，三元触媒として評価した場合，メタンとNO_xの化学量論付近でのウィンドウ幅はPt/Rhのほうが広いためNO_xの浄化に対して有利である[23]．また，メタンの反応性はHCの中で最も低いため，ガソリンエンジンの場合のような高い浄化率は得られない．

(2) メタノール：　メタノールは高いアンチノッキング性を有しているため高圧縮比エンジンで使用でき，エネルギー量は低いもののガソリンよりも蒸発潜熱が高い．そして，吸気温度を下げエンジンに供給できるエネルギーを増すことができるため，より大きなパワーを生むことができる．排ガス浄化は現行の三元触媒で対応できるものの，エンジン始動時に未燃メタノールとアセトアルデヒド（発がん性あり）が浄化されずに排出される問題がある[24]．

(ii) リーンNO_x触媒　現在，希薄燃焼エンジン回転を安定に制御できる範囲は空燃比で24のレベルにまで広がり，実用化に至っている．三元触媒による酸素過剰雰囲気下（リーン）でのNO_x浄化は，NO_xの吸着がO_2によって阻害されるために不可能である．さまざまな触媒の模索の中で，Cu/ZSM-5というイオン交換ゼオライト触媒による酸素雰囲気下でのNO分解とHCによるNOの還元反応が注目された[25,26]が，十分な耐久性が得られず，自動車用触媒として実用化に至らなかった．

リーンでのNO_xを除去する新たなアプローチとして，NO_xを吸着できる添加剤を含む三元触媒を使用して，リーンでNO_xを吸蔵した後，空燃比を一瞬還元雰囲気として，NO_xを還元除去するユニークなシステムが最近実用化された[27]．

(iii) ディーゼル用触媒　ディーゼル車による公害問題は，ガソリンと違ってパーティキュレート（粒子状物質）とNO_xによるものである．これらは1999年以降に実施が予定されている日本の長期規制において，現状のレベルに対し50%以上の低減の達成が目標に定められている．

ディーゼルは希薄燃焼であるためHC，COの排出レベルはガソリンエンジンに比べて十分に低く，貴金属酸化触媒を用いれば浄化できる．一方，パーティキュレートは，SOF (Soluble Organic Fraction) と呼ばれる高沸点HC，すす (sootまたはdry carbon) およびサルフェイト（硫酸ミスト）からなっており，触媒酸化反応により浄化できるのはSOFのみである．パーティキュレートの除去に関しては二つのアプローチがある．交互にメクラ栓をした構造のセラミックス

製のトラップ[28]を用いて，すべてのパーティキュレートを捕獲してヒータで燃焼除去する方法（触媒は不要）と，ガソリン用に使用されている酸化触媒の技術を応用してパーティキュレートのSOFの一部を浄化[29]しようとするものである．

SOFの酸化触媒による低減除去での問題点は，高温で排ガス中のSO_2を酸化してサルフェイトを生成し，結果としてパーティキュレートの増加を招く[30]ことである．SOFの酸化除去反応はディーゼル車の排気温が低いこともあって，反応速度が非常に遅く，高い浄化率は得られにくい．

NO_xについては，酸化雰囲気であり，還元剤が不足しているために触媒によるNO_xの浄化は非常にむずかしい．

(iv) 二輪車用触媒　2ストロークエンジンは，構造が簡単で小型軽量で高出力が得られるため，ヨーロッパ・東南アジア地域での二輪車や北米地域での芝刈機などの汎用エンジンとして用いられている．2ストロークエンジンの排ガスは，構造上4ストロークエンジンに比べて未燃のHC，COおよびO_2が非常に多くNO_xが少ない．したがって，CO，HCの低減のために，酸化触媒としての機能が必要で，未反応空気量も多いため，触媒上での発熱量が大きく触媒自体の耐久性が要求される．さらに，オイル消費量が高いためP，Zn，Caなどに対する耐被毒性が触媒の一つの課題となっている[31]．実用面においては，ハニカムタイプの触媒の装着により出力の低下や局所的な熱害の発生があるため，エキゾーストパイプ内面を触媒化することにより排がスを浄化する方法[32]もとられている．

c．資源のリサイクル
自動車用廃触媒からの貴金属の回収は，化学工業用の廃触媒からの回収と同じく湿式精製法と乾式精製法の二つが中心である．焼成・酸処理，または高温溶解と最初のプロセスに違いはあるものの，いずれも他の金属中へ吸収するなどして貴金属をある程度まで濃縮した後で，それぞれの貴金属を分離して精製する[33]．

自動車用廃触媒の貴金属回収における問題点は，①市場からのコンバータ回収率が低いこと，②コンバータから廃触媒の取出しが煩雑であること，③貴金属の濃度（とくにRh）が非常に低いこと，④Pbなどの不純物のレベルが高いこと，⑤貴金属価格の下落などがあって，必ずしも貴金属のリサイクルシステムが順調に回っていないのが現状である．

3.1.5 おわりに

自動車排気ガス触媒の20年に及ぶ技術の進歩を振り返ってみると，三元触媒の技術はかなりのレベルまで進歩してきたが，厳しい排ガス規制に対応するためのシステムとの関連でとらえた場合，まだまだ解決すべき問題が多く残っている．また，ディーゼル用触媒やリーンNO_x用触媒など，ガソリン車以外への新たな適用は始まったばかりであり，今後，新たな技術革新を通じて，環境問題・地球温暖化問題に対する触媒の貢献度が，さらに大きくなっていくことが期待される．

〔船曳正起〕

参考文献

1) M. Nonnenmann : SAE Paper 850131 (1985)
2) S. Ichihara et al. : SAE Paper 940928 (1994)
3) A. Punke et al. : SAE Paper 850255 (1995)
4) 高橋ほか：自動車技術会学術講演会前刷集, 9433849 (1994)
5) 船曳ほか：触媒, Vol. 31, No. 8, p. 566 (1989)
6) M. Prigent et al. : SAE Paper 830269 (1983)
7) R. H. Hammerle et al. : SAE Paper 83027 (1983)
8) Y. Niura et al. : 3rd IPC, Paper No. 852220 (1985)
9) J. Summers et al. : J. Catal., Vol. 57, p. 380 (1979)
10) M. Funabiki et al. : Proceedings of JECAT '91, C-02, 131 (1991)
11) H. C. Yao et al. : J. Catal., Vol. 61, p. 547 (1980)
12) 特開昭63-88040
13) 松本ほか：トヨタ技報, 第38巻, 第2号, p. 547 (1988)
14) J. Summers et al. : SAE Paper 930386 (1988)
15) Z. C. Hu et al. : SAE Paper 950254 (1995)
16) HONDA NEWS, January 6 (1995)
17) I. Gottberg et al. : SAE Paper 910840 (1991)
18) L. S. Socha et al. : SAE Paper 920093 (1992)
19) B. Pfalzgraf et al. : SAE Paper 951072 (1995)
20) P. L. Burk et al. : SAE Paper 950410 (1995)
21) K. Kollmann et al. : SAE Paper 940469 (1994)
22) N. Collings et al. : SAE Paper 930938 (1993)
23) T. Tabata et al. : Proceedings of JECAT '91, p. 31, 306 (1991)
24) J. Hochmuth et al. : SAE Paper 930219 (1993)
25) 岩本ほか：触媒, Vol. 32, No. 6, p. 430 (1990)
26) W. Held et al. : SAE Paper 900496 (1990)
27) 加藤ほか：自動車技術会学術講演会前刷集, 9437368 (1994)
28) N. Higuti et al. : SAE Paper 830078 (1983)
29) 斉藤ほか：触媒, Vol. 31, No. 8, p. 572 (1989)
30) M. Arai et al. : SAE Paper 910328 (1991)
31) J. J. Mooney et al. : SAE Paper 941807 (1994)
32) 久保ほか：自動車技術, Vol. 47, No. 5, p. 70 (1993)
33) 藤原：化学工学, 第55巻, 第1号, p. 21 (1991)

3.2 オゾン層破壊物質対策

3.2.1 概論

a. 規制の背景

特定フロン，1,1,1-トリクロロエタンなどのオゾン層破壊物質は，冷媒，エアゾール用噴射剤および洗浄剤などとして広く用いられ，生活に密着した非常に便利な物質である．これらの物質が成層圏中のオゾン層を破壊することによって生命に有害な紫外線が地表に多く到達し，結果として皮膚がんの増加などの悪影響が生じる可能性があるとの指摘がアメリカのローランド教授，モリナ博士によって1974年になされて以来，オゾン層保護対策について国際的な検討が行われてきた．

1985年に「オゾン層の保護のためのウィーン条約」が，また1987年に「オゾン層を破壊する物質に関するモントリオール議定書」が採択されて以来，わが国を含む世界各国において特定フロン，1,1,1-トリクロロエタンなどの生産規制などオゾン層保護のための施策がとられてきた．その後，1995年12月には規制強化のためモントリオール議定書の改定が行われている．こうした国際的な規制の強化に対して，わが国では，「特定物質の規制等によるオゾン層の保護に関する法律」（オゾン層保護法）を1988年5月に制定し，以後1991年月3月に1次改正，さらに1994年6月に2次改正が行われ国内体制が整備されている．

b. 規制の内容

モントリオール議定書では，特定物質の生産量および消費量の規制と非締約国との貿易制限が決められている．特定フロン（CFC 11, 12, 113 など5物質），1,1,1-トリクロロエタンは1996年1月1日以降，HCFC（HCFC-141bなど34物質）は2020年1月1日以降生産が中止される．

c. 対象物質と自動車産業のかかわり

オゾン層破壊物質の自動車に関係する用途は，カーエアコンの冷媒用，ウレタンフォームなどの発泡用，電子部品や機械部品などの洗浄用などがある．

一般のカーエアコンにはフロン12が，冷凍車のようにいっそうの低温が必要な場合にはフロン502が用いられてきた．

フォームにはウレタン系とポリオレフィン系があり，ウレタン系には軟質スラブ，軟質モールド，硬質フォームおよびRIMの4種類がある．このうち，自動車用では軟質スラブ（内装材），軟質モールド（ヘッドレストなど），RIM（バンパなど）などにフロン11が使われていた．ポリオレフィン系には加工法により押出し発泡とビーズ発泡とがあり，いずれもフロン12やフロン114で発泡させ，バンパやヘッドレストなどとして用いられていた．

自動車産業における洗浄用途としては，主として電子部品や精密部品などにフロン113が，一般の機械加工部品には1,1,1-トリクロロエタンが用いられてきた．

これらのオゾン層破壊物質の使用状況を図3.11に示す．

こうした分野における代替技術としてはいろいろあるが，冷媒用ではオゾン破壊係数がゼロのHFC-134aが主流である．ウレタン発泡用では水や塩化メチレン，HCFC-123，HCFC-141bが，またポリオレフィン発泡用ではプロパン，ブタンなどの炭化水素やHFC-134a，HCFC-142bなどが用いられている．

特定フロン（1988）　　1,1,1-トリクロロエタン（1991）

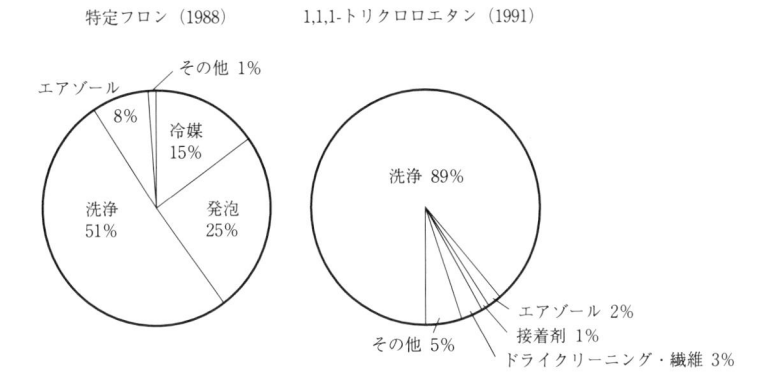

エアゾール 8%
その他 1%
冷媒 15%
洗浄 51%
発泡 25%

洗浄 89%
エアゾール 2%
接着剤 1%
ドライクリーニング・繊維 3%
その他 5%

図3.11 国内における特定フロンなどの使用状況[1]

洗浄用では水系洗浄剤，炭化水素系洗浄剤，アルコール系洗浄剤などの代替洗浄剤や，前後の加工法を工夫することにより無洗浄化することも実用化されている．

3.2.2 カーエアコン用冷媒の対策
a．代替冷媒の選定

従来カーエアコンでは特定フロンの一つであるCFC-12が使用されてきた．CFC-12の代替冷媒のおもな選定条件として下記のことが考えられる．

① オゾン層破壊のないこと
② 安全性であること（毒性，可燃性のないこと）
③ 従来と同等の冷凍サイクル性能
④ 製造が容易であること，低コスト

代替冷媒候補としてはオゾン層破壊能（ODP：Ozone Depletion Potential）が比較的小さいHCFC冷媒やそれらの混合冷媒，および新規物質であるHFC系冷媒などがある．

これらの中で，HFC-134aは分子中に塩素イオンを含まないため，オゾン層の破壊の心配が全くないうえ，冷媒の安全性評価試験についても世界のフロンガスメーカの共同試験プログラム［代替フロン毒性試験計画（program for alternative fluorocarbon toxicity testing）］のI（1988年開始，1993年終了）でとくに問題がないことがすでに確認されている．

一方，冷凍サイクル性能についてはHFC-134aは冷媒の熱力学的な性質[1]が比較的CFC-12に近いことから若干のエアコン機器の改良で対応できるという利点がある[2]．

以上のことから，表3.2に示すようにさまざまな冷媒候補の中からカーエアコン用代替冷媒としてHFC-134aが選定されている．

カーエアコン冷凍サイクルは冷媒ガスを高温高圧にするコンプレッサ，この冷媒ガスを高温液化するコンデンサ，液化冷媒を蓄えるレシーバ，高温液冷媒を低温液化するエキスパンションバルブ，低温液化された冷媒を蒸発気化し，室内空気と熱交換させるエバポレータより構成されている．

このカーエアコン冷凍サイクルに使用されている材料の中で，冷媒変更時，とくに問題となるものとしてコンプレッサの潤滑を行う冷凍機油，パイプ締結部や冷媒ホースに使用されているゴム材，エアコンに浸入してきた水分を除去する乾燥剤などがあげられる．

HFC-134aは冷媒の電気的な偏り（双極子モーメント）がCFC-12に対して大きいので従来の材料との相性が悪く，そのまま使用すると図3.12に示したようにさまざまな問題が生じてしまう．以下，HFC-134aに適した材料の選定について述べる．

b．HFC-134a エアコン用の材料
（ⅰ）**コンプレッサ冷凍機油**[3] 冷凍機油については，コンプレッサの耐久性能と圧縮性能の確保の目的から，コンプレッサのしゅう動部潤滑作用とシリンダ-ピストン間のクリアランス部のシール作用が必要となり，まず高温度の油粘度特性が重要となる．しかし，一方では，当然のことながらコンプレッサから吐出された冷凍機油は高温部であるコンデンサと低温部であるエバポレータを循環後，サイクル中にトラップされることなく連続的にコンプレッサに戻らなければならない．したがって，冷凍機油はサイクル中にさらされるあらゆる温度域および使用温度領域で冷媒と相溶しなければならない．

一般的に冷媒と冷凍機油の相溶性は二つの液体が混合したときの自由エネルギーの変化ΔGで代表され，ΔGが減少すれば相溶する傾向にある．

従来冷凍機油として使用されてきた鉱油と各種冷媒の自由エネルギー変化ΔGを求めた結果を図3.13に

表3.2 代替冷媒候補

	冷　媒	ODP	毒性	可燃性	総合評価
従来	CFC-12	×	○	○	—
	HFC-152a	○	○	×	×
	HCFC-22	△	○	○	×
	CFC-12＋HFC-152a	×	○	○	×
	HCFC-22＋CFC-115	×	○	○	×
新規	HFC-134a	○	○	○	○
	HCFC-22＋HCFC-142b	△	○	△	×
	HCFC-22＋HFC-152a＋HCFC-124	△	?	△	×

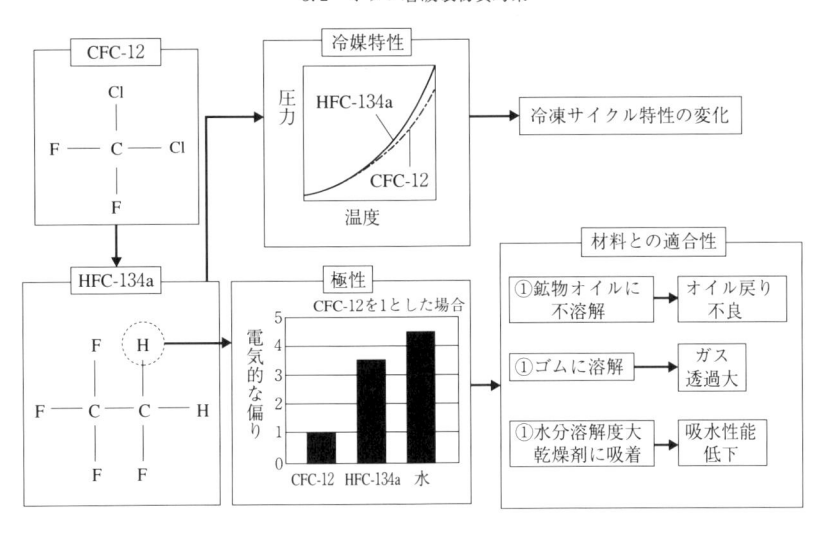

図 3.12 代替冷媒の問題点

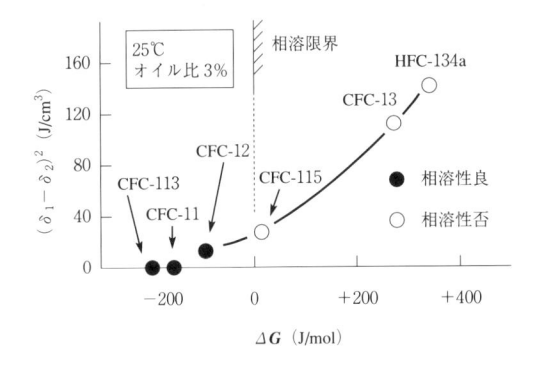

図 3.13 鉱油と冷媒のΔGと相溶性

表 3.4 各種冷凍機油ΔGとHFC-134aとの相溶性

潤滑油	代表的な分子構造	ΔG (J/mol) -40 0 +40 +320	相容積
鉱油	$-CH_2-CH_2-$	○	×
アルキルベンゼン	$-CH-CH_2-$ (ベンゼン環)	○	×
エステル	$-COOC_8H_{17}$	◎	×
フッ素油	$-CF_2-CF_2-O-$	○	○
ハロゲン油	$-CF_2-CCIF-$	○	○
ポリグリコール	$-CH_2-CH_2-O-$	○	○

示す．CFC-12と鉱油ΔGは負の値を示しており，これは両者が溶け合うことを意味している．一方，HFC-134aと鉱油は正の値を示し，相溶性がないことを示している．

HFC-134aと各種冷凍機油のΔGを表3.3に示す．HFC-134aはフッ素油，ハロゲン油，ポリグリコールについてはΔGが負の値となり，相溶性があるといえる．これらの中で，相溶性の良さとコストの面から，ポリグリコール系の冷凍機油がベース油として一般的に選定されている．実際には，このベース油に潤滑性，腐食，劣化を補うため各種の添加剤を加えたものがカーエアコン用の冷凍機油として使用されている．

(ii) ゴム材料　HFC-134aはCFC-12に比較して，分子径が若干小さく，またゴムに対する溶解性も若干大きい．これらの理由によりHFC-134aをカーエアコン用冷媒として使用する場合，現在使用されているNBR（ニトリルゴム）では，その冷媒透過性が問題となり，最悪の場合はシール剤の膨潤・発泡を起こしてしまう．このため，配管用のO-リングには，冷媒との相性が良いH-NBRが使用されている．また，冷媒ホースとしは，ホースの内層ゴムの内側にナイロン樹脂などの薄膜をつけ，ガス透過を防ぐ方法が開発され，HFC-134a用冷媒ホースとして広く使用されている．

(iii) 乾燥剤　エアコンでは，ゴムホースから水分が浸入してくるため，エキスパンションバルブでの凍結や冷媒の加水分解を防止するために，乾燥剤がレシーバに充填されている．CFC-12を用いる冷凍サイクルでは，乾燥剤としてモレキュラーシーブが一般的に使用されてきた．しかし，HFC-134aの分子径はCFC-12の分子径よりも小さいため（HFC-134a：0.42

nm，CFC-12：0.44 nm），CFC-12 用のモレキュラーシーブ（細孔径：0.4 nm）では水分と同時に HFC-134a も吸着してしまい吸水性能が劣ってしまう．このため，従来のモレキュラーシーブよりも細孔径が小さいものが HFC-134a 用として開発されている（たとえば，XH-7 や XH-9 など）．

c．今後の課題

オゾン層破壊に加え，地球規模の環境問題として，地球温暖化もかなり以前から関心がもたれてきた．フロンも温室効果ガスの一つと考えられているが，HFC-134a は温室効果の程度が従来の CFC-12 の約半分ときわめて優れている．現時点では，オゾン層保護と地球温暖化の防止といった観点から最も地球環境に優しい冷媒といえる．

しかし，カーエアコンシステムとして考えた場合には，コンプレッサや電動ファンなどの各種補機類の駆動に伴う燃焼消費による CO_2 放出，また冷媒漏れや修理廃却の際の冷媒放出などにより少なからず地球温暖化に影響している部分がある．

今後も，冷凍サイクルの高効率化，軽量化，冷媒漏れ量の低減，冷媒回収などの観点からさらなる努力を続ける必要がある．

3.2.3 発泡分野の対策
a．発泡剤の目的・用途

発泡剤を使用して製造するプラスチックフォームは，軟質フォーム，硬質フォームに分類され，自動車，土木建築，冷蔵庫などの家電製品，包装用緩衝材にいろいろな目的で採用されている．自動車用としては，シートやヘッドレスト，アームレストのような内装部品，ラジエータやヒータの嵌合パッキン材のようなエンジン部品に，ポリウレタンフォームを採用している．また，インテグラルスキンフォームとして，自動車用ハンドルも低発泡倍率のウレタンフォームを利用している．

これらウレタンフォームの優れた断熱性・耐熱性やシール性などのフォーム品質を確保するために，フォームの均一性，気泡の開放または独立の差異，化学的・物理的諸特性を確実に得る必要があり，そのためにはウレタンの反応の管理が重要である．ウレタンの効果反応の代表例と製造工程を図 3.14 に示す．ポリウレタンの発泡方法は硬質フォームのように発泡剤としてフロンを混入し，反応熱によってフロンを発泡させる方法と軟質フォームのようにイソシアネートと水の反応によって発生する炭酸ガスで主の発泡をさせ，均一性保持のためその反応を抑制するとともに，そのとき不足するガスを補うため，補助的な発泡剤としてフロンを利用する方法がある．硬質フォームは発泡セルの中に発泡剤が残留するので，優れた断熱性能を有するフロンが適しており，軟質フォームは，気泡が破れるためフォーム内に発泡剤が残留することはない．軟質フォームには，断熱特性は必要ないので，フロン

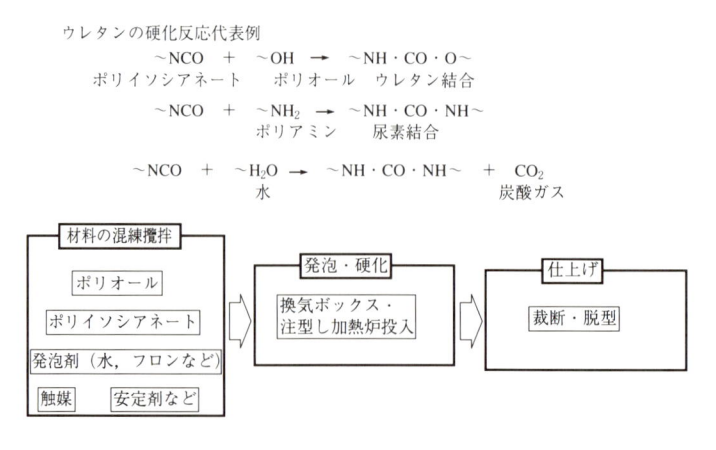

```
ウレタンの硬化反応代表例
    ~NCO    +    ~OH    →    ~NH・CO・O~
  ポリイソシアネート    ポリオール    ウレタン結合

    ~NCO    +    ~NH_2   →    ~NH・CO・NH~
                ポリアミン         尿素結合

    ~NCO    +    ~H_2O   →    ~NH・CO・NH~    +    CO_2
                 水                              炭酸ガス
```

材料の混練攪拌 [ポリオール／ポリイソシアネート／発泡剤（水，フロンなど）／触媒／安定剤など] ⇒ 発泡・硬化 [換気ボックス・注型し加熱炉投入] ⇒ 仕上げ [裁断・脱型]

図 3.14 ポリウレタンの発泡原理と製造工程

表3.4 発泡剤特性一覧表

	CFC-11	HCFC-141b	塩化メチレン
化学式	CCl_3F	CCl_2FCH_3	CH_2Cl_2
分子量	137.37	116.95	84.94
沸点（℃）	23.82	32.11	39.8
凝固点（℃）	−111.1	−103.5	−96.7
密度（g/cm³）	1.476（25℃）	1.228（25℃）	1.326（20℃）
蒸発潜熱（cal/g）	42.96	53.49	78.70
熱伝導率（$\lambda' 25℃ 10^{-2}$ kcal・h・K）	7.527	8.088	
オゾン破壊係数	1.0	0.07〜0.11	0.007
地球温暖化係数	1.0	0.084〜0.097	0.02

表3.5 フォームの代替発泡剤

	特定フロン	代替品 フロン系	代替品 非フロン系
軟質ポリウレタンフォーム	CFC-11	CFC-141b	水，塩化メチレン
硬質ポリウレタンフォーム	CFC-11, CFC-12	CFC-141b	炭化水素
RIM（インテグラル含む）	CFC-11		水
熱可塑性プラスチックフォーム（ポリエチレン・ポリスチレンなど）	CFC-12	CFC-142b	炭化水素

以外の発泡剤も従来は使用してきた．フロンを使用する際は，ウレタンの反応工程とのマッチングからCFC-11が最適とされてきた．

b．CFC-11の特徴

CFC-11は非常に化学的に安定な化合物であり，同時に熱伝導率が低い特徴を有している．そのため硬質ウレタンフォームの発泡剤として使用すると，発泡剤は発泡セルの中にとどまり，熱伝導率を低いレベルに保つ働きがある．軟質ウレタンフォームの場合，発泡時の発熱を補助発泡剤の蒸発により吸収し，低密度の発泡体を製造しやすくする．その特性を表3.5に示す．

c．用途別の代替技術

現時点での代替技術としてはHCFC-141bのような第2世代フロンや塩化メチレンで対応するのが一般的である．フォームの種類ごとによる代替発泡剤を表3.5に示す．

軟質ウレタンフォームは，断熱性能を重視しないので水の増量によって発泡度合いを調節する．水だけでは発熱量が急増し，フォーム特性が悪化してしまう場合には塩化メチレンやHCFC-141bを使用し，適正な発泡状態を得るようにする．

硬質ウレタンフォームは，発泡セル内に残留し，断熱性能が必要なのでCFC-11に近似した材料特性が必要である．したがって，HCFC-141bへの変更が一般的である．また，軟質ウレタンフォームと同様に水への転換や炭化水素系の発泡剤への転換も検討されている．この場合，断熱性能が低下する場合があり，発泡セルの縮小化が試みられている．

インテグラルフォームについては，基本的に水への転換で対応されている．

今後の課題としては，HCFC-141bのような第2世代フロンや塩化メチレンも，オゾン層破壊係数や地球温暖化係数はゼロとはならないので，水発泡，炭化水素系発泡や第3世代フロン（HFC-236ea，HFC-245faなど）への転換を検討している．同時に，ウレタン樹脂の配合の改良や発泡条件の最適化，発泡セルの縮小化などの総合的な検討を実施している．いずれにしても，市場の要求ニーズを見失わないようにしながら，地球環境へやさしい技術開発を進めていくことが肝要である．

3.2.4 洗浄分野の対策
a. 洗浄の目的・用途

洗浄とは，前工程で付着あるいは発生した汚れの除去を目的とした処理である．そして汚れを除去する目的は，後工程の品質や製・部品の信頼性を確保するためである．たとえばプレス品をめっきする工程においては，めっき品質確保のため洗浄で加工油を除去する．したがって，洗浄の対象となる汚れは前工程で決まり，一方要求される清浄度（洗浄品質）は後工程で決定される．

しかしながら，洗浄の必要性や要求される清浄度は必ずしもすべて明確になっているわけではない．それはCFC-113や1,1,1-トリクロロエタンが洗浄力，安全性，速乾性などの点できわめて優れた洗浄剤であったため，洗浄処理を導入する段階で特別な事前検討を必要としないケースが多かったからである．CFC-113や1,1,1-トリクロロエタンは，自動車産業に限らずあらゆる産業分野で洗浄剤として使用されておりその用途は幅広い．CFC-113は，エレクトロニクス部品と精密部品に，また1,1,1-トリクロロエタンは金属部品加工，熱処理部品，表面処理部品で多く使用されてきた．

b. CFC-113と1,1,1-トリクロロエタンの特長

CFC-113と1,1,1-トリクロロエタンは，工業用洗浄剤として次にあげる数々の特長を有している．詳細は表3.6参照．

① 通常の使用条件において不燃性で，引火・爆発の危険性がない．
② 粘度，表面張力が小さいため浸透力が大きく，狭い隙間の洗浄性に優れる．
③ 適度な沸点を有し蒸発潜熱が小さいため，速乾性である．
④ 毒性が低く，作業環境の維持が容易である．
⑤ 汚染廃液は，蒸留により回収して容易に再生リサイクル使用ができる．

これらの特長ゆえに通常設備は開放系や半密閉系で，工程は浸漬，揺動，超音波，蒸気などを組み合わせラフな荒洗浄から精密な仕上げ洗浄まであらゆる用途に対応することができた．

c. 代替剤の安全性，環境製評価

オゾン層の保護の観点からCFC-113，1,1,1-トリクロロエタンの使用廃止を検討する場合，通常それらに代わる代替剤はないかと考える．表3.7では各種代替洗浄剤を，主として安全性や環境性の点から評価してみた．洗浄剤の分類方法は諸説あると思うが，ここでは不燃性の塩素系溶剤とそれ以外の非塩素系溶剤で大分類した．

CFC-113や代替フロン（HCFC-225）は，通常フッ素系溶剤と呼ばれるが分子中に塩素を有するので塩素系溶剤に含めた．また，非塩素系のグループには，テルペン系などの準水系洗浄剤やシリコーン系洗浄剤などもあるが，ここでは代表的なものとして表に示す3種類とした．塩素系溶剤は，オゾン層破壊物質もしくは毒性（発がん性の疑い）が高く，また非塩素系溶剤は引火点があったり，廃水処理負荷の問題がある．前b項で述べたCFC-113，1,1,1-トリクロロエタンの優れた特長を備えた代替剤は存在しないことがわかる．CFC-113，1,1,1-トリクロロエタンがこれまで重用されてきたのは，まさにこの特長を生かして効率的，経済的，高信頼性の洗浄システムの利用が可能であったからにほかならない．

CFC-113，1,1,1-トリクロロエタンの使用廃止と経済的な洗浄システムの実現には，洗浄の目的，必要性を再認識し，洗浄そのものの廃止の可能性を追求することから検討する必要がある．

d. 使用廃止の検討ステップ

経済的な洗浄システムを実現するためのステップを図3.15に示す．ポイントは，いかに洗浄工程そのものを廃止できるかであり，代替洗浄剤を含めた洗浄技術の検討は最後のステップとなる．洗浄の必要性を再確認することにより，ただ単に廃止しても問題ないケースや，要求品質の適正化が図られ簡便な洗浄工程が実現できるケースがある．さらにもう一歩踏み込ん

表3.6 物性および環境特性

	CFC-113	1,1,1-トリクロロエタン
化学式	CCl_2FCClF_2	CH_3CCl_3
分子量	187.4	133.4
沸点（℃）	47.6	74.0
凝固点（℃）	−35.0	−32.6
密度（g/cm^3）	1.567 (25℃)	1.349 (20℃)
蒸発潜熱（沸点）(cal/g)	35.1	57.5
粘度（cP）	0.66 (25℃)	0.74 (25℃)
表面張力（dyn/cm）	18.0 (25℃)	25.6 (25℃)
KB値	31	124
引火点（℃）	なし	なし
許容濃度（ppm）	500	200
オゾン破壊係数	0.8	0.12
地球温暖化係数	1.3～1.4	0.024～0.029

表 3.7 代替剤の安全性・環境性評価

		脱脂力 (比)	コスト (比)	安全性 (引火点)	環境性 作業環境濃度	環境性 排ガス濃度	環境性 排水濃度	環境性 ODP*	備 考	評価
塩素系	トリクロロエチレン	100	1.0	なし	<50ppm	<100ppm	<0.3ppm	0.005	発がん性の疑い	△
	パークロロエチレン	100	0.8	なし	<50	<100	<0.1	0.005	発がん性の疑い	△
	塩化メチレン	70	1.2	なし	<50	—	<0.2	0.007		△
	トリクロロエタン	95	1.2	なし	<200	—	<3.0	0.1	オゾン層破壊	×
	フロン (CFC-113)	25	2.1	なし	<500	—	—	0.8	オゾン層破壊	×
	代替フロン (HCFC-225)	25	7.1	なし	<250 ; cb <50 ; ca/cb	—	—	0.02〜0.07	オゾン層破壊	△
非塩素系	アルコール系 (メタノール)	95	1.6	あり	<200	—	—	—	引火性	△〜○
	炭化水素系	25〜95	1.0	あり	—	—	—	—	引火性	
	水溶性	25〜90	0.1	なし	—	—	(BOD COD)	—	排水処理	

* ODP：オゾン破壊係数

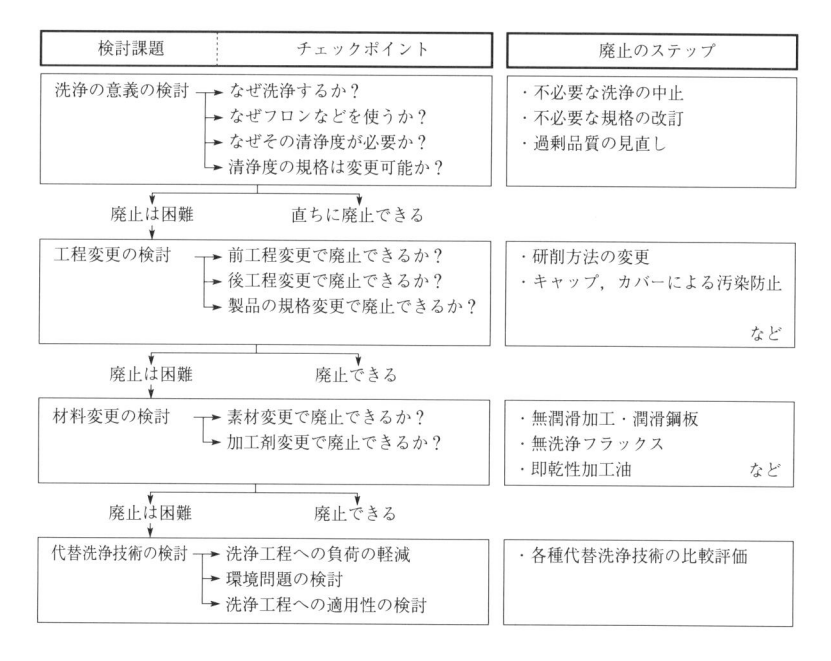

図 3.15 使用廃止の検討ステップ

で現状の製造工程および設計（形状や材料）を変更することにより，洗浄工程廃止が可能となるケースもある．洗浄工程廃止に勝る経済的な洗浄システムはない．洗浄分野のオゾン層破壊物質対策も，単なる製造工程だけの問題ではないことの認識が必要である．

e. 用途別の代替技術

本項aで述べた自動車産業におけるおもな洗浄用途について，現在適用されている代替技術を整理した結果が表 3.8 である．ここで湿式洗浄とは，洗浄に液体の洗浄剤を使用する最も一般的な洗浄方式で，アルカリ系や界面活性剤系などの水系洗浄および炭化水素系洗浄がある．もちろん CFC-113 や 1,1,1-トリクロロエタン洗浄も湿式洗浄である．乾式洗浄とは液体の洗浄剤を使用しない方式で，加熱雰囲気下で加工油をそのまま気化させて除去する加熱気化脱脂や高圧エアによりごみ，切粉などを除去するエアブローなどがある．乾式洗浄にはその他 UV/O$_3$ 洗浄，プラズマ洗浄，イオンエッチングなどがあるが自動車産業の用途としてはあまり一般的でない．また，無洗浄は純粋な意味では洗浄技術ではなく，洗浄廃止を可能とする洗浄の前後工程や材料にかかわる技術である．無洗浄フラックスや潤滑鋼板などの技術があり各用途ごとに多岐にわ

表 3.8 用途別の代替技術

	湿式洗浄	乾式洗浄	無洗浄
エレクトロニクス部品	グリコールエーテル系洗浄 水溶性フラックス＋水洗浄	—	無洗浄フラックス
精密部品	水系洗浄 炭化水素系洗浄	エアブロー (ごみなど異物除去)	—
金属加工部品	水系洗浄 炭化水素系洗浄	大気加熱気化脱脂 遠心分離(加工油除去)	潤滑鋼板 揮発性潤滑油
熱処理部品	水系洗浄 炭化水素系洗浄	真空加熱気化脱脂 大気加熱気化脱脂	—
表面処理部品	水系洗浄 炭化水素系洗浄	—	密着性向上プライマー (樹脂バンパ塗装)

たる．湿式洗浄は洗浄剤の置換え，湿式洗浄は工程の変更，そして無洗浄は材料の変更である．材料変更のような発生源対策は，製・部品の信頼性確保の点から高水準の技術開発が必要とされるが，最も経済的で環境負荷の少ない洗浄システムといえる．

f．今後の課題

洗浄分野のオゾン層破壊物質対応は，95年末で一応の決着が得られる予定であるが，経済性や環境性の点からまだ十分な対応状態とはいえない．たとえばトリクロロエチレンや塩化メチレン洗浄へ変更したケースでは，毒性が強いため深刻な環境破壊が懸念されいっそう厳しい排出規制が課せられる情勢にある．その場合，自然環境にこれらを拡散させないためのクローズドシステムが求められることになろうが，この対策は技術的にも経費のうえからもきわめてむずかしいものになると思われる．また，水洗浄や炭化水素系洗浄へ変更したケースでは産業廃棄物（洗浄廃液）や排水（水洗水）の発生，防爆のための安全対策や乾燥にかかわるエネルギーなど経費面でも大きな負担となっている．今後製品設計，工程設計の段階から洗浄の負担軽減や洗浄廃止の可能性を追求することがより求められるようになると思われ，代替事例で紹介したような材料変更もかなり進むと考えられる．

3.2.5 将来の対応への方向性

以上，オゾン層破壊物質対応として自動車産業に関係するカーエアコン用冷媒（CFC-12），発泡剤（CFC-11），および洗浄剤（CFC-113，1,1,1-トリクロロエタン）の三つの分野について対応状況を解説した．オゾン層保護の点からは，いずれの分野も対応完了予定であり，また第2世代フロンのHCFC（発泡用…HCFC-141b，洗浄用…HCFC-225）も早晩全廃されるであろう．今後地球環境保護の観点から注目すべき問題として，地球温暖化，有害廃棄物，資源枯渇などがあるが，これらとオゾン層破壊物質対応として採用した代替技術は無関係ではない．冷媒や発泡剤（とくに断熱用）は地球温暖化物質であるし，洗浄剤は有害廃棄物であったり，乾燥工程での高エネルギー消費は化石燃料の資源枯渇や地球温暖化とかかわりがある．経済性ももちろん重要であるが，地球環境保護の点からも地球に優しい物づくりが今後ますます求められ，これら三つの分野も長期的にはシステム，材料，工程ともに大きく変化してゆくものと思われる．

〔竹中　修〕

参考文献

1) 日本冷凍協会ほか：代替フロンの熱物性—HFC-134aおよびHCFC-123—（1991）
2) T. Hirata et al.：Automotive Air Conditioning System Using HFC-134a—Comparison of Refrigeration Cycle Characteristics of CFC-12 and HFC-134a—, SAE Paper 930229
3) 夏目喜孝：新冷媒用冷凍機油の開発：自動車技術，Vol. 47, No. 5（1993）
4) オゾン層保護対策産業協議会：オゾン層破壊物質使用削減マニュアル
5) オゾン層保護対策産業協議会：工業洗浄技術ハンドブック，リアライズ社
6) シーエムシー：自動車用高分子材料
7) 日刊工業新聞社：プラスチック材料講座〔2〕ポリウレタン樹脂
8) オゾン層保護対策産業協議会，日本機械工業連合会：平成4年度1,1,1-トリクロロエタン代替品及び代替技術に関する調査研究報告書

3.3 資源・環境と車両の設計

3.3.1 自動車を取りまく資源・環境の動向（リサイクルの必要性）

a．持続可能な開発

1992年のブラジルのリオデジャネイロでの地球サミットでは"持続可能な開発"がキーワードとなった.「将来世代の人々が彼ら自身にニーズを満たす可能性を損なうことなく，現代のわれわれのニーズを満たす開発をすること」を目指さなくてはならない．

自動車自身が多くなると，その使用に当たってCO_2を大量に発生し地球温暖化につながるとか，廃車処理による環境汚染というような問題がでてきた．

自動車メーカーとして持続可能な開発に向けて，次のことに配慮せねばならない．

① 環境が吸収しきれない汚染を引き起こしてはならない
② 天然資源の消費は，われわれだけでなく将来の世代の活動も考慮に入れなくてはならない．

この二つの事項に配慮する，最も中心となるコンセプトがリサイクルである．

b．人口問題

20世紀初頭には約16～18億人であった地球上の人口は，半世紀後の1950年代には10億人増加した．1985年から90年の5年間には年平均8800万人ずつほぼメキシコに相当する人口が地球上に増えてきたといわれている．1993年には世界の人口は56億人に達している．

世界人口の増加数は中位の予測でも，2000年には63億人，2025年には85億人になるという．つまり，1900年にわたる時の流れの中で起きた人口増加のテンポを上回る事態がこれまでの数十年に起き，これからの数十年に起きようとしている．増加する人口のうち95％は発展途上国が占め，増加数に占める割合でみるとアジアが56％，アフリカが30％とこの2地域が圧倒的に多い．

自動車の世界地域別保有台数（1992年）をみると，アジアが1億200万台，北米が2億700万台，欧州が2億3200万台，中南米が3900万台，アフリカが1200万台となっている．

自動車は社会システムの基盤となっていることを考えると，ますます人口増加とともに自動車の保有台数は増え，必然的に廃車台数は増える．今後アジアやアフリカでも廃車処理やリサイクルが社会的課題となることが予想される．適切な廃車処理に備えた車両構造や材料の開発，リサイクルの研究が必要である．

c．資源問題

自動車の製造と使用に当たっては必ずエネルギーと資源を消費する．ところが化石燃料も地下資源も有限である．「持続的な開発」に向けて，われわれは自分たちのことだけでなく，われわれの子孫もエネルギーと材料を活用して，今日の人類が享受している高度に文化的な生活を続けられるようにしなければならない．

資源が地球上にどれだけ残っているか，つまり可採年数で主要な資源をみてみると，石油は45.5年，天然ガスが64年，石炭が219年，金属材料をみてみると，鉄鉱石が182年，ボーキサイトが227年，銅が59年，鉛が36年，亜鉛42年，スズ38年である．消費量が今後増えれば，可採年数はさらに短縮される．

現実には資源，エネルギーの探索技術や採掘技術が発展し，年々埋蔵量や採掘可能限界が増加することや，省エネ技術の発達などによる需要の減少や人口増加による需要の増加などの条件により可採年数は修正されるが，楽観は許されない．有限なエネルギーと資源を持続的に使うためにはリサイクルによる資源とエネルギーの回収再利用が必要である．

d．廃棄物問題

平成3年度の産業廃棄物の排出量は，厚生省の調べでは，全国で年間397 949千t（うち，廃車処理プロセスで金属資源などを回収した後に残されたごみ，すなわちシュレッダーダストは約100万t）であった．この量は平成3年度における一般廃棄物の排出量（50 767千t）の約8倍になる．

全国産業廃棄物の中間処理の状況は，平成3年度において，61％が焼却，破砕などの中間処理により減量処理され，39％は再利用されている．再生利用の割合は横ばいで推移している．再生に対する事業者の認識がしだいに高まりつつあるが，経済状況の変化で，再生材としての価値が下落し，いままで有価で取引されていたものが処理料金をとらないと引取り手がないいわゆる「逆有償」の現象が起きていることなどが要因の一つと考えられる．

最終処分場（安定型，管理型，遮断型処分場合計）の残余量は，平成3年度末時点において産業廃棄物で1.9年分（首都圏では0.5年分），一般廃棄物で7.6

年分という状況である．一般廃棄物と比較して，産業廃棄物の処分場が不足している．産業廃棄物最終処分場の確保の問題は，地域住民の反対などによりますます困難となってきており，非常に大きな課題である．

リサイクルなどにより廃棄物を活用し，できるだけ最終処分場に捨てる量を少なくすること，または，シュレッダーダストのリサイクルを考える必要がある．

3.3.2 自動車のリサイクル，廃棄の現状
a．工業製品リサイクルの考え方
廃棄物処理におけるリサイクルの重要性が認識されているが，リサイクルには大きく分けて"再利用"，"材料リサイクル"，"サーマルリサイクル"がある．

（ⅰ）**再利用**（製品・部品としてのリサイクル）　自動車の中古車やエンジンのように製品や，部品としての機能と価値がある限り何回も使用するリサイクル．

（ⅱ）**材料リサイクル**（材料や材料の原料としてのリサイクル）　材料の特性を変えることなく，再び，部品をつくる，材料としてリサイクルするもの．たとえば，熱可塑性樹脂を何回も溶融ペレット化し利用するもの，がある．また，樹脂の原料であるモノマーまで戻し再び樹脂の原料とする化学的なリサイクルなどがある．

（ⅲ）**サーマルリサイクル**　廃棄物の焼却時の発熱量を熱回収という形でリサイクルしたり，樹脂をケミカルリサイクル（化学的リサイクル）により燃料に戻し，エネルギー源として利用するもの．

この三つのレベルのリサイクルを経済性や，社会への仕組みの適合性を総合的に判断していかねばならない．

ヨーロッパでリサイクルというと材料リサイクルをさしていることが多い．しかし「持続可能な開発」という命題を考えるとリサイクルを材料リサイクルだけに限定することなく幅広く考える必要がある．

b．自動車リサイクルの現状
（ⅰ）**自動車リサイクルの概要**　自動車は図3.16に示すような形でリサイクルが行われている．現在の車の廃車になるまでの期間は，自動車検査登録協力会の調査によると1994年3月末の時点で乗用車の場合9.3年であるが，廃車になるまで中古車という形で，再利用されている．また廃車になっても解体の段階で，バッテリ，タイヤ，触媒，エンジンユニットなどの再使用可能部品や修理可能部品，再生価値の高い材料（たとえばアルミ）を使っている部品が取り外され，もう一度社会に戻されている．

すなわち，部品としての再使用や，材料としてのリサイクルが行われている．車体はシュレッダー業者にわたり，そこで鉄と非鉄金属が分離選別され再生材として再び使用される．このように自動車は工業製品としてきわめて整備されたリサイクルシステムをもっており，車両の重量でみると，約75％が再利用されており約25％が埋立処分されている．

（ⅱ）**シュレッダーダストの活用**　シュレッダー工程で金属類を選別した残滓つまりシュレッダーダストは，重量で約30％は樹脂であり，燃焼時には約4 500 kcal/kgという高い発熱量をもっている．シュレッダーダストはエネルギーを回収するのに適したもので，サーマルリサイクルを行えば，エネルギー回収と同時に減容化もされ，埋立地の節約にもなる．日本では，プラントメーカーや，焼却炉メーカーによるシ

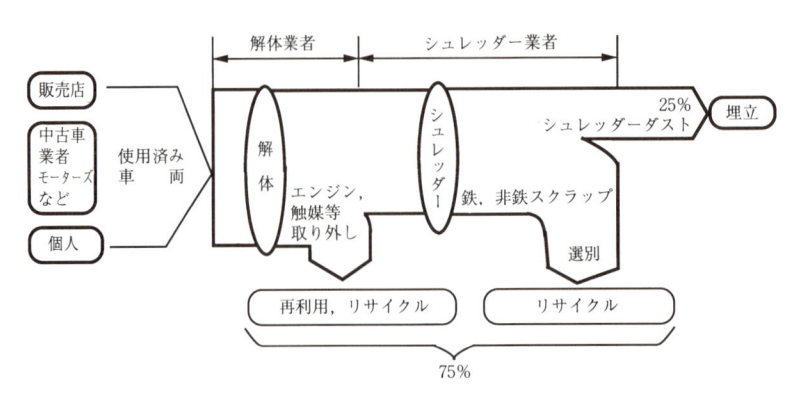

図 **3.16**　車リサイクルのフロー

3.3 資源・環境と車両の設計

3.3.3 法規動向
a. 国際的な規制への流れ

1992年地球サミット採択文であるアジェンダ21「持続可能な開発のための人類行動計画」では、地球温暖化対策やオゾン層保護など、全地球的規模にわたる環境保全に向けた計画がまとめられている．廃棄物の環境上の適正管理は，地球環境の質を維持すること，とくにすべての国において環境上適正で持続可能な開発を達成することに大きくかかわる項目であるとし，廃棄物の最少化，廃棄物再利用リサイクルの最大化などについての包括的で環境に配慮した責任のある枠組みづくりを提言している．

[廃棄物関連の四つの主たるプログラム]
① 廃棄物の最少化
② 環境上適正な廃棄物再利用およびリサイクルの最大化
③ 廃棄物の環境上適正な処分および処理の促進
④ 廃棄物収集区域の拡大

さらにアジェンダ21では「有害廃棄物の発生，保管，処理，再生利用，再使用，輸送，回収および処理の効果的な管理は，人の健康，環境汚染の防止，天然資源の管理，そして持続可能な開発にとってきわめて重要である．」として「環境上適正な管理」に向けて，有害廃棄物の越境移動の管理を含むプログラムが確認されている（図3.17に有害物質規制をめぐる動きを示す）．

b. 日本の法規動向

リサイクルや廃棄物の処理推進に向け，製品や埋立

（iii）**タイヤのリサイクル** 古タイヤのリサイクルルートは資源ゴミの中でも確立されているもののひとつである．全国に40社くらいある廃タイヤ中間処理業者が，タイヤ販売店などから出る古タイヤを，直接，あるいはタイヤメーカーの地域販売会社をとおして集めている．処理業者は集めた古タイヤを分類し，セメント会社や更生タイヤメーカー，貿易商社などに流す．使えるものは中古として販売する．

タイヤは，日本自動車タイヤ協会によると1993年1月から12月の統計をみると全回収量のうちリサイクル分は93％に達し，内訳は原形または加工利用分が43％，熱利用分（セメント工場向け）が50％となっている．

（iv）**鉛バッテリのリサイクル** 日本蓄電池工業会は自動車などの使用ずみ鉛蓄電池（バッテリ）のリサイクルシステムプログラムを構築した．鉛蓄電池販売会社では消費者よりガソリンスタンド，自動車修理工場，カーディーラーを経由して廃鉛電池を無償引取り後，鉛再生事業者からの再生鉛を積極的に新製品に使用していくという内容である．日本蓄電池工業会では，1994年10月より本プログラムを実施し，システムの評価，検証，改善を継続的に検討している．

ュレッダーダストの焼却，ガス化などのエネルギー回収の研究が続けられている．しかし，エネルギー回収効率向上や，エネルギー回収後の減量化後の残渣処理などの課題克服への努力が必要である．

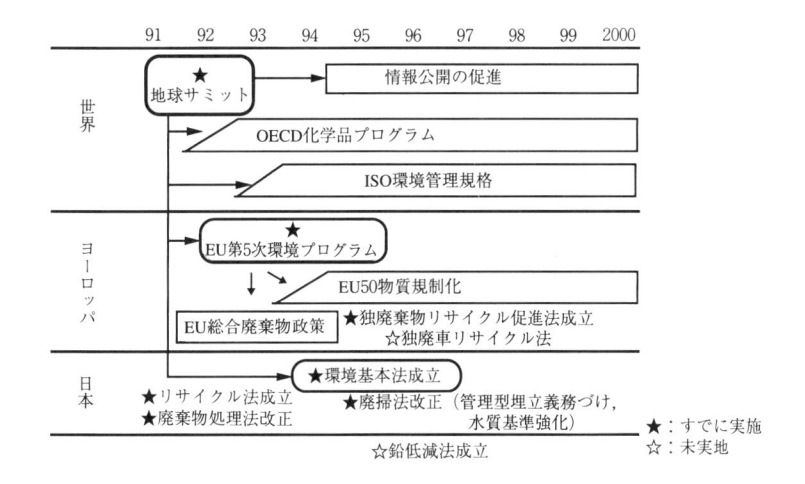

図3.17 有害物質規制をめぐる動き

処分場などの規制が多角的に進められており，今後ますます強化の方向にある．

（i） 再生資源の利用の促進に関する法律　日本でも経済成長，国民生活の向上に伴い，再生資源の発生量が増大し，その相当部分が利用されずに廃棄されている状況に鑑み，資源の有効な利用の確保を図るとともに，廃棄物の発生の抑制および環境の保全をねらい，1991年10月「再生資源の利用の促進に関する法律」（通称：リサイクル法）が施行された．リサイクル推進に向けて，製品の設計開発段階での事前評価が義務づけられている．リサイクル法では自動車は第一種指定製品に指定されており，「製品作りの段階から資源のリサイクルを考えること」が求められている．

（ii） 環境基本法　わが国では1993年11月，環境問題に対する基本的枠組みとして「環境基本法」が制定された．基本理念として

① 環境の恵沢の享受と継承
② 環境への負荷の少ない持続的発展の可能な社会の構築
③ 国際的協調による地球環境保全の積極的推進

の3項目をあげている．そして，同法15条の規定に基づき，環境の保全に関する総合的かつ長期的な施策の大綱として「環境基本計画」が1995年12月に閣議決定された．この環境基本計画は，「循環」，「共生」，「参加」および「国際的取組み」が実現される社会の構築を長期的目標として掲げ，その実現のための施策の大綱，各主体の役割，政策手段のあり方などを定めたものである．環境保全に向けた事業者の役割も明確に述べられている．とくに今日事業活動に起因する環境への負荷が増大していることから，公害防止をはじめ環境への負荷の低減を事業者が自主的積極的に進めることが求められている．

（iii） 廃棄物の処理および清掃に関する法律施行令の一部改正　シュレッダーダスト（主としてプラスチック類の成分）については現在まで，安定型処分場で処分されてきたが，その溶出試験において，鉛などの有害物質や，油分といった有機汚濁原因物質が溶出することが判明したことから，中央環境審議会や生活審議会廃棄物専門委員会で適正処理推進方策について討議された．これらを受けて1995年4月1日以降，管理型廃棄物として処理が行われるよう廃棄物処理法施行令の改正が1994年9月に公布された．シュレッダーダスト無害化とともにリサイクルやエネルギー回収などにより廃棄物を活用し，できるだけ最終処分場に捨てる量を少なくすること，また有害物の製品からの削減，排除が急務である．

c．ISO環境管理・監査規格作成

1992年地球サミットではアジェンダ21の採択とともに，環境保全を世界各国で推進するため，方策の規格化が合意された．ISO（国際標準化機構）では，①環境管理システム，②環境監査，③環境ラベル，④環境パフォーマンス評価，⑤ライフサイクルアセスメント，⑥用語・定義の6分野での国際規格づくりが進められている．

ライフサイクルアセスメントは製品がライフサイクル中に与える影響の解析，その影響を最小化するための方法の検討手段である．図3.18にライフサイクルアセスメントの全体イメージを示すが，今後の製品をつくるメーカは原材料の選定から製造，使用，そして最終的に廃棄までの全ライフにおいて環境へ与える負荷に対して責任をもつことが要求されつつある．

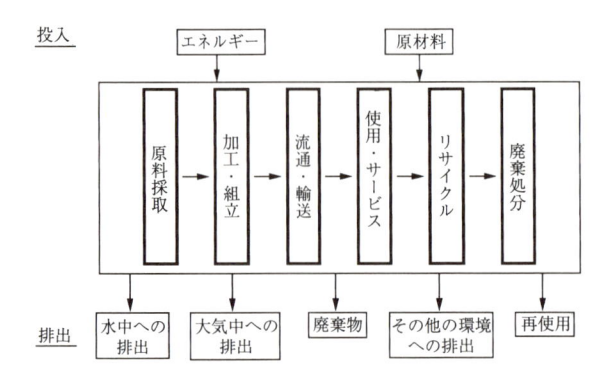

図3.18 LCA（ライフリサイクル・アセスメント）のイメージ

3.3.4 リサイクルしやすい車
a．リサイクル，廃車処理からみた車の特質

車の商品としての特徴，特質から，廃車リサイクルおよび廃車処理に関する設計を行うとき，注意すべき点を述べていきたい．

（ⅰ）車は膨大な数の部品を使用した複雑な構造体である このため，必要な部品の効率的取外し・解体生がまず第1に要求される．生産時の組付け性とは取外し工順，工法などが異なることやさび付き固着など使用過程での劣化を防止，考慮した設計が望ましい．

（ⅱ）量販商品でありながら商品の種類も多い とくに今後のリサイクルの主要な課題となりそうな樹脂部品については，車種，車型だけでなくグレードごとに多数のバリエーションが存在し，色，材質の違いなど，廃車からの解体品は膨大な部品・材料群により構成されることになる．これがシュレッダーダストの最終処理やリサイクルを困難にしている一つの要因になっている．

現在の材料再生技術では，程度の差はあれ，個々の原材料ごとに分別することが必要であり，誤混入は再生材の品質を大きく低下させる．このため，分別，識別，管理方法などたいへん困難かつ複雑な仕事が発生し，経済性上も大きな障害になり，安定的リサイクルシステム構築上のネックになっている．

こういった観点から考えると，再生技術の開発とともに車側の材料を設計する際，材種，材料グレードの共通化と種類削減および使用材料の表示が課題である．材料統合のレベルとしては，材料銘柄レベルまでの統合が望ましいが，現実解としては材種や材料群ごとの統合ケースでも，グレードが低い材料へのリサイクル（カスケードタイプ）が可能となり，十分効果は期待できる．

いずれにしても，混入すると再生材の性能低下を起こすおそれのある不純元素の使用を削減することが必要である（例：鉄に対し銅，スズ，ニッケル）．

（ⅲ）耐久消費財である車の製品寿命が長い 一般消費財の例として，ガラスびん，ペットボトルなどで近年リサイクルが行われているが，車と異なり容器の場合は製造から廃棄，回収までの期間が比較的短く，数か月で回転するため，生産中の元の製品に戻す自己完結型の材料リサイクルが行われている．

これに対し車の場合は事故による廃車など特殊な例を除き，廃棄までの時間が十数年という長時間を要するため，再生を行う時点では，元の製品の生産はすでに終了しており，次世代の技術を使った次世代の製品が生産されている．一方，環境問題に対応するためにも技術の革新を求められている現在，製品の改善を長期にわたり凍結することもできない．したがって，廃棄時点で再生先部品を探すことになり，完全な自己完結型のリサイクルは困難である．他分野の製品も考慮に入れたカスケードタイプのリサイクルとかサーマルリサイクルが主体にならざるをえない．この場合，技術上考慮すべき点としては，世の中で多量に使われている汎用材料を使用することや極力不純物の少ない材料を使用することにより，幅広いリサイクル先の可能性を広げておくことが大事となる．

また，将来の技術的，社会的変化を予測し，易解体構造設計や材料選択に生かしていくことはかなりの長期予想となるため困難と考えられるが，いくつかの可能性が高いシステム，たとえば解体方法では自動機による解体，一部破壊による解体のケースなどを想定し，検討に組み込むことが必要である．場合によっては，望ましい解体システムを提案していくことも考えねばならない．

（ⅳ）国際商品としての側面 ① 商品の生産国と消費国が異なるため責任が不明確になるとともに，輸送経路が長いため再生活動時の採算性とエネルギーバランスがとりにくくなる．② 解体，再生の仕方が各国ごとに異なっており，各国ごとの条件を設計の前提にせざるをえない．前記の将来予測の問題もあり，社会システム，インフラがばらつくことを前提とした低感度設計が重要である．

なお，国際的ハーモナイゼーションの観点から，現在 ISO を中心に検討されている環境性評価の国際標準に注目し，車両開発に活用していくことも有効である．

（ⅴ）その他 車の開発，生産が車両組立てメーカーと多数の関連企業の協力のうえに成り立っており，関係者が多いこと，技術が関連企業に分散していることが特徴である．

従来の生産システムの枠を越え，総合的アプローチが必要とされるリサイクル，廃棄物処理については，とくに，関係企業間の協力，責任分担の明確化を行いながら総力の結集を図っていくことが大事になる．

① 車からの部品取外し性や部品横断的材種統合などは車の設計開発の段階で

② 部品自身の解体性については部品開発段階で
③ 材料再生の方法は材料設計段階で

それぞれの当事者で十分に検討すると同時に，相互の情報交換，協力が緊密になされねばならない．

b．車両構造，設計上のポイント

とくに，材料リサイクルを行うためには，設計時に現実的なリサイクルプロセスを考慮した材料の選定や部品取付け構造が重要である．この部品取付け構造の面では，車両から短時間に効率よく該当部品を外せることは，解体コストの面からも今後重要な課題になると予想される．このため，易リサイクル材および易解体構造，さらには，リサイクルされた材料および部品の再利用について，以下に述べる．

（ⅰ）樹脂材料の選定と表示　樹脂のリサイクル性（材料リサイクル/サーマルリサイクル）を高めるためには，材料素材としての再利用のしやすさ，あるいは，焼却における有害性低減を考慮した材料選定を行う必要がある．たとえば，樹脂においては

材料素材としての再利用度分類

- 熱可塑性樹脂（A）：PP，ABS，PE，PA，POMなど，単一素材であり，加熱溶融することにより，再成形しやすい
  選別⇒異物除去⇒粉砕⇒洗浄⇒ペレット化⇒成形
- 熱可塑性樹脂（B）：上記の材料に，ガラスフィラーや難燃剤が添加されることによりリサイクルされたときに本来の性能に対して劣化を生じる
- 熱硬化性樹脂：PUR，PF など，熱溶融による成形が不可能なため，微粉砕によるフィラー活用や他原料混合によるプレス成形などで現状，再利用を図っており，熱可塑性樹脂に比較し材料リサイクル的には劣る
  選別⇒異物除去⇒洗浄⇒粉砕⇒他原料混合⇒熱プレスなど

また，部品/材料構成や塗装などにより，リサイクル時の分類選別の難易性が異なるため，これにより分類/選定を行う必要がある．たとえば，

- 単体：単一樹脂材料からなり，容易に単一材への置換が可能な部品
- 塗装/めっき品：塗装膜などのはく離により，単一材への置換が可能となる部品
- インサート/部材複合品：発泡表皮・芯材一体品など，異種材分離が困難な部品

これは，部品主素材のリサイクル性のみでなく，部品もしくは部位全体としてリサイクルしやすい材料統合を考慮した分類である．

次に，回収した部品に対しては，材料の選別を明確にし，異種混合や溶融工程での設備トラブルを防止する目的で材質表示を行う必要がある．

これについては，以下，自工会ガイドラインをもとに，現在，進められている．

- 対象部品：100 g 以上の樹脂部品，ただし，下記の表示が困難な場合を除く
  - 小さい部品で表示する場所がない
  - 表示により機能を損なうおそれがある
  - 製造方法により表示が困難である
- 表示記号：ISO 1043　充填材・補強材を含む場合，原則としてその種類と含有率を併記

また，たとえば，バンパのような長尺部品の場合，作業性，運搬効率より切断分割されることがあるが，この分割された状態でも材質確認が行えるマーキング方法が望ましい．図 3.19 にバンパの切断を考慮した帯状連続マーキングの実施例を示す．

（ⅱ）車両の易解体構造　解体方法はいろいろあるが，現在，リサイクルが最も進んでいるヨーロッパ解体業者の解体手順を参考として考えておくことは重要と考えられる（図 3.20，表 3.9 参照）．

易解体を向上させるための配慮項目としては，以下の項目がある．

- 締結点数：より少ないこと
- 締結種類数：種類が少なく統一されること
- 工具のアクセス性：締結部位に工具が入りやすく，見やすく，接続しやすいこと
- 特種工具の必要性：特種工具を使わずに取り外せること
- 接着箇所数：接着はがしを必要としないこと
- 切断箇所数：切断工程を必要としないこと

これら要素について，解体処理時間/作業の難易性

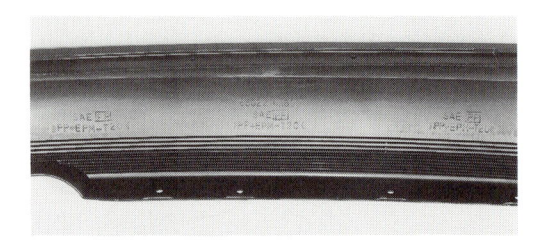

図 **3.19**　複数個の材質マーキング例

3.3 資源・環境と車両の設計

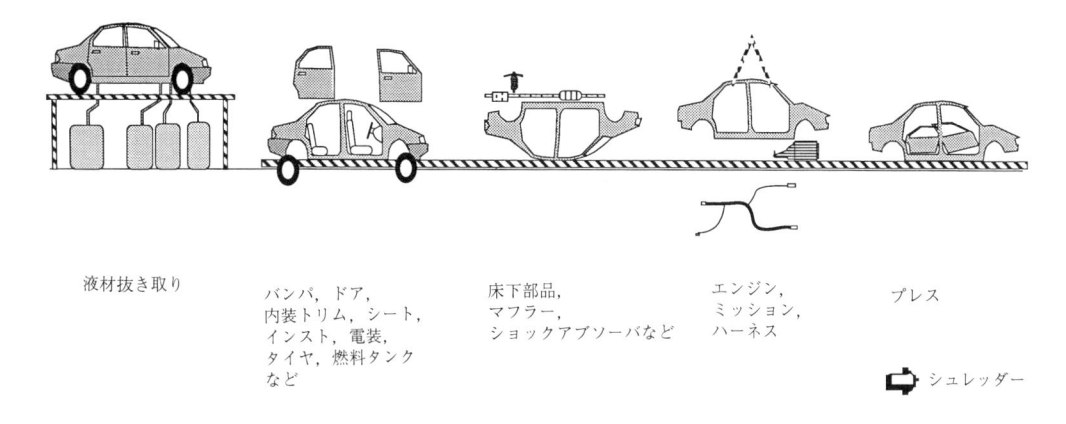

図 3.20 ヨーロッパの廃車解体フロー オランダモスラー社の例

- 液材抜き取り
- バンパ，ドア，内装トリム，シート，インスト，電装，タイヤ，燃料タンクなど
- 床下部品，マフラー，ショックアブソーバなど
- エンジン，ミッション，ハーネス
- プレス
- シュレッダー

表 3.9 ヨーロッパ各社の易解体設計への取組み

メーカ	開始	取組み内容
VW/AUDI	90/1	パイロット工場を設立．自社のモデルの解体マニュアルの作成．材料，部品回収工程の研究など．
BMW	90/4	パイロット工場を設立．自社のすべてのモデルを解体し，解体ノウハウを蓄積している．社内易解体設計会議で開発車への材料，構造のF/Bを行っている．
BENZ	(90)	解体実験実施中．
P.S.A	91	実験工場設立．7 000台/年の解体を実施．30分で1台を解体できる．

を考慮した重み付けを付加し，コストとの相関をもとにした評価判断を進めていくことが必要である．易解体構造の事例として，ビス止め点数を削減した構造としたバンパならびにドアインナ貫通をさせないハーネスレイアウトを図を3.21，3.22に示す．

一方，解体現場での易解体をサポートするツールとして，解体マニュアルの作成や配付による効率よい解体方法の案内や注意事項の徹底を行っていくことも重要となってくる．マニュアルの図中に，解体手順および材料表示をわかりやすく表記し，また，たとえばヨーロッパで一部実施されている統一した色表示により材料識別を助けるなどの工夫も，今後，必要となる．

（ⅲ） 再生材の使いこなしと部品としての再利用
上記のように車両から取り外された部品をリサイクル材として部品製造に利用するためには，これを使う部品の要求特性が，バージン材に対して再生材料の混合

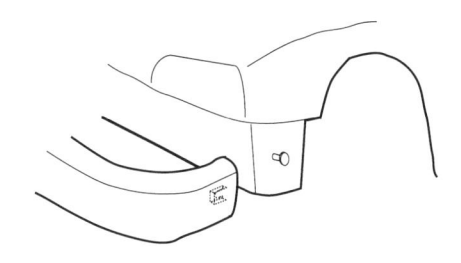

図 3.21 解体性の良い例～バンパ

【易解体構造】　【従来構造】

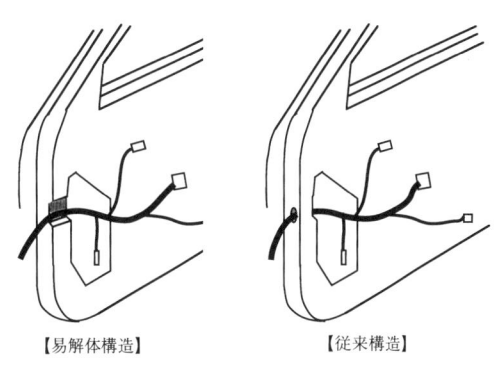

図 3.22 解体性の良い例～ドアハーネス

によるばらつきに許容しきれる構造，工法，生産技術の開発を行っておく必要がある（図3.23参照）．また，回収量の変動にフレキシブルに対応できるように，部品としての要求性能が再生材の混合変動比に許容幅をもたせておく必要がある．

前述の再生材の部品適用は，近年，拡大してきてい

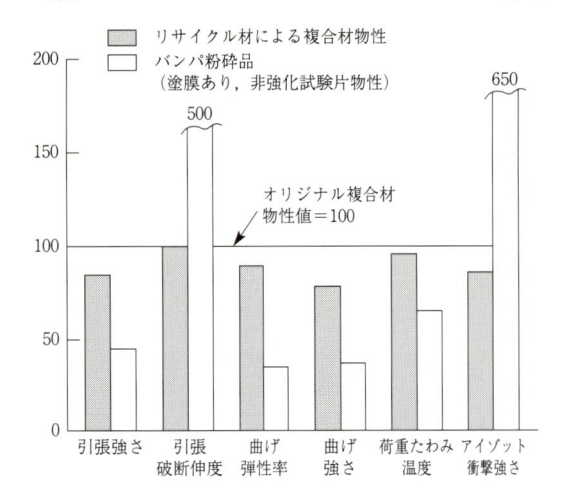

図 3.23 PPバンパリサイクル材による複合材物性とオリジナル材物性の比較
出典：自動車技術，Vol.48（1994）

る．とくに，バンパ交換による廃棄品の回収が進められていくにつれ，さまざまな再生材利用部品が新車へ搭載されてきている．例として，以下の部品がある．

　PP再生材の使用例
　　フットレスト，トランクトリム，タイミングベルトカバー，デフロスタノズル，ファンシュラウド，エンジンアンダカバー，フェンダプロテクタ，バンパ
　PU再生材の使用例
　　マッドガード，遮音材，クッション材

PUについては，PPに比較して用途が限定されているが，今後，ケミカルリサイクル技術としてグリコール分解法が開発・普及することにより，燃料などへの利用が図られると予想される．

再生部品としては，エンジン，ミッション，タイヤをはじめとする多くの商品が市場に出始めており，品質や性能保証技術が進んでいくにつれ，拡大していく可能性がある．

3.3.5　クリーンな車
a．自動車の有害物に関する考え方

近年，自動車の設計・製造に当たり，使用する素材に関してさまざまな面から注意を払うことを求められてきている．すなわち，

① 人体に対する直接的な健康被害防止ならびに地球環境汚染防止を目的とした有害・有毒物質の使用に関する規制強化．

② MSDS（Material Safty Data Sheet）に代表される，製造などに携わる作業者への有害・有毒・危険物に関する情報開示制度の強化．

③ フロンやCO_2のように地球環境を変化させ，2次的に人類の長期的な生存を脅かす可能性のあるものに関する規制．

などのように，自動車製品の材料設計にあたっては，単にその物質自体の有害・有毒性を論じるのではなく，それらが生涯を通し環境に与える負荷全体，いわゆるLCA（Life Cycle Assessment）の視点からの製品構成素材の選定ならびに技術開発が求められている．

b．製品設計上の留意事項
（i）**現在の使用材料規制への対応**　日本・アメリカ・ヨーロッパにおいて現行法規で規制されている使用制限物質の中から，自動車が関係していると考えられる物質を表3.10に示す．この表からもわかるように，現在，日本・アメリカ・ヨーロッパの全地域に共通して規制が行われているものは，PCB（ポリ塩化ビフェニル）とモントリオール議定書で合意されたオゾン層破壊物質（CFC，1,1,1-トリクロロエタン，四塩化炭素）のみである．これら以外の物質，たとえば，アスベスト，水銀，カドミウムなどについては特定の地域，国における規制であり，現時点では全地域共通の法規制は存在しない．ただし，アスベストに関しては日本自動車工業会として全部品を対象に1994年までに非アスベスト製品に切り換えるという自主規制を実施している．

このように，有害・有毒物に関する法的規制は地域，国によってまちまちであり，製品設計にあたっては対象国の法規を精査することが肝要である．

（ii）**今後の廃棄物適正処理面からの設計留意事項**　製品に使用される材料（物質）に関する規制は，おもに

① 製品を製造する過程で，作業者に対して健康被害を与えないか
② 製品を製造する過程で生じる廃棄物が近隣を汚染しないか
③ その製品を消費者が使用する際に，健康被害を与えないか

といった視点から検討されてきている．ところが近年，製品の廃棄物処理段階での有害物質溶出による環境汚染に大きな関心がもたれ，製品開発までさかのぼって該当物質の使用抑制の取組みを求められつつある．

3.3 資源・環境と車両の設計

表3.10 世界における使用制限物質

物　質	日	米	欧	規制内容	使用部位	有害性
アスベスト	(●)		●	[欧] 使用禁止	ブレーキパッド ガスケット	発がん性
オゾン層破壊物質 CFC 1,1,1-トリクロロエタン 四塩化炭素	(●)	(●)	(●)	モントリオール議定書 1995年末までに生産中止	エアコン冷媒 発泡材 洗浄剤	紫外線被暴
ポリ塩化ビフェニル (PCB)	●	▲	●	[日] 使用禁止，許可なき製造，輸入禁止	コンデンサ	健康被害
ポリ塩化ターフェニル (PCT)			●	[欧] 使用禁止	絶縁油 潤滑油	健康被害
ポリ塩化ナフタレン (PCN)	●			[日] 使用禁止，許可なき製造，輸入禁止	熱媒体	健康被害
カドミウム			▲	[欧] プラスチック着色剤0.1%以上含有使用禁止，PVC安定剤，金属めっき用使用禁止	電気接点防食 電気めっき	健康被害
水銀			▲	[欧] センサ/計器への使用禁止	センサ類 スイッチ類	健康被害
トリス (2,3-ジブロモプロピル) リン酸塩			▲	[欧] 人体と接触する繊維製品への使用禁止	難燃剤	健康被害
トリス (アジリジニル) 酸化ホスフィン			▲			
ポリ臭化ビフェニル (PRR)			▲			
ベンゼン		▲	▲	[欧] 0.1wt%以上使用禁止（ガソリンは対象外）		発がん性
2-ナフチルアミン	■		■	[欧, 日] 製造/輸入禁止	ゴム老化防止剤	発がん性
4-アミノジフェニル	■		■	[欧, 日] 製造/輸入禁止	切削油	発がん性
亜硝酸塩，アミン/アミド化合物		▲		[米] 危険濃度のニトロソアミンを生成する混合物使用禁止	ゴム	発がん性 (ニトロソアミン)
芳香族ニトロソアミン 脂肪族二級アミン 脂肪族二級アミド形成物		▲				

■製造/使用禁止　　●使用禁止　　▲使用制限　　(●)自主規制

(注) 日米欧の現行規定で規制されている使用制限物質から自動車を対象に含み，自動車に使用される可能性があると考えられるものを列挙．ただし，ヨーロッパ各国法として下記の使用が制限されているが，現時点で詳細が不明なため除外した．
　PVCモノマー，トルエン，ジアミノジフェニルメタン，キシレン，ハロゲン化脂肪族炭素（トリクロロエチレン，テトラクロロエチレンなど）

a) 廃車解体時の液材処理面からの製品設計への要請：自動車に搭載されているエンジンオイル，ミッションオイル，冷却液などの液材は土壌に浸透し水質汚染の原因となることから，廃車解体処理段階における完全抜取りが求められている．これら車両に存在する液材の抜取り性を向上させるために，以下の観点での設計的考慮が必要である．

① 最も流出効率のよい位置にドレンプラグを設定する．
② ドレンプラグが設定できない場合は，廃車処理における穴あけ作業を想定し，最も流出効率のよい位置にマーキングを行う．
③ プラグ取外し工具の交換頻度を少なくするために，エンジン，ミッション，デフなどに使用するドレンプラグの種類を揃える．
④ プラグへの取外し工具のアクセス性を確保する．
⑤ 構造的に液材が抜けやすいシステム，パイプ配置の検討．

b) 埋立処理面からの製品設計への要請：管理型埋立処分場においては，「廃棄物の処理及び清掃に関

表3.11 自動車の鉛含有部品例

部品名	鉛の使用形態
バッテリ極板	PbO, PbO$_2$, PbSO$_4$
バッテリ端子	鉛単体
ガソリンタンク	ターンシート…鉛スズ合金
銅ラジエータ	はんだ
プリント基盤	はんだ
ホイールバランサ	鉛単体

する法律施行令」によりさまざまな物質に関して水質環境基準が設けられている．シュレッダーダストの埋立処分においては，これら基準の中でもとくに「鉛」が大きな問題となる．鉛は表3.11に示すように自動車のさまざまな部品，部位にさまざまな形で利用されており，これら鉛含有物の廃車からの事前解体・個別適正処理の煩雑さならびに費用を考えると，鉛の使用量低減あるいは使用しない製品開発の要請が強まるものと考えられる．

c) 焼却処理（含むサーマルリサイクル）面からの製品設計への要請：シュレッダーダストの焼却処理においては，とくに以下の事柄が課題となる．

① シュレッダーダストの発熱量は約4500 kcal/kgであり，高カロリー対応の焼却炉設計が必要．
② 焼却灰と飛灰（フライアッシュ）中の重金属類の溶出防止（固定化）．
③ 排ガス中の有害物質（NO$_x$，SO$_x$，HCl，ばいじん，ダイオキシンなど）の除去．

最近，塩素含有材料の取扱いについて，焼却処理時に発生する塩化水素（HCl），さらには焼却炉排ガス中のダイオキシン生成との関連で議論がなされており，一部のケースでは塩素含有材料の一つである塩化ビニル樹脂（PVC）の代替材への置換が試みられている．しかしながら，ダイオキシンの発生を回避するために製品での塩素含有材料の代替を行う場合，あるいは塩素含有材料をダストから事前除去しようとする場合，ダスト中の塩素含有量をppbレベルまでにする必要があり，現実的には非常に困難である．

焼却処理により発生するダイオキシンの総量は，管理された処理条件下ではきわめて微量である．現在，各焼却炉メーカーは環境負荷低減のための焼却技術開発を鋭意進めており，技術的には完成に近づいていることから，将来的には安全な焼却処理設備が導入されていくものと考えられる．したがって，従来焼却技術をベースにしたPVC焼却による環境負荷の視点のみからPVCの使用を避けるべきか否か議論の分かれるところである．

3.3.6 販売会社・サービスで発生する廃棄物とリサイクル

a．サービス工場で発生する廃棄物

サービス工場で発生する廃棄物は，定期交換による液状材料，部品交換に伴う金属/樹脂部品，板金塗装などによるマスキング材料や副資材，各種部品の梱包材/容器および事務所からのじんかいなど多岐にわたる（表3.12参照）．これらは通常，専門の回収業者に依託して処理されているが，年々処理費の高騰や引取り条件が厳しくなるなど，販売会社の悩みとなっている．また，この状況は地域によって大きく異なることも特徴である．

これらの廃棄物のうち，樹脂製バンパはかさ高く，1本当たりの処分費用は千円にも近づいている．しかし，一方ではバンパはリサイクルの対象として好適であり，自動車製造メーカー各社がリサイクルに取り組んでいる．

b．樹脂バンパリサイクル

リサイクルの対象となる部品としては，比較的容易に取り外せること，単一の樹脂材料ができるだけ大量に回収できること，そして効率よく再生利用できることが重要となる．バンパはその多くがポリプロピレン（PP）樹脂製であり，これらの条件に合致する．また，事故などで交換されたバンパは追加の取外し作業を要さず個別に回収でき，リサイクル実施による廃棄物低減と資源の有効活用を促進するための有力なターゲットとなっている．

（i）回収　販売会社では，修理で出てきた廃バンパに関して，リサイクルの最初の段階であるPP樹脂製バンパの選別ならびにバンパからの異物の除去を行う．これら選別されたバンパは回収ルートに乗り再生工程にまわされるが，この回収には専門の回収業者に依託するケース，部品販売における部品デリバリーの帰り便を利用するケース，さらには宅配便を活用するケースなど回収量/地域他の条件により選択されており，リサイクル全体の経費を左右する重要なポイントである．回収されたバンパは再度人的作業により異物や異種材料の除去などの前処理を経る必要があり，この後再生工程に回される．

（ii）リサイクル技術　図3.24はバンパリサイ

3.3 資源・環境と車両の設計

表 3.12 サービス工場で発生する廃棄物アンケート結果集計

廃棄物名	単位	発生量	処理方法（％）			※ 困難度	☆ 有価性
			専門	納入	自社		
廃油	l	599.8	92	2	1	6	−2
交換パネル	kg	594.9	77	4	2	26	−1
梱包材（紙類）	kg	200.6	68	0	24	13	−1
ブレーキシューパッド	個	107.3	76	15	4	16	−1
プラグ	本	88.4	87	0	8	16	−2
オイルフィルタ	個	85.3	90	0	6	30	−2
空き缶	kg	83.4	84	5	5	20	−1
ブレーキオイル	l	73.0	87	1	7	8	−2
LLC	l	70.4	19	0	58	17	−1
ゴム関係（ベルトなど）	kg	59.8	73	0	21	17	−1
塗料，シンナ	l	48.5	57	9	12	26	−2
ガラス類	kg	45.1	43	50	3	29	−1
古タイヤ	本	43.6	37	60	2	35	−2
発煙筒	個	31.5	63	0	32	17	−2
梱包材（化成品）	kg	25.9	76	0	18	27	−2
白金プラグ	本	13.5	88	0	7	12	−2
バッテリ	個	12.2	83	7	3	25	0
グリース	kg	9.0	63	2	27	15	−1
キャタライザ	kg	1.0	86	4	4	25	−1
シート	個	0.8	88	0	9	31	−2

※「困難度」：(処理困難，容易，普通) 各回答件数より定義して算出.
☆「有価性」：−2（もらっても困る）〜＋2（価値あり）の 5 段階評価値
アンケートとは別に大手シュレッダー業者などからヒアリングした.
出典：自動車技術，Vol. 48, No. 2, 1994.

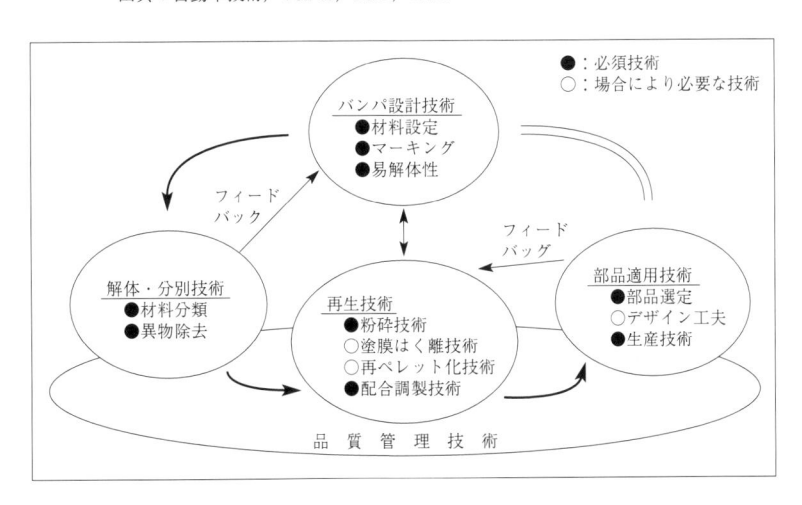

図 3.24 バンパリサイクルにおける技術マップ

クルにおける技術的ポイントを示したものである．この中で，材料再生においてポイントとなる塗膜はく離技術について以下に解説する．

通常，回収バンパから再生された材料は塗膜片が残留しているため，耐衝撃性が約 60％ に低下している．したがって，再生材はバンパへ適用することができず，耐衝撃性能をそれほど要求されないフットレスト，ト ランクトリムなどの自動車部品に利用されている（図 3.25 参照）．しかし，最近，バンパの塗膜をはく離する技術が開発され，耐衝撃性能を保持した材料再生が可能となり，一部実際のバンパで実用化されている．この実用化された塗膜はく離技術は，アルカリ水による塗膜の加水分解と精米機の原料を応用した機械的なはく離処理とを併用したものである（図 3.26）．

3. 材料と環境問題

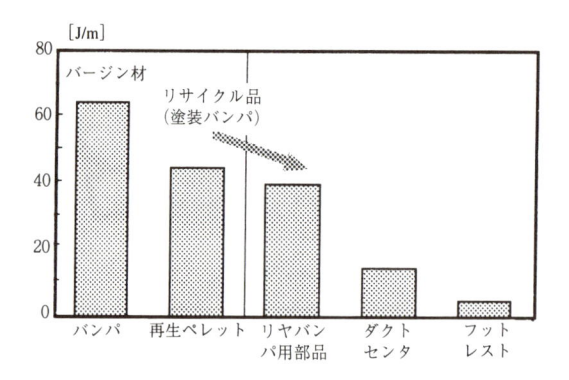

図 3.25 カスケードリサイクルの考え方（衝撃特性を例として）
出典：自動車技術, Vol. 48, No. 2 (1994)

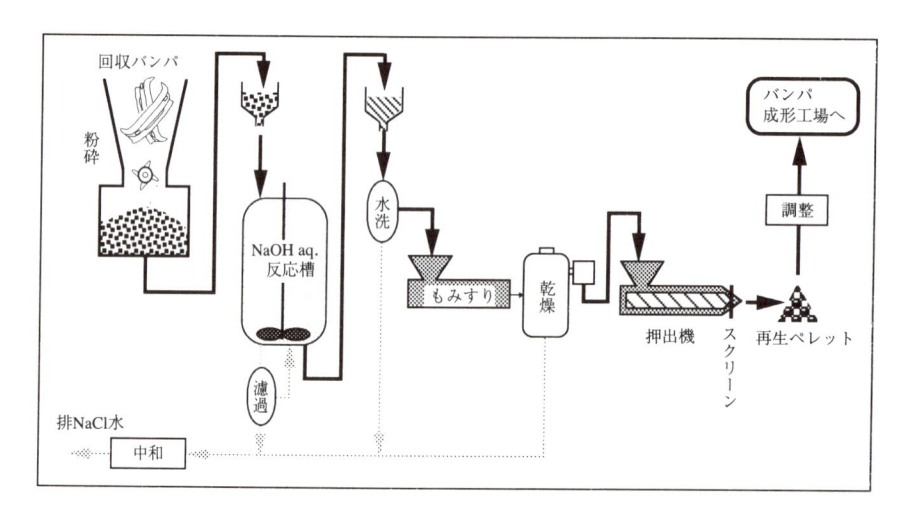

図 3.26 塗膜はく離バンパ〜バンパリサイクルシステム
出典：プラスチックエージ (1994.7)

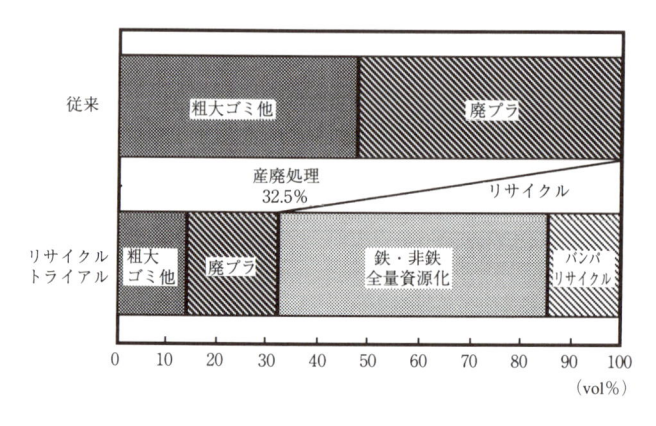

図 3.27 サービス工場でのリサイクルトライアル
産廃処理→リサイクルへ

特徴としては次のことがあげられる．
① 再生材の品質低下がほとんどない．
② メラミン系塗料，ウレタン系塗料などすべての塗膜に適用できる．
③ 比較的安価なカセイソーダ水溶液を使用するなど低コストで処理できる．
④ 工程で発生する廃水は中和処理・濾過処理し，きわめて低濃度の塩水となるため，有機溶剤などの使用もなく，環境負荷の小さい方法である．

c．その他の廃棄物のリサイクル

図3.27は，あるサービス工場における廃棄物の処理に関して，リサイクルという視点から取り組んだ結果を示したものである．従来はすべて産業廃棄物として専門業者に依託して処分していたが，廃バンパならびに金属部品（鉄，アルミ）を再生材として資源化を行ったところ，産業廃棄物を68％低減することができ，結果として廃棄物処理経費節減となる見通しが得られている．

d．今後の課題

今後，産業廃棄物の処理費用はますます高くなることが予想されており，販売会社における廃棄物の低減は事業面からも重要な課題となってきている．そのため，廃車リサイクルという視点での構造設計，材料設計技術に加え，日常点検・修理のサービス業務段階でのリサイクル容易化の面からの技術的アプローチも重要となってくる．

また，最近，バンパなどでも注目されつつあるリビルト部品としての再利用方法は，品質保証や流通など多くの課題を抱えているが拡大していくものと考えられ，この面からも製品技術（目標性能・品質，構造，材料など）を考えることが重要である．

［川崎輝夫］

索　引

ア

IF 鋼　4, 12
ILSAC　102, 106
IISRP　83
IPN　72
r 値　11, 44
RIM　72
亜鉛めっき鋼板　11
アジェンダ21　133
アトマイズ法　57
穴あき腐食　44
穴広げ率　15
アメニティ　65
アモルファス合金　112
アルクラッド　55
アルコール燃料　80
アルファー-1　74
アルマイト処理　56
アルミ押出材　42
アルミ展伸材　42
アルミナ　108
アルミめっき鋼板　13
合せガラス　7, 92

イ

EHC　120
EGI　121
EPDM　87
硫黄加硫　87
硫黄分　100
易解体構造　136
糸さび腐食　47
イナートガスアーク溶接　45
異方性　77
易リサイクル材　136
インサイチュ（in situ）複合剤　111
インラインマグネトロンスパッタリング装置　96

ウ

ウェットスキッド　86
ウェルドライン　68
薄肉化　41
ウレタンフォーム　126

エ

ACM　88
AGI　69
API サービス分類　100
ATF　105
FKM　88
FMVSS　68
HC トラップ　120
HCFC　123
HCFC-141b　127
HFC-134a　124
HNBR　88
HPR 合せ　94
HUD　97
LCA　138
LEV　120
MIM　29
MSDS　138
MTBE　80
NBR　90
S 被毒　118
SHED　89
SMC　72
SOF　121
XTC シート　74
エアモールド　69
液晶ポリマー FRP　75
エキゾーストマニホールド　36
エキマニ　18
エネルギー回収　133
エネルギー吸収能　19
エネルギー問題　2
エリクセン値　44
エロージョン　53
エンジンバルブ　30

オ

OBD-2 規制　115
ODP　124
応力腐食割れ　55
オクタン価　99
オクタン価向上剤　99
遅れ破壊特性　16
押出形材　48
オーステナイト系耐熱鋼　30
オーステナイト系耐熱鋳鋼　40
オーステナイト鋳鉄　37
オーステンパ球状黒鉛鋳鉄　38
オゾン層破壊物質　138
オゾン層保護法　123
オゾン破壊係数　127
オートクレーブ　94
オンライン塗装　74

カ

快削鋼　5
解体マニュアル　137
カーエアコン　124
過共晶 Al-Si 系合金　59
過共晶急冷凝固粉末アルミ合金　6
加工硬化指数　43
可視光線透過率　93
ガスアシスト射出成形　68
カスケードリサイクル　135
ガス炉法　95
化石燃料　64
ガソリン　99
可鍛鋳鉄　34
金型内インサート成形　68
カムシャフト　36
ガラスアンテナ　96
CALSTART Project　61
カレンダ加工　67
環境基本法　134
環境問題　2
含酸素燃料　80
乾式洗浄　129
緩衝機能　7

キ

貴金属　116
貴金属回収　112
犠牲陽極材　53
逆有償　131
ギヤ油　104
球状黒鉛鋳鉄　34
急冷凝固アルミニウム粉末合金　57
強化ガラス　7, 92
共有結合　108
極圧剤　104, 106
曲面成形ガラス　92
切欠感受性　26
金属間化合物　108
金属基複合材料　110

ク

クランクシャフト　36
グリース　106
Clean Air Act　115
黒皮精圧材　28
クロメート処理　56

ケ

軽油　100
軽量化　20
軽量化技術　4
GAIN　69

コ

結晶粒粗大化防止鋼　27
限界穴広げ率　44
限界絞り比　44
高Siステンレス鋼　20
高温高せん断粘度　102
高温短時間浸炭肌焼鋼　27
高強度鋼管　14
高強度高靱性非調質鋼　25
高強度鋼板　11
高強度歯車用鋼　24
高強度ばね鋼　26
合金
　5000系合金　43
　2000系合金　44
　6000系合金　44
合金化溶融亜鉛めっき鋼板　13
合金鋼　5
合金鋳鉄　34
高クロム鋳鉄　40
高ケイ素球状黒鉛鋳鉄　37
高ケイ素球状黒鉛鋳鉄　39
高剛性化　66
高剛性変性PP　74
高周波焼入れ　40
高性能スーパーオレフィンポリマー　75
交通安全問題　2
交通環境　8
高粘度指数基油　102
降伏比　12
高密度ポリエチレン　79
高ヤング率鋼板　17
高流動性化　66
黒鉛組織　33
国内安全規格　68
コーディエライト　116
コネクタ　80
5マイルバンパ　73
コルゲートフィン型　52
コールドキュア　69
転がり抵抗　86

サ

再生材の使いこなし　137
再溶解　24
再利用　132
材料のグローバル化　65
材料の統合化　66
材料リサイクル　132
サーペンタイン　52
サーマルリサイクル　132
サワーガソリン　89
酸化触媒　115
酸化膜除去処理　46
産業廃棄物　131
三元系FKM　89
三元触媒　115
酸性雨　64
酸素の吸着能　120
酸素吸着能　115
酸素センサ　115
酸素貯蔵物質　117
サンドイッチ構造　70
残留圧縮応力層　94
残留オーステナイト鋼板　15

シ

CAE　66
CD　103
CE　103
CeO_2　117
CFC-11　127
CFC-12　124
CFC-113　128
CG-4規格　103
CLAS　29
CR　90
Cu,P複合添加　17
Cu/ZSM-5　121
CVJ　89
CVT　105
GF-1　102
GF-2　103
GF-2　103
シェルモールド　29
ジオチリン酸亜鉛　101
紫外線カット機能　97
自己完結型の材料リサイクル　135
自己耐食性　54
持続可能な開発　131
湿式クラッチ　105
湿式洗浄　129
自動車触媒　115
自動車用安全ガラス　92
シートバックコア　70
シフトフィーリング　104
シボ転写性　67
射出圧縮成形　71
シャダー　106
樹脂製外板　72
樹脂製燃料タンク　79
シュレッダーダスト　132
蒸気圧　99
焼却処理　140
衝撃吸収体　73
省燃費タイヤ　85
蒸留性状　99
触媒の劣化　117
ショットピーニング　25
シーラー法　80
シリンダブロック　35
シリンダヘッド　36
ジルコニア　108
真空脱ガス　22
真空ろう付法　53
シンタリング　118
振動溶着法　78
シンプレス　69
新防錆鋼板　11

信頼性　7

ス

水系洗浄　129
水素化分解基油　102
ステダイト　34
ステンレス鋼　11
ステンレス鋳鋼　18
スーパーオレフィンポリマー　66
スパッタリング法　97
スプリングバック　45
スプレーフォーミング　58,112
スペースフレーム　48
スポット溶接　45

セ

ZEV　61
制御圧延　22
成形加工性　4
制振鋼板　17
精密圧延　22
精密鋳造　40
積層体構造　90
石油危機　2
セタン価　100
セメンタイト　32
セラミックス　107
セラミック担体　116
繊維複合強化材料　6
洗浄品質　128

ソ

走行モードの変更　115
ソーダライムガラス　92
ソフト化　8
ゾルゲル法　97

タ

耐穴あき性　17
ダイオキシン　140
ダイカスト　55
耐サグ性　53
第3世代フロン　127
耐衝撃性能　141
代替洗浄剤　128
代替燃料　121
代替発泡剤　127
代替冷媒　124
耐デント性　16
第2世代フロン　127
耐熱度　83
耐燃料透過性　89
耐油性　83
大量生産方式　1
多層法　80
多段混練技術　76
脱亜鉛　41
駄肉除去　41
ターボチャージャ　30
炭化ケイ素　108

索引

炭化水素系洗浄 129
ターンシート 13
鍛接鋼管 14
鍛造焼入れ 25

チ

地球温暖化 8, 64
地球温暖化係数 127
地球環境保護 63
地球環境問題 3, 8
地球サミット 3
チタン-アルミ 109
チタン合金 112
窒化ケイ素 108
中空形材 50
鋳鋼 32
鋳造材 5
調光ガラス 98
超高強度冷延鋼板 16
超清浄鋼 23
超精密圧延鋼材 24
長繊維充填系 76
超塑性材料 60
チル鋳物 36

ツ

2ストロークエンジン 112
継目無鋼管 14

テ

T型フォード 1
TiAl系金属間化合物 30
TCEレスバンパ材料 75
TPO 75, 90
低圧射出成形 76
低圧成形 68
低温流動性 100
ティグ溶接 46
低公害車 2
低コスト 63
ディーゼル用触媒 121
低線膨張TPO 75
低炭素アルミキルド鋼 12
低透過性 85
低粘度油 103
低燃費 63
低燃費車 2
低燃費油 101
テイラードブランク 47
DEXTRON規格 105
design for disassembly 64
デザインイン 65
鉄鋼一貫化 2
テーパ摩耗試験 93
dual phase鋼 12
電気亜鉛めっき 17
電子ビーム溶接 56
展伸材 5
電線被覆 80
電装部品 80

電縫鋼管 14

ト

ドアビーム 50
ドアビーム用高強度鋼板 19
動的加硫TPO 84
動倍率 89
透明導電膜 97
特定フロン 67, 123
塗膜はく離技術 141
トランスプラント 65
1,1,1-トリクロロエタン 75, 123
取鍋精錬 22
ドレインプラグ 139
ドロンカップ型 52

ナ

内装材 6
内装部品 66
内燃機関 1
ナックル 37
ナノオーダーの制御 66
ナノ混合相 113
ナビゲーション用アンテナ 98
鉛 140

ニ

ニアネットシェイプ 28, 41
ニッケル-アルミ 109
ニッケル基耐熱合金 30
ニュー・サイマルテーニアス・エンジニアリング 21
二輪車用触媒 112
ニレジスト鋳鉄 39

ネ

ねずみ鋳鉄 33
熱延鋼板 11
熱可塑性エストラマー 83
熱硬化性樹脂 73
熱交換器 43
熱線吸収ガラス 96
熱線遮断ガラス 7
熱線反射ガラス 7, 96
熱線反射膜 96
熱容量 20
熱劣化 117
粘弾性理論 94
粘度 100
粘度指数向上剤 104, 105

ノ

ノコロック溶着技術 5
ノコロックろう付法 51
ノッキング 99
伸びフランジ性 15

ハ

排気ガス規制 4
廃棄物処理 8

ハイテンプロペラシャフト 20
バイレヤーガラス 98
パーオキサイド加硫 87
薄膜有機複合鋼板 13
歯付きベルト 91
はっ水ガラス 97
発泡剤 126
パーティキュレート 112
ハテバー複合加工品 29
ハニカム構造体 73
バーミキュラー黒鉛鋳鉄 38
バーライト 32
パラレルフロー型 52
張出し性 16
バルジ高さ 44
バルブロッカアーム 36
反発弾性 86
バンパリインフォースメント 42
バンパリサイクル 140
汎用エンジニアリングプラスチック 7, 67

ヒ

BH鋼 12
BMC 76
P添加鋼 12
P被毒 117
PNGV 61
PPS 81
PTFE 81
PVB 94
光ファイバ 81
比強度 110
微細構造制御 8
比弾性 110
非調質鋼 5
被毒 116
被毒劣化 117
ヒートサグ 73
冷し金 36
表皮インサート一体成形 71
表面外観性 74
表面処理鋼板 11
品質保証 3
ピン止め効果 27

フ

V炭窒化物 25
5カーテスト 101
ファミリーマテリアル 64
フェノール樹脂 77
フェライト 32
フェライト系ステンレス鋼 14
フェライト系耐熱鋳鋼 40
フェライト系電磁ステンレス鋼 31
深絞り性 11
複合則 110
不純物元素 21
物理的劣化 117
フュージブルコア法 78
プライバシー機能 95

索引

ブラックスラッジ　101
フラックスレスろう付法　51
プリハードン鋼　26
ブレーキキャリパ　38
ブレーキロータ　37
ブレージングシート　52
プレス成形性　11
プレートフィン型　52
ブロー成形　76
ブロック・グラフトポリマー　72
ブロック共重合体　84
フロン化合物　64
フロントガラス　93
粉末押出法　57
粉末焼結　29
粉末鍛造法　58

ヘ

ペアガラス　95
ベイナイト球状黒鉛鋳鉄　38
ヘーズ値　93
片状黒鉛　34
変性技術　66
変性ポリフェニレンエーテル　67

ホ

貿易摩擦　3
芳香族ポリアミドイミド　77
防錆性能　4
ホットキュア　69
ポートホール押出法　50
ポリアセタール　67
ポリアミド　67
ポリウレタン　67
ポリカーボネート　67
ポリグリコール　125
ポリプロピレン　66
ポリマーアロイ　72
ポリマーブレンド　72
ホログラム光学素子　98

マ

摩擦圧接　56
摩擦調整剤　101
摩擦調整剤　104
マニホールド触媒　120
マレイミド変性　67
マレイミド変性 ABS　74

ミ

ミグ溶接　47

ム

無灰酸化防止剤　101
無灰分散剤　101

メ

メカニカルファスニング　47
メタルガスケット　19
メタル担体　19
メタル担体　116
メタロセン触媒　76

モ

MOSAIC Project　61
モルフォロジー　75
モレキュラーコンポジット　81
モレキュラーシーブ　125
モントリオール議定書　123

ヤ

焼きなまし・焼きならし省略鋼　26

ユ

ULEV　120
誘起スラスト力　106
有機モリブデン化合物　102
ユリア RIM　75

ヨ

溶液重合法　86
溶剤精製鉱油　102
溶接鋼管　14
溶湯鍛造　55
溶融アルミニウムめっき鋼管　14
溶融還元法　24
溶融硬化　40

ラ

ライナ材　35
ライフサイクルアセスメント　134

リ

リアクタメリドの TPO　76
リサイクル　6,63
リサイクル法　134
立体規則性　66
リビルト部品　142
リヤガラス　95
粒子強化複合材　112
理論空燃比　116
リン酸亜鉛処理　47
リーン触媒　121

レ

冷延鋼板　11
冷鍛・高周波焼入用鋼　27
冷凍機油　124
冷媒ホース　125
連続焼鈍　12
連続鋳造（連鋳）　24

ロ

炉外精錬　23
ロストコア法　78
ロストワックス　29
Rotary Furnace　41
ロックアップクラッチ　105
ロール加工　38
ロール成形　15
ロングドレイン化　104

自動車技術シリーズ 5
自動車の材料技術（普及版） 定価はカバーに表示

1996 年 9 月 1 日　初　版第 1 刷
2005 年 3 月 10 日　　　　第 3 刷
2008 年 8 月 20 日　普及版第 1 刷

編　集　（社）自動車技術会

発行者　朝　倉　邦　造

発行所　株式会社　朝　倉　書　店

東京都新宿区新小川町 6-29
郵便番号　162-8707
電　話　03（3260）0141
ＦＡＸ　03（3260）0180
http://www.asakura.co.jp

〈検印省略〉

© 1996〈無断複写・転載を禁ず〉　ショウワドウ・イープレス・渡辺製本

ISBN 978-4-254-23775-7　C 3353　Printed in Japan

元農工大 樋口健治著

自動車技術史の事典

23085-7 C3553　　B5判 528頁 本体22000円

著者の長年にわたる研究成果を集大成して，自動車の歴史を主にエンジン開発史の視点から，豊富な図表データとともに詳説した。付録には，名車解説，著名人解説，自動車博物館リスト，著名なクラシック・カーのスペック一覧表なども収録。〔内容〕自動車とは何か／自動車の開発前史／自動車時代の到来／エンジン／特殊エンジン／車種別のエンジン技術／日本車のエンジン／エンジン研究の歴史／パワートレーン／フレームとシャシ／ボディと内外装備品／走行性能研究の歴史／他

前東大 大橋秀雄・横国大 黒川淳一他編

流体機械ハンドブック

23086-4 C3053　　B5判 792頁 本体38000円

最新の知識と情報を網羅した集大成。ユーザの立場に立った実用的な記述に最重点を置いた。また基礎を重視して原理・現象の理解を図った〔内容〕【基礎】用途と役割／流体のエネルギー変換／変換要素／性能／特異現象／流体の性質／【機器】ポンプ／ハイドロ・ポンプタービン／圧縮機・送風機／真空ポンプ／蒸気・ガス・風力タービン／【運転・管理】振動／騒音／運転制御と自動化／腐食・摩耗／軸受・軸封装置／省エネ・性能向上技術／信頼性向上技術・異常診断[付録：規格・法規]

中原一郎・渋谷寿一・土田栄一郎・笠野英秋・辻　知章・井上裕嗣著

弾性学ハンドブック

23096-3 C3053　　B5判 644頁 本体29000円

材料に働く力と応力の関係を知る手法が材料力学であり，弾性学である。本書は，弾性理論とそれに基づく応力解析の手法を集大成した，必備のハンドブック。難解な数式表現を避けて平易に説明し，豊富で具体的な解析例を収載しているので，現場技術者にも最適である。〔内容〕弾性学の歴史／基礎理論／2次元弾性理論／一様断面棒のねじり／一様断面ばりの曲げ／平板の曲げ／3次元弾性理論／弾性接触論／熱応力／動弾性理論／ひずみエネルギー／異方性弾性論／付録：公式集／他

早大 山川　宏編

最適設計ハンドブック
―基礎・戦略・応用―

20110-9 C3050　　B5判 520頁 本体26000円

工学的な設計問題に対し，どの手法をどのように利用すれば良いのか，最適設計を利用することによりどのような効果が期待できるのか，といった観点から体系的かつ具体的な応用例を挙げて解説。〔内容〕基礎編（最適化の概念，最適設計問題の意味と種類，最適化手法，最適化テスト問題）／戦略編（概念的な戦略，モデリングにおける戦略，利用上の戦略）／応用編（材料，構造，動的問題，最適制御，配置，施工・生産，スケジューリング，ネットワーク・交通，都市計画，環境）

産業技術総合研究所人間福祉医工学研究部門編

人間計測ハンドブック

20107-9 C3050　　B5判 928頁 本体36000円

基本的な人間計測・分析法を体系的に平易に解説するとともに，それらの計測法・分析法が製品や環境の評価・設計においてどのように活用されているか具体的な事例を通しながら解説した実践的なハンドブック。〔内容〕基礎編（形態・動態，生理，心理，行動，タスクパフォーマンスの各計測，実験計画とデータ解析，人間計測データベース）／応用編（形態・動態適合性，疲労・覚醒度・ストレス，使いやすさ・わかりやすさ，快適性，健康・安全性，生活行動レベルの各評価）

東工大 伊藤謙治・阪大 桑野園子・早大 小松原明哲編

人間工学ハンドブック

20113-0 C3050　　B5判 860頁 本体34000円

"より豊かな生活のために"をキャッチフレーズに，人間工学の扱う幅広い情報を1冊にまとめた使えるハンドブック。著名な外国人研究者10数名の執筆協力も得た国際的企画。〔内容〕人間工学概論／人間特性・行動の理解／人間工学応用の考え方とアプローチ／人間工学応用の方法論・技法と支援技術／人間データの獲得・解析／マン-マシン・インタフェース構築の応用技術／マン-マシン・システム構築への応用／作業・組織設計への応用／環境設計・生活設計への「人間工学」的応用

上記価格（税別）は2008年7月現在